CESAR LATTES
UMA VIDA

MARTA GÓES
TATO COUTINHO

CESAR LATTES
UMA VIDA

Visões do infinito

ORGANIZAÇÃO

MARIA CRISTINA LATTES VEZZANI

JORGE LUIS COLOMBO

REVISÃO TÉCNICA

HERÁCLIO DUARTE TAVARES

1ª EDIÇÃO

EDITORA RECORD
RIO DE JANEIRO • SÃO PAULO

2024

Organizadores: Maria Cristina Lattes Vezzani e Jorge Luis Colombo
Direção e coordenação do projeto editorial Cesar Lattes – Uma vida: Visões do infinito: Jorge Luis Colombo
Revisão técnica e científica: Heráclio Duarte Tavares
Consultores históricos e científicos: Cassio Leite Vieira e Heráclio Duarte Tavares
Diagramação: Ilustrarte Design
Capa e caderno de imagens: Maikon Nery

CIP-BRASIL. CATALOGAÇÃO NA PUBLICAÇÃO
SINDICATO NACIONAL DOS EDITORES DE LIVROS, RJ

G544c

Góes, Marta
    Cesar Lattes – uma vida: Visões do infinito / Marta Góes, Tato Coutinho ; organização Maria Cristina Lattes Vezzani, Jorge Luis Colombo. - 1. ed. - Rio de Janeiro : Record, 2024.

ISBN 978-85-01-92313-4

1. Lattes, César, 1924-2005. 2. Físicos - Brasil - Biografia. I. Coutinho, Tato. II. Vezzani, Maria Cristina Lattes. III. Colombo, Jorge Luis. IV. Título.

24-93674   CDD: 530.092
                                            CDU: 929:53

Gabriela Faray Ferreira Lopes - Bibliotecária - CRB-7/6643

Este livro foi revisado segundo o Acordo Ortográfico da Língua Portuguesa de 1990.

Direitos desta edição adquiridos pela
EDITORA RECORD LTDA.
Rua Argentina, 171 – 3º andar – São Cristóvão
Rio de Janeiro, RJ – 20921-380
Tel.: (21) 2585-2000.

Seja um leitor preferencial Record.
Cadastre-se no site www.record.com.br
e receba informações sobre
nossos lançamentos e nossas promoções.

Atendimento e venda direta ao leitor:
sac@record.com.br

Impresso no Brasil
2024

Às minhas irmãs.
Juntas brincamos de procurar vaga-lumes na escuridão.
Maria Cristina

In memoriam Maria Carolina

"Ser um grande físico é muito difícil, mas homens mesquinhos também podem sê-lo. A nobreza de caráter é inata."

Giuseppe Occhialini,
"Cesar Lattes, os anos de Bristol"

SUMÁRIO

APRESENTAÇÃO

*Sergio Machado Rezende**

Com muita honra, recebi a incumbência de escrever um texto para este livro que nos conta sobre a vida de Cesar Lattes. Aqui está presente a mais completa biografia do mais importante físico brasileiro, com detalhes de sua vida pessoal e profissional nunca antes revelados.

Neste ano de 2024, que marca o centenário do nascimento de Cesar Lattes, todas as iniciativas para comemorar os feitos desse grande físico brasileiro ainda serão insuficientes. Como é bem conhecido, e está narrado na Parte I deste livro, Lattes tinha apenas 23 anos quando, em 1947, teve a ideia de expor à radiação cósmica no monte Chacaltaya, na Bolívia, as chapas de raio X modificadas para descobrir o méson pi (ou píon). Talvez fosse considerado jovem demais à época e essa tenha sido uma das razões para não ser contemplado com o Prêmio Nobel de Física, que foi concedido ao seu orientador, Cecil Powell, em 1930.

Tive o privilégio de uma breve convivência com Lattes durante minha passagem pela Universidade Estadual de Campinas (Unicamp) como professor visitante no segundo semestre de 1971.

Minha carreira se iniciou na PUC-Rio, em 1968, e eu era um jovem professor de física quando, em 1971, aceitei ir para o Recife a fim de participar da fundação do Departamento de Física da Universidade Federal de Pernambuco (UFPE).

* Ministro da Ciência e Tecnologia (2005–2010) e professor emérito de física da Universidade Federal de Pernambuco (UFPE).

Mas, como o Instituto de Física da Unicamp, do qual Lattes foi um dos criadores, tinha ótimos laboratórios de física da matéria condensada, minha área de trabalho, planejei, inicialmente, ficar na UFPE alguns anos e depois ir para a Unicamp.

Por ocasião, visitei antes Campinas, e logo na minha chegada fui a uma recepção na casa do reitor Zeferino Vaz, onde estavam Lattes e sua esposa, a pernambucana Martha. Quando soube que eu iria para a UFPE, ele me disse, rindo, a conhecida frase contada neste livro: "Há duas maneiras de se tornar físico no Brasil. Uma é nascer em Pernambuco, a outra é se casar com uma pernambucana". Quando contei sobre minha ideia de ficar alguns anos no Recife e depois me instalar em Campinas, Lattes me respondeu que a Unicamp era muito boa, mas que eu não deveria fazer planos de sair da UFPE tão rápido. Contou que o Recife tinha sido berço de ótimos cientistas, como os físicos Mario Schenberg, José Leite Lopes e o matemático Leopoldo Nachbin, e que a cidade precisava de uma boa universidade para reter os novos professores. Esse conselho pesou em minha decisão de não sair da UFPE anos depois.

Durante o período na Unicamp, tivemos algumas conversas pelos corredores do Instituto de Física, falamos sobre o Conselho Nacional de Desenvolvimento Científico e Tecnológico (CNPq), do qual ele tinha sido um dos idealizadores e fundadores em 1951. Na época, eu era assessor do Setor de Física da entidade e Lattes queria saber detalhes do que estava acontecendo, pois alguns meses antes o regime militar tinha intervindo no CNPq e nomeado para a presidência um general do Exército sem experiência na área científica.

Anos mais tarde tive a honra de ser indicado por Lattes e José Ellis Ripper Filho, este também professor da Unicamp, para membro da Academia Brasileira de Ciências. Com essa indicação, minha eleição não foi difícil. Poucos anos depois, quando fui membro da Comissão Técnico-Científica do Centro Brasileiro de Pesquisas Físicas (CBPF), participei da aprovação da proposta de dar o nome Cesar Lattes ao novo prédio do Centro. Episódio contado aqui, com a resposta brincalhona de

Lattes ao convite do diretor do CBPF, Roberto Lobo, para a inauguração do edifício.

Este livro certamente servirá de inspiração para jovens cientistas. Aqui estão bem descritos os ideais, as dificuldades, as vitórias e a vontade de desenvolver a ciência no Brasil, país em que, apesar dos inúmeros convites que recebeu de prestigiosas instituições no exterior, Lattes decidiu viver, contribuir e fazer sua carreira científica.

Recife, agosto de 2024

PARTE I

O infinito em um grão de areia

1 O início de uma longa viagem

Fazia oito meses que a Segunda Guerra Mundial tinha chegado ao fim quando o cargueiro *Saint Rosario*, da empresa South American Coast Line Ltda., deixou o porto do Rio de Janeiro para uma travessia de quarenta dias rumo a Liverpool, na Inglaterra. Era um dos primeiros navios da América do Sul autorizados a cruzar o Atlântico com passageiros, depois dos anos de conflito. Um dos cinco brasileiros embarcados era Cesar Mansueto Giulio Lattes, um físico de 21 anos que conseguira uma bolsa para trabalhar na Universidade de Bristol, no oeste da Inglaterra.

O risco de os navios serem afundados pelos submarinos alemães tinha passado e os sinais da guerra aos poucos iam desaparecendo, exceto pelo clarão das explosões de Hiroshima e Nagasaki, cinco meses antes, que continuavam a relampejar em todos os horizontes.

Varrido pelos ventos democráticos do pós-guerra, Getúlio Vargas fora obrigado a renunciar, encerrando a longa ditadura do Estado Novo. O Brasil tinha um mandatário provisório, José Linhares, ministro do Supremo Tribunal Federal. O novo presidente, marechal Eurico Gaspar Dutra, ia assumir o cargo dali a alguns dias.

Embora empobrecida, a Inglaterra possuía uma sólida tradição científica. Suas universidades mais importantes, Oxford e Cambridge, datam de 1096 e 1209, respectivamente. A de Bristol, de 1876, era recente para o padrão inglês, mas invejavelmente antiga para o brasileiro: a Universidade de São Paulo, onde Lattes havia se formado em 1943, ainda não completara doze anos. A Europa não era mais o principal centro da ciência ocidental, ultrapassada pelos Estados Unidos, mas ainda merecia ser olhada com reverência por um cientista do Terceiro Mundo.

Ao contrário do que poderia sugerir a pouca idade, Cesar Lattes não era de todo inexperiente. Formado aos dezenove anos no curso de física da Faculdade de Filosofia, Ciências e Letras da Universidade de São Paulo (FFCL), ele tinha trabalhado como assistente de um cientista de renome internacional, o ítalo--ucraniano Gleb Wataghin, da equipe de professores europeus que fundou a USP.

Não era sua primeira viagem à Europa. Aos seis anos, saíra do Paraná para viver alguns meses na Itália, levado pelos pais, imigrantes italianos, sobressaltados com a Revolução de 1930. Mas agora tudo era mais desafiador. Ia sozinho buscar uma oportunidade de trabalho num país estrangeiro e estava entrando no caminho sem volta da vida adulta.

O pai, Giuseppe Lattes, alto funcionário de um banco em São Paulo, não teria dificuldade em lhe garantir uma verba de viagem. O fato de Cesar ter pedido que a Fundação Getulio Vargas arcasse com a passagem e de ter chegado a Bristol com apenas meia coroa no bolso faz pensar que ele estava cioso de sua independência.

Na cama dura do porão do navio, com o barulho do motor roncando nos ouvidos, ele pode ter sentido falta do quarto confortável na ampla casa da família, numa rua arborizada do bairro do Pacaembu, em São Paulo. Talvez tenha pensado no perfume das comidas que a mãe cozinhava e no amor da namorada, Martha, uma moça do Recife que estudava matemática na USP. Mas naquele momento tinha a cabeça ocupada com outros assuntos fascinantes. Um deles era o mundo enorme que se descortinava à sua frente, o outro era o território minúsculo e invisível do núcleo atômico, que começara a pesquisar.

No novo cenário mundial, poder e ciência haviam se tornado conceitos inseparáveis, e a ciência do momento era a física nuclear. A física atômica tinha avançado enormemente durante a guerra, na corrida que resultou na bomba atômica, mas uma pergunta que por décadas intrigava os cientistas persistia: se o núcleo se compõe de prótons, de carga positiva, e nêutrons, sem carga alguma, por que os prótons não se repelem e o núcleo se mantém coeso? Ao desembarcar em Bristol, dali a quarenta dias, Cesar Lattes iniciaria um capítulo fundamental para a solução desse mistério, que impulsionaria decisivamente a física de partículas.

Cesar carregava consigo os elementos de um sofrimento psíquico que o precipitaria mais tarde em períodos alternados de euforia – mania, na linguagem técnica – e depressão. O transtorno bipolar, como passou a ser conhecida a psicose maníaco-depressiva a partir dos anos 1980, se manifesta geralmente ao final da adolescência ou no começo da vida adulta, justo o período em que ele se encontrava à época da viagem. Mas, por ora, parecia estar adormecido, provavelmente pela plenitude daquele momento.

No último ano de faculdade, Cesar tinha migrado da física teórica para a experimental, que lhe pareceu mais atraente. No Departamento de Física da USP naqueles anos, a principal área de pesquisa eram os raios cósmicos, as emissões que vêm do cosmo, bombardeando o planeta a todo instante. Saber que partículas os constituíam, de onde vinham e como chegavam até nós era um grande desafio para os físicos desde o começo do século XX. Nos anos 1930, sua característica extremamente energética chamara a atenção para as reações a eles associadas, e para as subpartículas que podiam gerar ao colidir com elementos presentes na atmosfera, como núcleos de oxigênio e nitrogênio. Estudá-los permitia conhecer melhor o mundo subatômico.

Além do interesse que despertava na comunidade científica internacional, o estudo dos raios cósmicos apresentava a vantagem de demandar verbas modestas. A maior parte dos recursos utilizados, entre os quais câmaras de nuvem (ou câmaras de Wilson, inventadas pelo britânico Charles Thomson Rees Wilson) e detectores Geiger-Müller, podia ser construída pelos próprios pesquisadores.

Junto com dois colegas da faculdade, Ugo Camerini e Andrea Wataghin, filho do professor Wataghin, chefe do departamento, Cesar tinha posto para funcionar uma câmara de nuvem deixada na faculdade pelo professor italiano Giuseppe Occhialini, que voltara à Europa no final da guerra, depois de sete anos no Brasil. O instrumento traz um recipiente de vidro cheio de vapor supersaturado. Ao atravessá-lo, as partículas energizadas dos raios cósmicos produzem microalterações no ambiente em seu interior, deixando um rastro de gotículas condensadas. As características desse rastro, fotografado, permitem definir o que o provocou ao passar por ali – prótons, elétrons, partículas alfa... A reforma deu certo, a câmara funcionou, e Cesar, satisfeito, enviou ao professor as imagens que obtiveram.

Àquela altura, no final de 1945, Giuseppe Paolo Stanislao Occhialini, Beppo para os amigos, trabalhava no laboratório Henry Herbert Wills, na Universidade de Bristol, onde um novo método de observar partículas de raios cósmicos chegava ao auge. Tratava-se de uma chapa fotográfica especial, a emulsão nuclear, que permitia resultados muito mais precisos do que as anteriores, conhecidas como "*halftone*", usadas até então na produção de diapositivos, semelhantes aos slides comuns.

Se nas chapas antigas os rastros escuros deixados pelas partículas eram descontínuos, prejudicando a precisão das medidas ao microscópio, nas novas, uma concentração maior de grãos de brometo de prata espessava a "gelatina" que as compunha e aumentava a nitidez dos rastros. Medidas mais exatas aumentavam a confiabilidade científica do método fotográfico.

Animado com o que observou, Occhialini enviou um conjunto das primeiras microfotografias produzidas com o novo método ao ex-aluno brasileiro Cesar Lattes.

Ele se lembrava bem de Cesar. Seria difícil não prestar atenção em um estudante que havia entrado na universidade aos dezesseis anos. Tanto mais porque tinha sido o único inscrito no curso sobre raios X que ele havia dado no Departamento de Física no final de 1943. Occhialini, por sua vez, era, por muitas razões, um professor inesquecível, que encantava os alunos não apenas por sua didática, mas também pela eclética cultura literária e cinematográfica.

Cesar achou o modo de ensinar de Occhialini estranho, mas extremamente rico. "Ele não me deu aula. Somente chegava com o filme molhado, que tinha acabado de revelar, e dizia: 'destrincha isso aí'", contava. "O sujeito tinha que, através de perguntas, entender mais ou menos o que era. Lembro que um dos filmes era a Lei de Moseley [que relaciona a frequência das emissões de raios X ao número atômico dos elementos que os geravam]." O aluno aprendeu com o professor a confiar na intuição: "Nunca vi o Occhialini escrever uma fórmula. Ele até as conhecia, mas nunca entrava em detalhes teóricos", recordava. Cesar também aprendeu com ele a dimensão de aventura que a física da época envolvia, e que levaria os dois a viagens desafiadoras por montanhas em grandes altitudes.

Quando Occhialini retornou à Europa, Cesar pediu a ele que o chamasse, caso houvesse alguma oportunidade de trabalho na Inglaterra. Ao contemplar as microfotografias que o antigo professor havia lhe enviado, percebeu, interessado, que elas ofereciam imagens tridimensionais ao microscópio, em lugar das bidimensionais observadas até então. A espessura das novas emulsões, maior que a das chapas *halftone,* registrava trajetórias de partículas que oscilassem entre o fundo e a superfície. O novo método aguçou ainda mais sua vontade de viajar e experimentar outros ambientes científicos.

O diretor do laboratório H. H. Wills era Arthur M. Tyndall, que viveu toda a sua carreira na Universidade de Bristol. O chefe das pesquisas nucleares era Cecil Frank Powell, ex-colaborador, em Cambridge, de Ernest Rutherford, o descobridor do próton, considerado o pai da física moderna.

No final dos anos 1930, Powell tentava enfrentar a concorrência de laboratórios ingleses mais bem equipados e das ricas instituições americanas, que, além da tradicional câmara de Wilson, já possuíam pequenos aceleradores de partículas, aparatos que se tornavam cada vez mais indispensáveis na pesquisa atômica. Em 1937, a fim de melhorar as condições materiais de seus estudos, ele conseguiu construir um gerador de feixe de partículas de alta tensão de 700 KeV e retomou o uso da câmara de nuvem.

O método fotográfico, que o laboratório estava tentando aperfeiçoar quando Occhialini chegou a Bristol, em 1945, havia despertado interesse nos anos 1920, mas passara a ser olhado com ceticismo pelo meio científico desde que o físico britânico H. J. Taylor, do Wilson College, em Bombaim, na Índia, publicou um estudo contestando a sua confiabilidade por conta da imprecisão das medidas.

Em 1937, as físicas austríacas Marietta Blau e Hertha Wambacher expuseram chapas fotográficas a raios cósmicos no observatório de Hafelekar, perto de Innsbruck, na Áustria, a 2.300 metros de altitude, e registraram pela primeira vez uma desintegração nuclear com o método fotográfico. O trabalho foi publicado, mas o problema da imprecisão das medidas persistia, e o método continuou a ser olhado com desconfiança.

Walter Heitler, físico alemão que vivia em Bristol e colaborava com Powell, leu no ano seguinte o artigo de Blau e Wambacher sobre suas experiências e sugeriu uma ideia que entusiasmou Powell: disparar um feixe de prótons em uma chapa de filme e estudar seu alcance e espalhamento. Ele supunha que seria possível observar com um microscópio de alta resolução a concentração de grãos ionizados de brometo de prata. Conta-se que Heitler teria comentado: "É um método tão simples que até um teórico conseguiria usá-lo".

Powell comprou chapas fotográficas *halftone*, vendidas em lojas comuns, fez a exposição ao feixe de prótons e concluiu que estava diante de um excelente instrumento. Com ele, poderia ter acesso a aspectos do núcleo que outros detectores, entre os quais a câmara de Wilson, não conseguiam alcançar. Daí em diante, saiu em campo atrás de maneiras de medir as características dos traços de partículas. Estava determinado a provar a confiabilidade do método fotográfico como ferramenta de pesquisa.

Assim como fizera com milhares de experimentos em todo o mundo, a guerra iniciada em 1939 interrompeu a investigação em Bristol sobre as chapas. Três quartos das dependências do laboratório H. H. Wills e boa parte do seu pessoal foram requisitados pela Marinha, e o acelerador foi desmontado a fim de liberar espaço para o trabalho dos militares. Com o avanço de Hitler, Marietta Blau, que era judia, precisou fugir da Áustria, e Wambacher se transformou numa nazista militante.

Heitler era alemão, por isso teve que sair de Bristol, zona protegida por ser um porto militarmente estratégico. O trabalho continuou por algum tempo em um laboratório improvisado num estábulo, num lugarejo na fronteira com o País de Gales, para onde Heitler se mudou. Contrariando a opinião dominante, Powell continuou a acreditar no potencial do método.

Apesar de sua reputação de pacifista, o trabalho de Powell com chapas fotográficas voltou-se, no decorrer da guerra, para a observação do comportamento de nêutrons lentos, mais eficientes para a fissão nuclear controlada, que interessava ao programa atômico do Reino Unido, conhecido pelo codinome Tube Alloys. Ao final do conflito, essa linha de pesquisa seria considerada infrutífera e abandonada. O Relatório Smythe, que fazia um balanço das atividades que levaram à construção da bomba atômica e foi divulgado ao público pelo governo americano em 1945, mencionava um tanto desdenhosamente as pesquisas com chapas fotográficas. Considerava que o seu exame ao microscópio era demasiado tedioso, e sua utilidade, limitada.

No início dos anos 1940, não se sabe exatamente se por iniciativa de Powell ou de Occhialini, o laboratório H. H. Wills pediu à Ilford, fabricante das chapas fotográficas, que produzisse uma nova modalidade com maior concentração de brometo de prata, para fixar imagens mais nítidas dos rastros de partículas. A empresa, contudo, recusou o pedido. Afirmou que só poderia atendê-lo quando o conflito terminasse.

Depois do armistício, uma ação coordenada pelo governo reuniu academia, indústria e establishment nuclear para buscar maneiras de revigorar a economia da Grã-Bretanha e impulsionar a física atômica, que tinha ficado atrasada em relação aos Estados

Unidos. A indústria fotográfica, que via ameaçados os seus contratos com a indústria bélica, encontrou num dos painéis organizados pelo governo um nicho promissor com a fabricação de chapas especiais para a física nuclear. Também a indústria de microscópios enxergou aí uma oportunidade.

As primeiras chapas fotográficas com mais brometo de prata, denominadas emulsões nucleares, foram entregues aos pesquisadores de Bristol e Cambridge em 1945. O avanço técnico criou melhores condições para descobertas, mas faltava ainda a mão de obra apropriada para lidar com a nova ferramenta.

Os cursos de física da Grã-Bretanha haviam se dedicado nos anos anteriores a formar apenas técnicos em eletrônica, para atender às demandas militares. E os jovens físicos ingleses convocados para o esforço de guerra voltavam lentamente às universidades, com modestas bolsas oferecidas pelo governo. "No entanto, não eram atraídos por essa técnica desprezada […] numa universidade provinciana", recordou Occhialini ao escrever sobre seus anos em Bristol.

Para seu jovem ex-aluno brasileiro, porém, trabalhar com as novas emulsões e com aceleradores de partículas representava uma oportunidade apaixonante. Em janeiro de 1946, atendendo à sugestão do colaborador, Powell convidou Lattes para se juntar à equipe do laboratório H. H. Wills.

Occhialini declarou num depoimento que aquele convite saldava parte de sua dívida com o Brasil. Não imaginava que a ida de Lattes para Bristol importava não apenas para o jovem físico. Também o laboratório – e a própria física – se beneficiariam imensamente de sua presença.

2 | Melhorando o que já existia

Cesar Lattes desembarcou no porto de Liverpool, junto a um canal de comportas no rio Mersey, num sábado, no começo de fevereiro. Deveria tomar o trem para Bristol, mas, por engano, foi levado para Londres com outros passageiros do *Saint Rosario*, que estavam sendo recepcionados pelo Conselho Britânico.

Depois de quarenta dias de viagem, o que restava das dez libras que levara mal deu para a passagem de trem de Londres a Bristol. Chegou tarde da noite ao sombrio edifício de pedra da estação ferroviária. Estava nevando e, ao contrário do que torcia intimamente, Occhialini não estava à sua espera. Guardou a bagagem na estação e perguntou a um transeunte onde ficava a igreja – pareceu-lhe a melhor solução para passar a noite. O homem quis saber se ele era estrangeiro e, ao ouvir que era brasileiro e vinha de São Paulo, indagou se conhecia um fulano de tal, seu amigo, que morava lá. Talvez por brincadeira, Lattes respondeu que sim. "Diante da minha resposta afirmativa, perguntou o que eu ia fazer na igreja", recordou, muitos anos depois. "Dormir, eu disse. 'Não, você vai dormir no quarto da minha namorada e ela vai para o meu apartamento, mas antes te pago um uísque.' E assim foi", contou. "Sábado e domingo comi batata e peixe fritos na parafina (usada para substituir óleos e gorduras, em falta, depois da guerra), era o que tinha."

Na segunda-feira, ele cruzou pela primeira vez a entrada imponente da Wills Tower, um edifício de estilo gótico, erguido em 1925 junto ao Royal Fort, o prédio histórico da universidade, no centro de Bristol, e se dirigiu ao quarto andar, onde funcionava o laboratório.

A torre é conhecida como Cigarette Tower porque foi construída por um magnata do tabaco, Henry Herbert Wills, em homenagem ao pai, benemérito da universidade. Conta-se que teria encomendado ao arquiteto algo "para durar". Cerca de 100 mil edificações da cidade foram abaixo sob os bombardeios da Luftwaffe, mas, em 2023, quase um século depois, a Wills Tower era ainda o quinto edifício mais alto de Bristol.

No laboratório H. H. Wills, os temas de pesquisa refletiam a experiência prévia de seus dois membros sêniores – física da estrutura nuclear, no caso de Powell; e raios cósmicos, no de Occhialini. As emulsões nucleares que agora surgiam eram uma arma nova e extremamente poderosa para lidar com questões das duas áreas.

Então com 46 anos, Powell tinha posições de esquerda e supostamente refutara participar do esforço de guerra por ser pacifista. Seu avô materno era um homem culto, dono de uma escola no condado de Kent, mas a família vivia com dificuldade. Seu pai, ex-armeiro artesanal e funcionário da pequena loja do irmão, precisava reforçar a dieta da família com lebres e coelhos que caçava nos bosques à beira da estrada, quando voltava do trabalho, de bicicleta.

Aluno exemplar, Powell ganhou uma bolsa de estudos para Cambridge, onde se formou em 1925 em ciências naturais. Em sua autobiografia, inacabada, ele conta, enternecido, que a mãe era tão orgulhosa da inteligência dos filhos que um dia a avó protestou: toda mãe acha os próprios rebentos especiais. Mas isso não a abalou: "É que as outras mães estão enganadas".

Com pouco mais de trinta anos, Giuseppe Occhialini já era um físico conhecido. Tinha cursado a graduação no Instituto de Física Arcetri, ligado à Universidade de Florença, onde desde os anos 1920 se investigava a estrutura nuclear usando raios cósmicos. Era um dos principais assistentes do chefe do instituto, Bruno Rossi, com quem colaborou no aperfeiçoamento de um arranjo que alinhava contadores Geiger-Müller e eletroscópios para detectar múltiplas coincidências de eventos em raios cósmicos.

Em 1931, fora se especializar em Cambridge com o físico Patrick Blackett, extremamente hábil na construção e no manuseio da câmara de Wilson. Blackett trabalhava no mitológico laboratório Cavendish, onde Ernest Rutherford descreveu o átomo como um núcleo minúsculo de carga positiva contendo quase toda a sua massa, e orbitado por elétrons – a forma planetária que se vê até hoje em ilustrações. Métodos instrumentais de visualização dos eventos faziam parte da tradição do Cavendish. Ao se juntar a Gleb Wataghin na USP, em 1937, Occhialini levou consigo todo esse conhecimento.

Quando o Brasil entrou na guerra, em 1942, os italianos passaram a ser considerados inimigos e Wataghin perdeu o cargo de direção na USP, mas, como se declarou contrário à posição da Itália, manteve o cargo de professor. Embora também se opusesse ao fascismo, Occhialini não quis se posicionar, por medo de represálias à sua família, que permanecera no país de origem. Para sair de circulação, valeu-se de sua experiência de montanhista e se refugiou no Parque Nacional de Itatiaia como guia turístico. Temia ser extraditado, como acontecera com a alemã Olga Benário, mulher de Luís Carlos Prestes, que terminaria por morrer num campo de extermínio nazista em abril daquele mesmo ano.

Em 1943, com a queda de Mussolini e a rendição da Itália, Occhialini retomou as atividades científicas, a convite de Carlos Chagas, no Laboratório de Biofísica da Universidade do Brasil. No ano seguinte, estava de volta à USP, para o curso de raios X, provavelmente pautado por Wataghin para ajudar o amigo. Occhialini queria ir para a Europa juntar-se aos Aliados no esforço de guerra, mas não sabia como fazê-lo.

A solução veio no fim de 1944, na forma de um convite de seu ex-colaborador Patrick Blackett, de Cambridge, que o chamou para trabalhar com os físicos ingleses que participavam da pesquisa para a bomba atômica ao lado de americanos e canadenses. Mas ao desembarcar em Cardiff, em janeiro de 1945, ele foi informado de que não poderia se juntar às atividades militares por ser italiano. Viveu então de trabalhos temporários, até que, depois de alguns meses, Blackett, nomeado presidente do comitê científico do novo governo inglês, trabalhista, eleito em julho de 1945, o enviou para Bristol, a fim de investigar as possibilidades da técnica de emulsões nucleares.

Quando chegou ao laboratório, Lattes percebeu que não havia grande urgência ali em trabalhar com as novas chapas fornecidas pela Ilford, do tipo B1. Occhialini e Powell ainda utilizavam as antigas *halftone* porque não havia quem calibrasse as novas. "Coube então a mim pôr isso para andar", lembra Lattes, "determinar razão entre alcance e energia, discriminação de prótons, de partículas alfa e assim por diante."

Em março de 1946, Lattes escreveu ao físico pernambucano José Leite Lopes, que voltara à Faculdade Nacional de Filosofia (FNFi), da Universidade do Brasil, no Rio de Janeiro, depois de se doutorar em Princeton. Conhecera-o na USP, em 1943, num curso de mecânica celeste de Mario Schenberg.

> Caro amigo Leite,
> Estou trabalhando no H. H. Wills Physical Laboratory da Universidade de Bristol. Cheguei há poucos dias e comecei a trabalhar com o Prof. C.F. Powell sobre o método das chapas fotográficas aplicado à física nuclear. Vamos iniciar experiências sobre o *scattering* nêutron-próton, em condições muito melhores do que as dos trabalhos anteriores.[1]

Seis anos mais velho que Lattes, Leite Lopes era um expoente do grupo de jovens físicos brasileiros que viam na criação de condições de ensino e pesquisa científica um caminho para o desenvolvimento do país. Eles reivindicavam que as universidades fossem polos de geração de conhecimento, em vez de meras fornecedoras de títulos para ornar carreiras tradicionais.

Lattes mostrava-se animado com o que encontrara em Bristol: "O laboratório H. H. Wills é excelente, do ponto de vista dos instrumentos, em contraste com a má qualidade da formação teórica dos pesquisadores, prejudicada pela guerra", relata ao amigo. Impressionava-o também o espírito de equipe e o entrosamento entre os pesquisadores. Percebia, porém, em toda parte, a pobreza deixada pela guerra. Em outra carta, enviada três meses depois de chegar, disse:

> Vou te enviar separatas dos trabalhos de Born e Peng. Quanto aos de Powell enviar-lhe-ei um microfilme, pois estão esgotadas. Livros bons são coisa rara aqui: imagine que não consigo encontrar o Dirac, Heitler, Gamow etc. A guerra aqui deixou uma miséria miserável.[2]

Ele se queixa a Leite Lopes de que até os alimentos eram escassos. Mesmo que trabalhasse pela noite adentro, o que era frequente, tratava de não perder o almoço, pois a comida era pouca. Morava a essa altura numa pensão, de propriedade de uma viúva, onde dividia um quarto com um colega.

O espalhamento próton-nêutron, pesquisa que ocupava o laboratório naqueles dias, era, na sua descrição, muitos anos depois, "física convencional, sem promessa de grandes descobertas". Embora não se tratasse de física de ponta, as tarefas que Lattes desempenhou o puseram em contato com aceleradores – o Cockcroft-Walton do laboratório Cavendish e o cíclotron da Universidade de Liverpool –, propiciando uma conveniente familiaridade com um equipamento inexistente no Brasil.

Em outubro de 1946, Lattes já era uma pessoa indispensável na equipe. Como lembrou o físico Hugh Muirhead, que começou a frequentar o laboratório H. H. Wills naqueles dias, durante o curso de pós-graduação, estudar "física nuclear em Bristol naquela época significava entrar para o grupo de Powell, cujos membros eram Powell, Occhialini, Payne, que se formou um ano antes de mim, e Lattes, além de um ou dois visitantes temporários".

No Natal daquele ano, iria juntar-se a eles outro ex-aluno da USP indicado por Occhialini: Ugo Camerini, um dos parceiros de Lattes na reforma da câmara de nuvem. Camerini vinha de uma família judia que havia fugido de Milão em 1939, depois que Ugo e os irmãos Enrico e Noemi foram proibidos de frequentar a escola, e o pai, comerciante, de exercer seu ofício – ou qualquer outro – por serem judeus. Os pais compreenderam que corriam risco de vida e partiram no primeiro navio disponível, para o primeiro país que lhes concedeu vistos. A tia de Ugo não quis acompanhá-los. Contratou pouco tempo depois uma guia para ajudá-la a chegar à Suíça pelas montanhas. Descobriu tarde demais que se tratava de uma espiã, que a embarcou num trem em direção a Auschwitz, onde morreu.

Ugo causou sensação entre as moças do laboratório de Bristol. Falavam de sua beleza cinematográfica e do enxoval prodigioso que levara: incluía, entre outros itens, 22 camisas, engomadas pela mãe.

O primeiro artigo de Lattes com dados obtidos com aceleradores foi publicado em janeiro de 1947. Era assinado também pelo jovem físico francês Pierre Cuër e pelo aluno de pós-graduação Peter Fowler. O estudo compara experiências de outros físicos aos resultados de transmutações obtidas com bombardeamento de boro, lítio e berílio com o feixe de deutério emitido pelo acelerador de Cambridge. Descreve também mudanças que ele introduzira no arranjo usado por Powell, envolvendo o alvo para o feixe de deutério e a posição da placa de emulsão. Aceleradores eram instrumentos de vanguarda, geralmente manuseados pelo chefe do laboratório. O fato de, pouco depois de chegar, Lattes já propor mudanças no modo de operá-lo demonstrava não apenas sua segurança pouco usual, como o respeito da equipe por suas decisões.

Peter Fowler se oferecera para trabalhar ao microscópio como voluntário. "Trabalhava feito um desgraçado. Eu não fazia nem um décimo do que ele fazia", recordou Lattes. Fowler era mais velho do que o brasileiro, mas ainda estudante porque passara os anos de guerra na Força Aérea, na Índia.

Como Fowler havia participado do estudo, na hora de publicar o artigo, Lattes procurou Powell para apontar que seria justo incluir o nome do estudante nos créditos. "Powell [disse que] via com muita simpatia, mas a tradição inglesa não permitia, não sei o quê e tal", contou Lattes. "Aí, lembrei que Fowler era neto do Rutherford, que havia sido quem desintegrara o núcleo atômico. Então, caiu a resistência, e saiu o [nome dele no] trabalho."

Créditos eram um assunto espinhoso, com o qual Lattes se defrontaria algumas vezes, sobretudo em Bristol. Só que, no caso dele, as tradições seriam inflexíveis.

Powell achava, compreensivelmente, que as pessoas que lidavam com a análise de emulsões ao microscópio não podiam ser submetidas a estresse, para não comprometer a atenção demandada. Assim, a fim de garantir a qualidade do procedimento, criou, no final dos anos 1930, para essa etapa da investigação, a função de microscopista, desempenhada por mulheres, geralmente jovens, treinadas para reconhecer formas específicas. Elas examinavam as placas ao microscópio e repassavam seus achados aos físicos e a estagiários recém--formados. Seus nomes não eram citados nos créditos das equipes. Elas apareciam nos relatórios e correspondências como "a moça", "a garota" ou em expressões supostamente bem-humoradas, como "o coro de beldades de Cecil". Esse sistema de trabalho era conveniente também por liberar Powell, envolvido com questões administrativas e políticas, de passar horas ao microscópio.

A outra tarefa da qual Lattes foi encarregado, e que determinou uma parte importantíssima da sua formação, foi a calibração das novas emulsões. Etapa obrigatória para qualquer instrumento, a calibração era particularmente importante para um método que ainda não comprovara sua viabilidade científica. Consistia em estabelecer como as emulsões nucleares se comportavam diante da projeção de diferentes partículas carregadas em ambiente controlado. Para isso, era necessário projetá-las usando elementos radioativos ou aceleradores e medir a distância que cada partícula alcançava na emulsão, em relação à energia empregada na projeção. Em seguida, contavam-se quantos grãos escurecidos pela ionização encontravam-se em cada área de cinquenta mícrons (um mícron equivalendo à milésima parte do milímetro), ao longo do rastro da partícula. A tarefa era exigente e cansativa. As informações extraídas da contagem geravam padrões e tabelas sobre o comportamento de cada partícula na emulsão, que depois seriam utilizadas em pesquisas e experiências.

O fato de Powell ter delegado a três jovens — Lattes, Cuër e Fowler — uma função de tanta responsabilidade mostra o quanto confiava neles. A parte mais complexa do processo, os cálculos da relação entre alcance das partículas e a energia da projeção, ficava a cargo de Lattes. Em sua tese de doutoramento sobre o trabalho de Lattes, o historiador da ciência Heráclio Tavares enfatiza: "Powell não foi o responsável pela condução do trabalho de calibração das novas emulsões B1 da Ilford. Quem levou este trabalho adiante foi Cesar Lattes."

Em Bristol, trabalhando com aceleradores, raios cósmicos e emulsões, Lattes desenvolveu suas habilidades experimentais para traçar estratégias de detecção de partículas, entre elas uma extraordinária capacidade de perceber as formas dos traços ao microscópio.

3 | "Elementar, é um méson"

Uma das contribuições que Lattes deu ao laboratório H. H. Wills naquele primeiro ano de sua estadia dependia menos de conhecimentos científicos e habilidade técnica do que da atitude positiva que irradiava e transformou a atmosfera à sua volta. A influência de Lattes foi lembrada por um Occhialini já idoso, num depoimento comovido sobre o ex-aluno, quando este completou sessenta anos: "Lattes chegou e a vida no quarto andar do Royal Fort [o edifício histórico da Universidade] se transformou. Ele trouxe a agitação da primavera e a exuberância da energia jovem para aquela atmosfera de dedicação sombria e determinada", escreveu.

A animação do laboratório intrigou os frequentadores dos andares baixos do edifício, que, segundo ele, "saboreavam as delícias da paz, da ordem e da segurança e o desejo de um ininterrupto futuro acadêmico" – uma forma gentil de se referir, talvez, ao clima burocrático dominante. A população do quarto andar era vista como uma tribo exótica. Eis a descrição de Occhialini: "Não barbeados, algumas vezes sem tomar banho, trabalhando sete dias por semana até as duas da madrugada, às vezes até as quatro, fazendo sempre café muito forte, correndo para cima e para baixo, gritando, brigando e sorrindo, éramos encarados com simpatia pelos nativos cansados de guerra e pelos estrangeiros". Depois da meia-noite, Lattes distribuía horríveis cigarros feitos das bitucas que coletava pelo Instituto. Viciou-se ali, para sempre.

Nos arredores da torre, as reações variavam. No pub atrás do Royal Fort, o Robin Hood, eram recebidos com alegria, mesmo quando forçavam a entrada, cinco minutos antes do horário de fechar, para tomar uma cerveja e depois voltar ao trabalho. Em seu sermão dominical, o padre da igreja próxima comentou com os paroquianos que a luz da torre ficava acesa à noite, mesmo aos domingos. Caminhando pelas ruas de Bristol às quatro da manhã, barbudos e falando uma língua estrangeira, Lattes e Camerini despertaram a desconfiança de policiais. Estavam sóbrios, mas, por via das dúvidas, acharam melhor segui-los até em casa, para checar se os endereços eram verdadeiros.

"Essa era a impressão externa. Lá dentro, a vida era menos romântica, mas bem mais emocionante", recordou Occhialini. "Era uma vida de trabalho árduo, intenso e contínuo. De uma intensa animação e de sonhos incrivelmente realizados. Era o mundo da descoberta, e o papel de Lattes foi fundamental."

No futuro, Lattes perderia esse élan, e as palavras do ex--professor adquiririam uma indisfarçável melancolia. Mas por alguns anos, ainda, seu brilho se faria acompanhar por essa energia contagiante.

Em paralelo aos projetos do laboratório H. H. Wills, Cesar Lattes dispunha de tempo e de liberdade para se dedicar à sua própria agenda de pesquisas. Utilizava para isso os recursos que não existiam no Brasil, como as novas emulsões e aceleradores de partículas. Contava sobretudo com seu talento e intuição, que a experiência só fazia aumentar.

Um dos assuntos que o atraíam naquele primeiro ano em Bristol eram os nêutrons cósmicos. No outono de 1946, em algum momento desses estudos particulares, solicitou à Ilford um carregamento de emulsões nucleares com bórax (tetraborato de sódio, substância que se comprava em farmácia para tratamentos domésticos). A intenção era usar os átomos de boro com nêutrons liberados por colisões provocadas por um acelerador.

O fato de que pudesse – e quisesse – dedicar-se a um projeto que não fazia parte da agenda do laboratório diz muito sobre seu apetite científico e sobre a independência de que desfrutava.

"Eu estava interessado em ter um detector de nêutrons que pudesse informar a energia, independentemente de se saber a direção em que o nêutron chegava", recordou Lattes. Ele já tinha feito a experiência com as placas no acelerador Cockcroft-Walton, em Cambridge, descobrindo a energia que o feixe continha e a sua direção. Agora queria experimentar com nêutrons de raios cósmicos, de maior energia.

Radiação cósmica era um assunto que Lattes e Occhialini conheciam bem. "Tínhamos tradição", constatava Lattes. Occhialini trabalhara com dois dos maiores especialistas no tema, Blackett e Rossi, e apresentara estudos no Simpósio de Raios Cósmicos, realizado no Rio de Janeiro em 1941. Lattes tinha aprendido com ele, e os físicos formados na USP vinham se notabilizando internacionalmente nesta área de pesquisa.

Wataghin e seus assistentes Marcello Damy e Paulus Aulus Pompeia haviam mostrado, com os circuitos eletrônicos que construíram, que existiam nos chuveiros cósmicos partículas de altíssima energia que atravessavam superfícies de chumbo sem interagir com a matéria – os chamados chuveiros penetrantes. Os chuveiros cósmicos são o resultado das colisões entre núcleos de raios cósmicos e os núcleos atômicos existentes na atmosfera.

No outono de 1946, Occhialini ia sair de férias. Montanhista experimentado, pretendia esquiar no Pic du Midi de Bigorre, nos Pireneus franceses, a 2.800 metros de altitude. Raios cósmicos são mais abundantes em locais mais altos, e Lattes pediu-lhe que levasse dois tipos de placas para expor lá em cima: as carregadas de boro, que encomendara, e as comuns, para comparação. Os experimentos comprovaram que, por alguma razão desconhecida, se nessas a imagem desaparecia em aproximadamente uma semana – um efeito conhecido como *fading*, ou esmaecimento –, nas de bórax ela sobrevivia por mais tempo, e assim resistiria até ser examinada ao microscópio, na volta.

Em dezembro, Occhialini voltou das férias com as placas que expusera no Pic du Midi. Embora ele próprio não tivesse nenhuma pergunta específica quanto ao que elas poderiam mostrar, estava curioso para verificar o efeito de raios cósmicos sobre elas numa grande altitude. Tratou de revelá-las e, na mesma noite de sua chegada, observou-as ao microscópio.

Apesar de todos os avanços da física nuclear verificados naquela década, a coesão do núcleo, composto por prótons, de energia positiva, e nêutrons, sem carga, permanecia inexplicada pela física. Entre outras teorias, sugerira-se que havia elétrons no núcleo atômico justamente para compensar a força de repulsão, mas nada explicava inteiramente o fenômeno.

O alemão Werner Heisenberg postulou que, além da gravidade e da força eletromagnética, haveria uma terceira força, resultante do campo criado pelas partículas leves, que seria responsável por manter colados prótons e nêutrons. Depois de entrar em contato com a teoria de Heisenberg, o então obscuro físico japonês Hideki Yukawa, formado em 1929 na Universidade de Kyoto, formulou uma hipótese ainda mais ousada: a de que a coesão de prótons e nêutrons se devia a uma força desconhecida – que ele reconhece como uma *"biding energy"*, ou energia de ligação – exercida por uma partícula igualmente desconhecida – a qual chamou de *heavy quanta*. O artigo de Yukawa sobre o tema foi publicado em 1935 por um periódico japonês. Traduzido e enviado a publicações científicas ocidentais, foi ignorado até 1937, quando o físico Robert Oppenheimer, já uma estrela do mundo científico dos Estados Unidos, publicou uma nota a respeito na prestigiosa *Physical Review*. A nota produziu alguma repercussão, mas, ainda assim, a teoria de Yukawa circulou pouco, pois o Japão da década de 1930 era um país pobre e isolado, e a Segunda Guerra Mundial agravou seu isolamento. Causava também relutância na parcela do meio científico que tomara conhecimento da teoria o fato de, dez anos depois de formulada, ninguém jamais ter observado a partícula postulada.

Em 1937, os físicos americanos Carl Anderson e Seth Neddermeyer, que investigavam a radiação cósmica, descobriram uma partícula subatômica que parecia ser a mesma descrita por Yukawa, e que chamaram de mésotron, por ter massa intermediária entre o próton e o elétron. Outros dois cientistas dos Estados Unidos, Jabez Curry Street e Edward C. Stevenson, chegaram simultaneamente à mesma descoberta. Mas novos estudos sugeririam que a partícula que Anderson e Neddermeyer haviam observado não era a mesma descrita por Yukawa, mas sim uma outra, derivada daquela que depois da revelação das placas de Chacaltaya se chamaria méson.

Powell e Occhialini certamente já conheciam a teoria de Yukawa, mas, no H. H. Wills naqueles dias, ninguém estava muito interessado nela. Embora já tivesse feito experimentos no alto do Jungfraujoch, na Suíça, Powell não havia se dado o trabalho de mobilizar o laboratório para testar a eficiência das emulsões nucleares com adição de boro, expondo-as aos raios cósmicos em montanhas distantes. A única pessoa empenhada em empregar seu tempo livre nessas investigações era Cesar Lattes. Para sorte dele – e do laboratório –, Occhialini não apenas aceitou seu pedido, como se entusiasmou com ele.

Ao examinar no microscópio as placas que trouxera na mochila, Occhialini surpreendeu-se. Como recordaria Lattes, ele "percebeu que havia uma barbaridade de coisas nelas". A variedade de ocorrências nas emulsões com bórax e a riqueza de detalhes mostraram que a possibilidade de dedução da energia do nêutron cósmico, que Lattes se propusera a investigar, era apenas uma das análises possíveis a partir dos eventos registrados nas placas. Havia algo mais extraordinário.

Há diferentes versões para o desenrolar dos acontecimentos no laboratório a partir daí. Segundo Occhialini, num depoimento ao projeto de história oral do Instituto Americano de Física, ele estava ao microscópio, à noite, quando encontrou uma estrela – traços da desintegração de um núcleo. Achou que se tratava de um méson, mas não estava ainda bem certo para anunciar. Na manhã seguinte, posicionou de novo a placa no microscópio e mostrou a Lattes. "Sabe me dizer o que é essa coisa estranha?". Debruçado sobre a imagem, Lattes foi categórico: "Elementar, é um méson entrando". Só então Occhialini se sentiu seguro para afirmar a descoberta. "Compreendi que Lattes era ainda melhor do que eu pensava", relatou.

Na descrição de Lattes, os acontecimentos sucederam-se de outra maneira: "A quantidade de ocorrências vistas nas emulsões era suficiente para colocar toda a capacidade do laboratório no estudo de raios cósmicos de baixa energia", relatou. "Depois de alguns dias de observação, uma moça, Marietta Kurz, encontrou um evento incomum: um méson parando e, emergindo da extremidade [de seu traço], outro méson de cerca de seiscentos mícrons de alcance, não inteiramente contido na emulsão."

Também Cecil Powell, o chefe das pesquisas com emulsões nucleares, descreveu o momento da descoberta. Em sua autobiografia, ele o apresenta como uma epifania: "Ficou imediatamente claro que um mundo inteiramente novo havia se revelado. A trajetória de próton lento tinha grãos tão comprimidos uns contra os outros que parecia uma haste sólida de prata, e o pequeno volume de emulsão parecia, sob o microscópio, estar cheio de desintegrações produzidas por partículas rápidas de raios cósmicos, cuja energia era muito maior que aquela que podia ser gerada artificialmente naqueles tempos. Foi como se, repentinamente, tivéssemos adentrado um pomar cercado por muros, onde árvores houvessem florescido até então protegidas, e todos os tipos de frutas exóticas amadurecido em grande profusão".

Embora as palavras poéticas de Powell pareçam se referir a um milagre, e não a um árduo processo, a descoberta ainda demandava mais comprovação para ser aceita. O grupo de Bristol compreendeu que havia muito trabalho pela frente – e que tinham de andar depressa, pois a placa com boro logo iria ser usada por outros pesquisadores, e um deles, em especial, já estava quase cruzando a reta de chegada.

4 | Lá em cima, perto da verdade

No outono de 1946, na mesma época em que Occhialini partia para os Pireneus com as placas de Lattes, um candidato ao doutorado do Imperial College de Londres, o físico Donald Perkins, um ano mais novo do que Lattes, começava uma investigação sobre raios cósmicos com emulsões fotográficas. O orientador de Perkins era Sir George Thomson, Prêmio Nobel e filho de Joseph Thomson, descobridor do elétron. Graças ao prestígio do orientador, Perkins havia conseguido que suas emulsões fossem expostas a radiação em voos da unidade de reconhecimento fotográfico da RAF, a Força Aérea Real, a até 14 quilômetros de altitude.

Dispostos a garantir a primazia, os pesquisadores do H. H. Wills arregaçaram as mangas. "Eu examinava as placas durante o dia e fotografava à noite, para conseguir ter o mosaico [de microfotos] pronto", recordou Occhialini num depoimento. Dois dias depois de sua chegada, outro méson duplo foi localizado, e desta vez o rastro do segundo estava inteiramente contido na emulsão. Eles já podiam divulgar o que haviam observado. O artigo sobre a descoberta, produzido contra o relógio, foi enviado à revista *Nature* numa sexta à noite, mas só seria publicado uma semana depois. No sábado, saiu o artigo de Perkins.

Embora contasse com o apoio providencial dos voos da RAF, o jovem pesquisador do Imperial College trabalhava sozinho e só dispunha das velhas chapas *halftone*, enquanto o grupo de Bristol já trabalhava com vários tipos de emulsões, entre elas a B1 da Ilford – quando Perkins chegou ao Imperial College, em 1945, Powell já lidava com a empresa havia muitos anos, por isso as recebeu primeiro. Além disso, por ser mais velho e mais bem relacionado, ele talvez fosse visto pela Ilford como uma fonte mais promissora de contatos comerciais. De todo modo, não fosse a curiosidade científica de Lattes, todas as vantagens do laboratório H. H. Wills teriam sido desperdiçadas.

Muitos anos depois, Perkins trataria ironicamente a prioridade dada a Bristol. "Havia muita magia negra naquelas descobertas", alfinetou, referindo-se especificamente ao fato de Lattes não saber explicar exatamente por que o boro contribuía para fixar melhor a imagem latente dos traços na emulsão.

Apesar de o grupo de Bristol ter afirmado num artigo de maio de 1947 – este assinado também por Lattes – que a segunda partícula tinha a mesma massa que a do méson incidente, as evidências eram inconclusivas, já que seus traços não terminavam nos limites da emulsão e desapareciam por uma de suas bordas. Sem a medida com maior precisão do comprimento do rastro, era difícil estimar a massa, característica importante para precisar a identidade da partícula.

Para poder realizar uma análise detalhada, era necessário colher mais eventos. Idealmente, numa altitude maior do que os 2.800 metros do Pic du Midi. Há montanhas mais altas do que essa na Europa – o Monte Branco, nos Alpes, tem 4.820 metros; o Dufourspitze, na Suíça, 4.634. Mas as sensibilidades nacionais ainda estavam aguçadas naquele período do pós-guerra. Não era tão simples justificar pesquisas sobre o núcleo atômico feitas por estrangeiros em território alheio.

Lattes procurou o Departamento de Geografia da Universidade de Bristol, consultou mapas e concluiu que um bom lugar para expor as emulsões seria o monte Chacaltaya, nos Andes bolivianos, 5.600 metros acima do nível do mar. Ele já ouvira falar de experiências realizadas ali por cientistas ligados à

USP. O local era bem conhecido por Arturo Duperier Vallesa, meteorologista espanhol da equipe de Blackett. A cúpula de um modesto observatório meteorológico no alto da montanha, acima da estação de esqui do Club Andino, acessível de carro a partir de La Paz, protegeria as placas das intempéries.

Lattes se ofereceu para a empreitada nas condições espartanas que os modestos recursos do laboratório permitiam. "Pedi a passagem até o Rio de Janeiro e disse que o resto eu arrumava." Uma vez que era comissionado pela USP para trabalhar em Bristol, teve o cuidado de pedir permissão a Gleb Wataghin para se ausentar. Em sua carta, previu:

> [...] Chegarei no Rio dia 8 de manhã e seguirei para Cochabamba logo que seja possível (dentro de uma semana no máximo); demorar-me-ei na Bolívia cerca de 15 dias e voltarei ao Brasil. Durante minha permanência no Brasil terei que estudar as placas já reveladas e enviar metade para Bristol; depois de cerca de dois meses voltarei à Bolívia para processar as placas expostas em abril e depositar novas placas.[3]

Wataghin não apenas o autorizou a viajar como conseguiu passagens aéreas para que ele voltasse da Bolívia para o Brasil, fornecidas pelo governo boliviano.

Lattes gostava de lembrar a formalidade – ou melhor, a informalidade – com que lhe entregaram o dinheiro da viagem. "Estavam o Powell, o Occhialini e o A. M. Tyndall, um gentleman inglês, diretor do laboratório de Bristol", contava. "Deram-me uma pilha de notas de libras para pagar a passagem e um papelzinho dizendo o que se esperava de mim, desejando-me boa viagem." Ao perguntar se deveria assinar algum recibo e de que maneira na volta prestaria contas, ouviu, surpreso, que estaria anotado em um caderninho: "pago a Cesar Lattes para sua viagem à Bolívia". Em vez do tradicional relatório de despesas cheio de minúcias, que ele conhecia, o que se exigia era o trabalho publicado. "Lembrei-me de que, em Bristol, o laboratório ficava aberto dia e noite e a biblioteca também, sem ninguém tomando conta. País civilizado."

É bem verdade que lhe fizeram um pedido que ele não atendeu. Recomendaram que viajasse por uma companhia aérea inglesa, já que o dinheiro era de Sua Majestade. Entretanto, ouvira de um amigo que as aeronaves das companhias britânicas eram velhos aviões de guerra adaptados para voos de passageiros, que a comida era péssima e as comissárias de bordo, emburradas. Na recém-fundada Panair do Brasil, em contrapartida, comissárias lindas e sorridentes serviam suculentos filés em aeronaves novíssimas. Permitindo-se uma pequena traição, no dia 7 de abril voou para o Rio de Janeiro pela Panair. Depois ficaria sabendo que o avião da B.O.A.C. em que cogitara viajar tinha feito um pouso forçado na costa do Marrocos, e que quatro passageiros tinham morrido.

Ao chegar a La Paz, com escalas em Santa Cruz, Cochabamba, Oruro e Potosí, Lattes procurou um professor de física da Universidade de La Paz, dom Vicente Burgaletta, indicado por Wataghin, mas ouviu dele que a universidade não poderia ajudá-lo em nada. Recomendou que buscasse o Serviço de Meteorologia e falasse com Ismael Escobar, e este, sim, revelou-se um parceiro inestimável, que ofereceu, entre outros auxílios, condução até a estação meteorológica, nas proximidades de uma famosa estação de esqui.

"Na verdade, a estação eram quatro pedaços de madeira fazendo um tronco de pirâmide, e duas placas também de madeira, tudo pintado de branco e mais nada", descreveu Lattes. As toscas instalações, porém, eram suficientes para aquilo de que precisava. Instalou as placas e voltou ao Brasil, onde reviu a namorada e a família e, segundo lembrava, foi passear no Guarujá.

De volta a Chacaltaya um mês depois, não perdeu tempo. "Revelei uma chapa ainda na casa do Escobar", contou. "Não revelei todas porque a água de lá não estava boa." Telegrafou para Bristol e Powell ordenou que levasse tudo para a Inglaterra.

No Rio de Janeiro, onde tomaria o avião para a Inglaterra, encontrou-se com Leite Lopes e com o físico austríaco Guido Beck, diretor do Observatório de Córdoba, na Argentina, e então professor visitante da Faculdade Nacional de Filosofia. Beck já trabalhara no laboratório Cavendish, de Cambridge, e fora assistente de Heisenberg, em Leipzig. Ali, no laboratório de física experimental da FNFi, num microscópio cedido pelo catedrático Joaquim da Costa Ribeiro, examinaram juntos a chapa revelada na Bolívia.

Logo localizaram um decaimento de uma partícula em outra, o terceiro que Lattes via depois dos primeiros em Bristol. Dessa vez, o traço do méson secundário estava contido nos limites da emulsão e tinha o alcance de seiscentos mícrons que a segunda partícula, com minúsculas variações, percorre. "Aí me convenci de que estava com um bolo grande na mão." Tratava-se da evidência completa de que havia dois mésons, um decaindo no outro, e Lattes tinha capturado e observado todo o processo.

Em Bristol, devidamente reveladas e examinadas, as outras chapas apresentaram mais trinta eventos. Confirmou-se que a massa do mésotron pesado, obtida por contagem de grãos ao longo da trajetória, correspondia a mais ou menos trezentas vezes a massa do elétron, como se constatara nas observações anteriores, publicadas em maio, e comprovou-se que o alcance da partícula secundária, o mésotron leve, era de seiscentos micra. Mostrar um processo completo de decaimento de um mésotron em outro confirmava experimentalmente a existência de duas partículas, encerrando a confusão criada desde Anderson e Neddermeyer. Além disso, o grupo de Lattes desvendava o modo como uma se transformava na outra, um dos processos fundamentais da física. Era uma contribuição enorme, e a equipe do laboratório se entusiasmou.

A importância da descoberta atraiu a atenção do mundo científico para o laboratório H. H. Wills e para o trabalho de Lattes. Seu nome começou a ser pronunciado por cientistas importantes, em instituições de peso, como o Instituto de Física Nuclear, em Estocolmo, e o Laboratório de Radiação da Universidade da Califórnia em Berkeley.

Niels Bohr, um dos dois maiores físicos do século XX, ao lado de Albert Einstein, mandou emissários a Bristol para observar *in loco* os trabalhos e concluiu que quem os conduzia era Lattes.

Em outubro, nas edições da *Nature* dos dias 4 e 11, novos artigos aprofundaram a descrição dos decaimentos e definiram as características dos mésons, encerrando dúvidas e hesitações sobre o mundo subatômico que se arrastavam havia décadas. Nestas publicações, a assinatura de Lattes foi a primeira da lista, antes das de Powell e Occhialini.

Como descreveria um ano depois o diário inglês *Manchester Guardian*, ao tratar do méson: "Uma nova partícula entrou na arena e pode ser para o futuro imediato aquilo que o nêutron foi para o passado imediato". Nas palavras do redator, a nova partícula recitava "o prólogo da física do pós-guerra".

Desapareceram a partir daí as restrições ao método fotográfico, finalmente consagrado como confiável perante o mundo científico, como desejava Powell havia tanto tempo.

Por ter formulado, em 1935, a hipótese dos mésons, enfim comprovada com a contribuição de Cesar Lattes em 1947, Hideki Yukawa ganhou o Prêmio Nobel de Física de 1949. Em 1950, as descobertas que as pesquisas de Lattes desencadearam em Bristol seriam motivo de mais um Nobel, que contemplaria apenas Powell. Mais tarde isso se tornaria uma questão para a autoestima brasileira, mas, para Lattes, nos dias trepidantes em que enxergou pela primeira vez os minúsculos traços da partícula, o simples prazer da descoberta era recompensa suficiente.

5 | Matriz familiar

Num momento vagamente situado no século XVIII, ao se refugiar na Itália, uma família espanhola perseguida pela Inquisição decidiu deixar para trás o antigo sobrenome judeu. Para recomeçar a vida, adotou o nome de um riacho que atravessara pelo caminho, na fronteira entre a Espanha e a França – Lattes.

Com o passar do tempo e a proximidade com a comunidade israelita de Turim, onde se fixaram, os Lattes readquiriram a identidade judaica, que voltaria a se esgarçar depois de uma série de casamentos dos homens da família com noivas católicas. O progressivo afastamento da religião não era um comportamento incomum no final do século XVIII até que Napoleão impusesse seu Código Civil aos territórios ocupados por toda Europa, ao longo das Guerras Napoleônicas (1803–1815), e pela primeira vez estendesse a liberdade religiosa e as garantias individuais como as conhecemos também aos "seguidores da lei de Moisés".

O antepassado mais remoto na memória dos descendentes brasileiros é Sion Lattes, fundador em Turim, no final do século XIX, da Banca Lattes, casa bancária que funcionaria por mais de cem anos. Era ainda um judeu "de sinagoga", nas palavras de Cesar Lattes, o que não impediu que seu filho Davide se casasse com uma viúva católica, Adelina Villavecchia, referida na crônica familiar como alguém de gênio difícil.

Giuseppe, o primogênito do casal, foi o primeiro descendente dos Lattes a pisar no Brasil. Nascido em Turim a 7 de abril de 1893, desembarcou no porto de Paranaguá em 1912, a caminho de Curitiba. Os motivos de sua partida não são claros. Por menores que fossem suas possibilidades na Itália nos anos que antecederam a Primeira Guerra Mundial (1914–1918), Giuseppe era culto e desfrutava de uma situação confortável. As conversas a atravessar os tempos dão conta de uma relação conturbada com a mãe, matriarca autoritária. Aponta-se que o filho teria rompido com ela não apenas pela maneira descontrolada como lidava com a herança da família, mas sobretudo por ter um casamento anterior às núpcias com o pai. Mãe de duas filhas da união anterior, que só se oficializara pouco tempo antes da morte do pai das meninas, Adelina sobreviveu também ao segundo marido. Herdeiro da Banca Lattes, Davide morreu cedo, deixando em testamento "um tanto para cada filho", mas "só restando [...] o que dava justo para sobreviver".

Foi com o dinheiro deixado pelo pai que Giuseppe partiu de Turim. O auge da imigração italiana aos estados do Sul do Brasil, no final do século XIX, e a chegada dos primeiros judeus à então província do Paraná eram recentes. A cidade vivia um período de florescimento. A construção da estrada de ferro Paranaguá-Curitiba, empreendimento tecnicamente ousado e caro, movimentava quantias vultosas e mão de obra requintada. A imigração italiana, iniciada por volta de 1850, era ainda intensa, mas não mais de camponeses para trabalhar na lavoura, e sim de construtores, artesãos e profissionais de diversas especialidades, para dar conta das demandas geradas pelas fortunas do mate.

Seu núcleo urbano se transformava. Calçavam-se as ruas, erguiam-se palacetes e instalações públicas imponentes. Em 1912, o primeiro edifício vertical da cidade, o Palácio Avenida, abrigou um dos equipamentos mais desejados da época, um cineteatro, dando às ruas à sua volta o apelido de Cinelândia curitibana. O desejo de se tornar um centro influente, de vida cultural refinada, traduzia-se na contratação de companhias europeias de ópera, em turnês pela América do Sul, para uma escala na cidade.

A movimentação do capital em torno de tantos empreendimentos também exigiu infraestrutura financeira. Fundou-se o Banco de Curitiba, apelidado de Banco dos Corujas porque funcionava das seis da tarde às dez da noite, para atender os clientes depois do expediente nas fábricas. Outras casas bancárias do país levaram suas filiais para a cidade. Foi em uma delas que Giuseppe empregou-se como contador, o Banco Francês-Italiano, fundado em São Paulo por imigrantes enriquecidos da já bem estabelecida burguesia industrial, como o conde Francisco Matarazzo.

Em 1914, quando a Itália, a Alemanha e o Império Austro-húngaro entraram na Primeira Guerra contra a França, a Inglaterra e a Rússia, Giuseppe embarcou em um navio fretado por italianos do Paraná para ir lutar na Europa, mas por pouco não passaram de voluntários a desertores, dada a demora da viagem, de quase dois meses no mar. Finalmente engajado, incorporou-se aos Alpini, um regimento de soldados esquiadores especializado em combates nas montanhas nevadas. Encarregava-se do registro fotográfico dos lugares que atravessavam, para informação dos comandos. Um estilhaço após a explosão de uma granada afetaria para sempre a visão de um de seus olhos.

Ao final da guerra, condecorado como herói, às vésperas de completar trinta anos, Giuseppe se casou com a professora de francês Carolina Maria Rosa Maroni, filha de um alfaiate militar de Vigevano, retornando a Curitiba em 1921. Desta vez era para ficar: chegou em companhia da mãe e de dois irmãos, os gêmeos Primo e Secondo Lattes, três anos mais novos – as filhas do primeiro casamento de Adelina ficaram na Itália.

Giuseppe foi readmitido no Banco Francês-Italiano e, dois anos após o regresso, em 3 de janeiro de 1923, registrou o primeiro filho do casal como Davide Primo, que depois passou a ser conhecido por Davi. Davide em homenagem que se fazia aos avós paternos, em geral falecidos por ocasião do nascimento do primeiro neto. E, na falta de um documento oficial, por séculos negado aos judeus, estaria dito assim que Davide Primo, o primogênito de Giuseppe, era neto do avô Davide.

Nascido no ano seguinte, em 11 de julho de 1924, o segundo menino de Giuseppe foi registrado como Cesare Mansueto Giulio, Mansueto em homenagem ao avô Mansueto Maroni, pai de Carolina. Tendo por testemunha o tio Primo Lattes, seu registro de nascimento informa que ele veio ao mundo, como o irmão, na casa da família, no número 40 da rua Sete de Setembro, uma das mais conhecidas do centro de Curitiba.

Em 1926, Giuseppe foi designado pelo Banco Francês--Italiano para um posto em Caxias do Sul e dali transferido para Porto Alegre. Em sinal da prosperidade da família, os irmãos Lattes foram matriculados no Instituto Ítalo-Brasileiro Augusto Menegatti. Aberto em 1917, seu ensino era voltado aos filhos dos imigrantes italianos entre a elite porto-alegrense, contando com a fiscalização de funcionários do consulado italiano.

A estabilidade dos Lattes seria atropelada pela Revolução de 1930, sublevação militar que encerrou a República Velha e deu início à Era Vargas (1930–1945). O movimento que levou o gaúcho Getúlio Vargas ao poder aglutinou na Aliança Nacional as oligarquias não ligadas ao café e setores das classes médias urbanas nos estados descontentes com a alternância de paulistas e mineiros na presidência. Cesar Lattes jamais esqueceu um episódio testemunhado aos seis anos de idade: "Nós estávamos em uma casa pegada ao Palácio do Governo e me lembro de a gente chegar numa esquina e o sargento mandar suspender a bandeira branca. 'Senhora e duas crianças para atravessar!'. O tiroteio foi suspenso e pudemos atravessar a rua e ir para um hotel".

Em que pese a cortesia miraculosa de uma revolução que se interrompe diante de senhoras e crianças, o movimento não foi nada gentil com a elite financeira da Velha República e com as instituições que tivessem, direta ou indiretamente, apoiado seus candidatos, como era o caso de muitos bancos. Dada a perseguição dos novos governantes e o clima de hostilidade popular, Giuseppe e a família precisaram "cair fora" de Porto Alegre, nas palavras de Cesar, em suas recordações daqueles dias.

Turim pareceu-lhes o lugar indicado para acolhê-los naquele momento.

Durante seis meses, os meninos frequentaram a escola pública italiana, mas no ano seguinte, em 1931, já estavam de volta a Curitiba. Foram matriculados na Escola Americana, de métodos pedagógicos considerados modernos, com a introdução do ensino de música e a redução da carga de latim e grego característica dos currículos de então. Tratava-se de um desdobramento da Escola Renascença, fundada pelo professor Tibúrcio Carvalho de Oliveira, uma referência em educação no Paraná. Estudioso da história de Curitiba, o pesquisador Hajar Gehad menciona o depoimento de Liamir Hauer, uma contemporânea dos irmãos Lattes nos primeiros anos de educação formal. Filha de professores primários, ela relatou comentários de seus pais sobre um menino da Escola Americana que dera conta sozinho, em poucos meses, do livro de matemática programado para todo o ano letivo. Centenária em 2023, Liamir estava convencida de que o aluno que impressionou os professores era Cesar Lattes.

As lembranças de infância de Lattes não confirmam que tenha sido um menino-prodígio. "Fui uma criança normal, como as outras. Tive caxumba, sarampo e muitas gripes. Não me lembro de ter tido catapora", contou a um jornal carioca dos anos 1940. Em outro de seus depoimentos sobre a infância, no final dos anos 1980, declarou ter memórias que remontavam até os quatro anos. "Em 1970 eu estive em Curitiba e uma senhora me telefonou e tal, eu fui lá: 'Ah! Eu te segurei no colo, menino! Você era danado. Você com dois anos desmontava torneira e montava de novo'", relembrou Lattes na ocasião. Aos "quatro ou cinco anos" aprendeu a ler sozinho e a escrever com a ajuda de uma professora particular. Aos seis, viu o pai jogando xadrez, fez umas perguntas e pediu para jogar: "Dei xeque-mate. Ele nunca mais quis jogar comigo, mas não sou bom jogador de xadrez. Parece que, estimulado, eu sou". Segundo sua própria versão de si mesmo, não foi sempre um bom estudante: "Não gostava de nenhuma matéria e só estudava para passar de ano e para fazer a vontade do pai, que sonhava em ter um filho médico".

Em 1933 e 1934, completado o ensino primário, mais uma vez os irmãos Lattes foram transferidos de cidade e de escola, sendo internados, cada um a seu tempo, no Instituto Médio Ítalo-Brasileiro Dante Alighieri, em São Paulo. A operação não seria exatamente tranquila em meio às providências de Giuseppe e Carolina para organizar a mudança e a vida, divididos entre Curitiba e Porto Alegre.

Aos onze anos completados no primeiro semestre da primeira série ginasial, Davi tinha idade para ser inscrito no exame de admissão ao ensino secundário, como mandava a recém-implantada Reforma Francisco Campos. Foi aprovado em 1933, com 68 de média geral, e no ano seguinte vestiria pela primeira vez a gravata do uniforme do Dante.

Promulgada em 1931 pelo ministro da Educação e Saúde de Getúlio Vargas que lhe emprestou o nome, a reforma padronizou, pela primeira vez, a educação em todo o país. Entre suas medidas, uniformizou o programa e a progressão escolar após o ensino primário, de quatro anos, estabelecendo o ensino secundário (o ginásio), de cinco anos, e o complementar, de dois anos, ao final dos quais o aluno poderia se habilitar ao ensino superior. Determinou também as idades mínimas de acesso a cada ciclo de ensino.

Aí se deram as complicações com o caçula dos Lattes. Nascido a 11 de julho de 1924, Cesar não tinha idade para fazer o exame de admissão em 1934 para começar o ginásio em 1935, como pretendia a família, porque só completaria os onze anos obrigatórios pela nova regulamentação no segundo semestre daquele ano letivo. Ginásio, para ele, só em 1936. Foi quando Giuseppe decidiu intervir – um filho interno em São Paulo e outro fora da escola por um ano, com os Lattes divididos entre três cidades, seria demais para a organização familiar.

Em medida não incomum naqueles tempos, o já bem relacionado gerente do Banco Francês-Italiano recorreu a um cartório de Curitiba para antecipar a data de nascimento do filho. Consta no documento apresentado à direção do Dante Alighieri em São Paulo, com data de 14 de novembro de 1934: "Aos oito dias do mês de junho de mil novecentos e trinta e quatro, neste

Distrito do Portão [...], em cartório compareceu Giuseppe Lattes e perante as testemunhas no fim nomeadas e assinadas, disse que não tendo registrado seu filho de nome CESARE LATTES, vinha [...] declarar que ele nasceu em Curitiba, no dia onze de janeiro de mil novecentos e vinte e quatro [...]". Duas semanas depois, em 28 de novembro, uma carta enviada ao "Exmo. Snr. Diretor do Instituto Médio Dante Alighieri" registrava que "CESARE LATTES, com 11 anos de idade, filho de José [sic] Lattes, natural de Curitiba, Est. do Paraná, nascido no dia 11 de janeiro de 1924, [...] vem requerer a V. Exa. se digne inscrevê-lo lista dos candidatos aos exames de admissão ao Curso Seriado" – o ciclo ginasial em cinco anos. Em menos de um mês, tudo estaria enfim encaminhado. Um certificado em papel timbrado do Ministério da Educação e Saúde Pública com carimbo do Instituto Médio Ítalo-Brasileiro Dante Alighieri anotava que "Cesare Lattes [...] foi considerado aprovado em exame de admissão em 4 de dezembro de 1934".

Passadas as férias, em março de 1935 a família Lattes pôde finalmente respirar aliviada: um dia após o colégio expedir certificado anotando que Davi "foi considerado aprovado em exames da primeira série, no ano letivo de 1934", o casal viu confirmado o pedido de matrícula de Cesar na primeira série ginasial. Os irmãos viveriam juntos a experiência do internato em São Paulo.

A abertura de escolas italianas pelo mundo era parte de um esforço iniciado ainda sob o reinado de Umberto I, no século XIX, para difundir o idioma e a cultura nacionais nos países onde houvesse colônias italianas populosas. Fundado em 1908, o Dante Alighieri recebeu doações de expoentes da comunidade italiana em São Paulo, arrebanhados pelo conde Rodolfo Crespi, dono de um cotonifício. Entre os maiores doadores, além de Crespi, figuravam Francisco Matarazzo e Giuseppe Puglisi Carbone, refinador de açúcar que criou a marca União. Uma Fundação Dante Alighieri, na Itália, apoiava financeiramente a iniciativa.

Para a construção da sede do colégio foi adquirido um quarteirão inteiro no espigão da avenida Paulista, junto ao então chamado Parque da Avenida, atual Siqueira Campos, o Trianon. Inicialmente uma chácara, dotada de horta e pomar, ela foi aos poucos abrigando novos edifícios, à medida que o número de alunos crescia – eram cerca de 350 quando os irmãos Lattes foram matriculados, e chegavam a 6 mil em 2023.

Cesar e Davi atravessaram o internato sem sobressaltos. Exclusivo para meninos, ele oferecia muitas bolsas para alargar sua missão. Era um colégio caro, mas os Lattes podiam se permitir o investimento na educação dos filhos.

O idioma e a cultura italianos eram centrais no currículo. E, como os professores vinham quase todos da Itália, nas salas de aula só se falava italiano – o português era dado como segunda língua. Cuidava-se bem da ciência, com o ensino de matemática, física, química e zoologia. Como lembraria em suas memórias o jurista Miguel Reale, aluno da escola nos anos 1920, eles não enchiam a cabeça das crianças com fórmulas: "A ciência, não a recebíamos como um conjunto de combinações abstratas, mas como um mundo interligado e vivo de símbolos, na sua operacionalidade concreta", avaliou. "Seguia-se, em suma, a sempre nova lição grega de que o cérebro não é um vaso destinado a ser enchido, mas uma chama que se deve manter viva."

A moderna filosofia pedagógica, que encantou o jurista, de início não animou o futuro cientista, pelo menos na contabilidade complexa dos boletins da época, em que arguições, provas orais e provas parciais podiam roubar preciosos pontos na nota final – mas a chama do aluno estava acesa, como Giuseppe fora alertado pelos professores do Dante. Os boletins de Cesar Lattes nas primeiras séries revelam um aluno apenas mediano, apesar de uma ou outra nota alta, em matemática e física às vezes, em história sempre. Suas médias gerais na primeira e na segunda séries, em 1935 e 1936, são de 63 e 57, respectivamente. Na terceira e quarta séries, entretanto, com a entrada de física, química e história natural como novas disciplinas, seu rendimento melhorou consideravelmente.

A matéria que primeiro despertou seu entusiasmo pelos estudos, no terceiro ano, foi química. Lattes ficou fascinado com as atividades de laboratório e com o repertório de ácidos, sais, metais e metaloides. No ano seguinte, física também já estava entre seus interesses, e a partir daí seu envolvimento só fez crescer. Mais do que revelar uma vocação ou um ramo de afinidade, o ensino no Dante Alighieri o ajudou a perceber que seu aprendizado passava sobretudo pelo raciocínio – "a maioria das matérias precisava decorar, mas física e matemática consegui aprender", sublinhou.

Ao lembrar a vida escolar, anos mais tarde, ele diria que tinha sido "uma negação completa" com a literatura e a arte em geral, mas que a física se tornara o seu encanto. E que o grande responsável pelo amor ao tema a que se dedicaria por toda a vida fora seu professor no terceiro ginasial, Luís Borello. Segundo o ex-aluno, Borello sabia ensinar, e suas aulas, de cunho prático, eram magistrais. Um episódio, em especial, ilustrava, para ele, a qualidade do mestre: "Lembro-me bem de que, certo dia, estando eu sozinho no laboratório do colégio, mexendo com curiosidade num determinado aparelho, mais como criança do que como estudioso, apareceu de repente o professor Borello. Fiquei meio encabulado por ele ter me pego em 'flagrante' bolindo, sem sua autorização, no referido aparelho. E ia me retirando, quando ele, bondosamente, pôs a mão no meu ombro e disse: 'Continue, Cesar, você tem que estudar física. Esta será a sua carreira'".
A admiração pelo professor jamais passou. "Devo a ele, sem nenhum favor, ter abraçado a carreira de físico", declarou numa entrevista ao voltar dos Estados Unidos, em 1949, já um cientista famoso. Localizado pela imprensa na ocasião, Borello relembrou o ex-aluno – um estudante interessado, de conduta exemplar, que procurava colher pormenores sobre os temas expostos, "aventando às vezes hipóteses que não deixavam de ter certo fundamento".

Há controvérsias sobre o comportamento exemplar do futuro cientista. A crônica familiar inclui até uma desastrada explosão numa visita clandestina ao laboratório do colégio. Seja como for, Cesar levaria do Dante um atestado assinado pelo diretor Attilio Venturi declarando que "durante o período em que frequentou o Curso Ginasial Fundamental deste Instituto manteve sempre boa conduta", documento indispensável às matrículas de então.

A carta de Giuseppe a Venturi, em maio de 1938, antecipa os arranjos para a reunião definitiva da família em São Paulo no começo do ano seguinte. Ele e Carolina já não se dividiam mais entre Porto Alegre e Curitiba, para onde pedia ao colégio que as crianças fossem encaminhadas naquelas férias de inverno.

Curitiba, 24 de maio de 1938
À Secretaria do Instituto Médio Dante Alighieri
São Paulo

Solicito que tenham presente que transferi minha residência a Curitiba, para onde gostaria que fizessem a cortesia de encaminhar as eventuais comunicações referentes aos meus filhos.

Peço que me enviem o valor das despesas do 1º semestre, que ainda não recebi, para poder enviar o relativo pagamento.

Além das pessoas autorizadas anteriormente, gostaria que fizessem a cortesia de, em solicitado, consentir a saída de meus filhos nos dias permitidos acompanhados por um membro da família De Novaro.

Pretendendo fazer vir a Curitiba os meninos para as próximas férias de inverno, agradeço se puderem me informar se é preferível que eu providencie o transporte em automóvel ou se podem se encarregar.

Felicitações,
Giuseppe Lattes[4]

Para além das questões operacionais, Venturi foi um personagem importante na história de Cesar, por apontar a Giuseppe e a Carolina os dotes excepcionais do aluno. "Nosso pai sempre agradeceu ao diretor do Colégio Dante Alighieri por suas observações a nosso avô, que resultaram em oportunidades especiais de ensino desde a sua pré-adolescência", lembra Maria Cristina.

6 | USP: entre a modernidade e o deserto

A rotina dos Lattes voltaria a entrar nos eixos no começo de 1939. Após concluir o ensino secundário, Davi Lattes deixou o Dante rumo ao ciclo complementar. Cesar, por sua vez, se encaminhou à quinta e última série do ginásio, mas não mais no internato. Diferentemente dos anos anteriores, o pedido de matrícula, encaminhado pelos pais em março, já não trazia como endereço dos meninos o do próprio colégio – a alameda Jaú, 1061 –, mas sim o da primeira residência dos Lattes em São Paulo, na alameda Franca, 583, a cinco minutos de caminhada.

Os dois se preparavam para o Colégio Universitário da USP, então equivalente ao vestibular como o conhecemos. O processo de seleção às faculdades era diferente. Em lugar de enfrentar uma prova eliminatória, os alunos que completavam o ginásio ingressavam no curso complementar, com foco na área de interesse, ao final do qual faziam um exame de admissão.

Davi prestou o exame de ingresso à USP no ano seguinte pela segunda vez, agora em companhia de Cesar, já formado no ginásio. Em fevereiro de 1940, os dois seriam admitidos na terceira seção do Colégio Universitário, que recebia os candidatos à Escola Politécnica, de Engenharia, caso de Davi, e à novíssima

Faculdade de Filosofia, Ciências e Letras, berço do Departamento de Física, escolha de Cesar.

Um aspecto intrigante chama a atenção na documentação, apresentada pela família no ato da matrícula – o atestado médico exigido dos candidatos. O documento afirma que Cesar, então com quinze anos, "tem o sistema nervoso perfeito, não sofrendo de epilepsia". Embora o documento fosse habitual, geralmente o que se pretendia comprovar era a inexistência de doença infecciosa. Talvez a pergunta sobre outros males atendesse a uma preocupação da família, inspirada por alguma ocorrência mais grave com um tio de Cesar, sabidamente diagnosticado com a doença. De acordo com o atestado de óbito registrado em Curitiba, Secondo Lattes, irmão de Giuseppe, morreria três anos depois, aos 46 anos de idade, "vitimado por epilepsia".

Seja como for, se havia algo estranho no comportamento de Cesar, isso passou despercebido a seus contemporâneos. Nos relatos de sua rotina escolar, exceto por algumas travessuras e momentos de timidez, a única diferença notável entre ele e a maioria de seus colegas foi sempre a facilidade de aprender.

O currículo do preparatório previa um bloco básico composto por matemática, física, química e história natural, complementado por duas disciplinas na primeira série – psicologia e lógica e geofísica e cosmografia – e outras duas na segunda série – sociologia e desenho. Ao fim de dois anos, os alunos aprovados se credenciavam ao "concurso de habilitação" à faculdade escolhida. "Os exames eram diferentes, não eram qualquer coisinha…", definiu o físico Oscar Sala, contemporâneo de Cesar no Colégio Universitário, em depoimento no começo dos anos 1990. Provas escritas e orais eram conduzidas pelos diversos professores da seção, cada um à sua maneira. Podia ser uma arguição, com perguntas pontuais sobre assuntos variados, ou um "ponto" a ser desenvolvido livremente. Sala lembrou que os alunos eram realmente desafiados: "No exame oral, ficávamos quase meia hora com cada professor, mas o número de alunos, quer dizer, o número de candidatos era muito menor do que hoje, de maneira que isso era possível. Acho que era uma coisa muito importante que ocorria com o aluno que entrava na

Universidade. [...] Nós tínhamos que trabalhar muito para [...] nos colocar em condições de acompanhar os cursos".

Com o desconcertante misto de modéstia e sem-cerimônia que caracterizava sua postura nos anos de aposentadoria, Cesar diria sobre o período de formação: "Péssimas aulas". Depois de um primeiro ano de notas apenas regulares, a interferência de Giuseppe foi outra vez decisiva, como na inscrição para o exame de admissão no Dante Alighieri. Ao assistir às oscilações do filho no Colégio Universitário, ele procurou o professor russo-italiano Gleb Wataghin, diretor do Departamento de Física da FFCL, um dos coordenadores da terceira seção em sua área. "Meu pai, sendo diretor do Banco Francês-Italiano, pagava o salário do Wataghin e dos outros italianos da USP. O Wataghin disse a meu pai 'diga a ele para vir falar comigo', e eu fui", recordou Cesar. "Ele me deu dois livros e me disse para não fazer o segundo ano porque era perda de tempo, provavelmente ia sair uma portaria, ou sei lá o quê, permitindo pular o segundo pré. A portaria saiu e furei."

Um dos professores das bancas de avaliação da terceira seção, o físico experimental Marcello Damy, que Lattes reencontraria em momentos decisivos de sua carreira, participou de seus exames de habilitação ao curso de física. A volúpia do candidato chamou sua atenção no dia da prova escrita. "O Wataghin e eu estávamos examinando o vestibular. E notamos um rapaz que devorava as folhas de papel almaço. A cada dez ou quinze minutos, ele levantava e pedia mais papel, mais papel, mais papel, e continuava escrevendo", recordou Damy em depoimento ao documentário *Cientistas brasileiros: Cesar Lattes e José Leite Lopes*, de José Mariani. "Ora, a nossa experiência de professores diz que quando um indivíduo escreve muito é porque não sabe exatamente o que deve dizer. Então, saí para dar uma volta no meio dos alunos e verifiquei que aquele [aluno] estava enchendo as folhas de papel com fórmulas e com uma explicação da física que lhe era solicitada extremamente bem-feita. Conversei com o Mario Schenberg. Aí foi a vez do Mario Schenberg passar lá e espiar esses papéis."

Também Schenberg, em vias de se tornar um gigante da física teórica, teria um papel importante na vida de Lattes. Ele chegara a São Paulo, vindo do Recife, em 1931, e havia se formado em engenharia na Politécnica e em matemática na Faculdade de Filosofia, Ciências e Letras da então recém-formada USP, onde logo se tornaria professor assistente de física teórica.

"Quando terminou a prova, ele tinha escrito coisa de umas oito ou dez páginas de papel almaço. Então eu guardei o nome dele, era Cesar Lattes. Quando terminaram os exames, ele foi o aluno mais bem classificado da turma e imediatamente transformou-se em assistente do professor Wataghin", contou Damy.

O "Certificado de Aprovação no Concurso de Habilitação", concedido em 13 de março de 1941 a "Cesare Mansueto Giulio Lates", com um só "t" no sobrenome, dá testemunho da mocidade não apenas daquele "jovem brilhante", nas palavras de Wataghin, aprovado aos dezesseis anos, mas também da Faculdade de Filosofia, Ciências e Letras. O curso de física não era sequer um departamento, mas uma subseção, com professores compartilhados com outras áreas da seção de ciências – ciências matemáticas, químicas, naturais, sociais e políticas, e geografia e história. Em sete anos de atividade, a FFCL tinha bacharelado ou licenciado apenas 301 alunos. Naquele ano, Lattes foi o único calouro de física.

Criada nos moldes do sistema francês de educação, a Faculdade de Filosofia, Ciências e Letras oferecia às diversas escolas da recém-fundada Universidade de São Paulo, outrora isoladas, uma base comum, necessária a todas as especialidades. Avançava filosoficamente sobre questões tratadas até então como meramente administrativas. A proposta era que a universidade estimulasse a busca do saber, mais do que do diploma. A profissionalização não era tudo.

O contexto era o do governo provisório de Getúlio Vargas (1930–1934). Depois de derrotar os paulistas na Revolução Constitucionalista de 1932, Vargas agia para apaziguar os ânimos. Para isso, nomeara interventor federal no estado de São Paulo o engenheiro Armando Salles de Oliveira, cunhado de seu arqui-inimigo Julio de Mesquita, fundador do jornal *O Estado de S. Paulo* e grande tribuno da rebelião. Pretendia administrar a turbulência política no estado mais populoso do país em favor de uma nova Constituição, que seria promulgada em 1934.

Desde os anos 1920, a faísca da Semana de Arte Moderna alimentava ambições intelectuais em São Paulo, e uma delas era uma reforma universitária. Esse desejo ecoava também o debate sobre educação que mobilizava a sociedade civil no país inteiro, e resultara na fundação da Associação Brasileira de Educação (ABE) em 1924.

Em São Paulo, o centro dos debates sobre a universidade ideal era a redação do jornal de Mesquita, que reunia, entre muitos intelectuais, o sociólogo Fernando de Azevedo. Figura central naquelas discussões, ele integrava o Movimento Escola Nova, que considerava a escola a primeira ferramenta de transformação social e priorizava a experiência em detrimento da memorização. Ao ser empossado, em 1933, Salles de Oliveira convocou Azevedo para a Diretoria de Instrução Pública do estado, com a missão de criar uma universidade, e Julio de Mesquita abraçou a tarefa como se fosse dele.

A pretexto de inaugurar uma nova era, sem vícios do passado, e alegando-se que faltavam professores bem preparados para discutir as questões nacionais, optou-se – sob uma saraivada de críticas e ressentimentos – por recrutar no exterior os docentes da nova universidade. Oitenta e cinco pesquisadores e intelectuais franceses, italianos, alemães e alguns poucos portugueses, espanhóis e americanos vieram trabalhar na Universidade de São Paulo entre 1934 e 1944. A oposição a Salles de Oliveira e os catedráticos das antigas faculdades consideraram a iniciativa uma afronta, o que aumentou a responsabilidade do novo projeto acadêmico. Era obrigatório que ele fosse um sucesso desde a fundação, para vencer as resistências, e isso foi garantido em grande parte pelo brilho desse elenco estrangeiro.

Georges Dumas, médico e filósofo, representante das universidades francesas nas relações com a América Latina, amigo de Mesquita, indicou jovens acadêmicos que poderiam se entusiasmar com a ideia de uma temporada nos trópicos. Na área de ciências humanas, foram convidados professores que se tornariam mais tarde estrelas de suas especialidades, entre eles o antropólogo Claude Lévi-Strauss, então com 26 anos, o sociólogo Roger Bastide, com 36, e o historiador Fernand Braudel, com 32 anos.

Para encontrar professores de ciências exatas, o governo de São Paulo despachou para a Europa o matemático Theodoro Ramos. As perspectivas sombrias que o crescimento do fascismo projetava na Itália e na Alemanha facilitaram a tarefa do emissário. Cientistas que, pela posição política contrária a Mussolini e a Hitler, ou apenas por serem judeus ou casados com mulheres judias, viam suas possibilidades profissionais se reduzirem e acolheram de bom grado a oportunidade de um contrato no Brasil. Entre os acadêmicos da área de ciências exatas que vieram lecionar na USP encontrava-se Gleb Wataghin, que desempenharia um papel fundamental na formação de Lattes e na de muitos físicos de sua geração.

O decreto de fundação da USP foi assinado no aniversário da capital paulista, em 25 de janeiro de 1934. São Paulo acabava de atingir o marco de 1 milhão de habitantes, era a cidade mais próspera do Brasil e se tornava também a sede da mais moderna universidade brasileira.

7 | A cultura do diploma

Nos anos 1930, a USP era uma ilha de progresso no arcaico ambiente universitário do país. O dito ensino superior já existia no Brasil desde a chegada de d. João VI à então colônia, em 1808, com a instalação da Escola de Cirurgia da Bahia, poucos dias após o desembarque da família real portuguesa em Salvador. Ao final do século XIX, o sistema já estava bem fundamentado em diversos cursos de medicina, engenharia, direito e os da carreira militar. As universidades, porém, eram constituídas por escolas desarticuladas, voltadas para as carreiras liberais.

As tentativas de modernização esboçadas ao longo da década de 1930 haviam fracassado. Embora incluísse um Estatuto das Universidades Brasileiras, a Reforma Francisco Campos deixara intocados os problemas centrais do ensino superior, bacharelista e refém dos catedráticos vitalícios.

A primeira experiência de modernização do ensino superior depois da USP foi a Universidade do Distrito Federal, UDF, fundada em 1935 pelo educador baiano Anísio Teixeira. Inspirada nos princípios do Manifesto dos Pioneiros da Escola Nova, duraria apenas dois anos, vitimada por pressões políticas, mas deixaria importantes sementes de transformação.

Até a abertura da UDF, física e matemática eram estudadas na capital federal somente nos horizontes estreitos da Escola Politécnica, fundada ainda no tempo do Império. Nada mudara com sua passagem à Universidade do Rio de Janeiro, criada em 1920. Conta-se que a universidade foi criada às pressas, pela necessidade de oferecer um título de doutor *honoris causa* ao rei da Bélgica, em visita ao Brasil. De onde tirar o diploma se, ao contrário da maioria dos países da América do Sul, não possuíamos nenhuma universidade federal?

Na Politécnica, física era uma disciplina auxiliar nos primeiros anos do curso de engenharia. Até a fundação da USP, todos os físicos tinham de ser autodidatas, já que não existia no Brasil curso especializado que levasse ao bacharelado na matéria. A UDF abriu essa possibilidade no Rio de Janeiro.

Também a exemplo da USP, a universidade proposta por Teixeira enfatizou a importância da produção de conhecimento e do regime de tempo integral, que permitia aos professores dedicarem-se exclusivamente ao ensino e à pesquisa. Contrariou, por isso, os interesses dos catedráticos das faculdades tradicionais, que preferiam o regime de tempo parcial para poder atuar em empresas, consultórios e escritórios particulares, mais lucrativos.

Com a ajuda do interventor federal Pedro Ernesto, Teixeira atraiu para a UDF os melhores cientistas da época, como o matemático Lélio Gama, da Escola Politécnica e do Observatório Nacional. Seu corpo docente reuniu as estrelas nacionais em suas áreas: Gilberto Freyre em antropologia e sociologia geral; Cecília Meirelles em literatura; Heitor Villa-Lobos em música e canto orfeônico; Candido Portinari em pintura mural e Lucio Costa em arquitetura.

A cadeira de física ficou a cargo do alemão Bernhard Gross, da Universidade de Stuttgart, que se tornaria uma referência científica no Brasil. Gross já publicara um trabalho importante sobre raios cósmicos quando desembarcou no Rio de Janeiro em 1933, em busca de oportunidades – calculou que num país que começava a se industrializar, como o Brasil, um físico seria mais necessário. Gross trabalhava no Instituto Nacional de Tecnologia quando foi convidado para lecionar na UDF.

O currículo que ele montou era igual aos dos cursos de física da Alemanha. Ao longo de cinco semestres, ensinava-se mecânica, termodinâmica, eletricidade e magnetismo, ótica e física atômica. Um de seus assistentes era Plínio Süssekind Rocha, físico e filósofo da educação de grande cultura humanística, trazido por ele do Instituto de Tecnologia. O outro era Joaquim da Costa Ribeiro, professor assistente da Politécnica, que se tornaria uma das figuras mais influentes da física brasileira no século XX.

A ala conservadora da educação, entretanto, via com crescente desconforto as propostas da nova universidade, comprometida com a transformação social. Alceu Amoroso Lima, expoente da direita católica, acusou Anísio Teixeira de querer implantar uma educação socialista na capital da República. Em carta ao ministro da Educação e Saúde, Gustavo Capanema, cobrou medidas enérgicas de repressão ao que julgava ser comunismo: "Consentirá o governo em que se prepare uma geração inteiramente formada dos sentimentos mais contrários à verdadeira tradição do Brasil e aos verdadeiros ideais de uma sociedade sadia?".

Em novembro de 1935, a tentativa de golpe militar liderada por Luís Carlos Prestes, em nome da Aliança Nacional Libertadora, a chamada Intentona Comunista, elevou a temperatura política. A pretexto do combate à ameaça vermelha, Vargas dissolveu o Congresso e decretou o Estado Novo, arrogando-se poderes extraordinários.

Acusado de conspirar para a sublevação de Prestes, Anísio Teixeira teve que deixar o cargo de diretor de Instrução Pública. Refugiou-se na Bahia para não ser preso como o reitor da UDF, Afrânio Peixoto. Ao substituí-lo à frente da educação no Distrito Federal, o ex-ministro Francisco Campos empenhou-se em desmontar peça por peça a engenhosa estrutura pensada para a UDF.

Em 1937, Capanema elaborou um novo projeto de universidade, centralizador e autoritário, bem de acordo com o espírito do Estado Novo. Criada a partir da velha Universidade do Rio de Janeiro, a Universidade do Brasil absorveu quase todos os cursos da UDF, passando a servir de modelo para as instituições de ensino superior do país.

Como havia feito a USP, em São Paulo, Capanema também trouxe professores da Europa para seu corpo docente. Mas, em vez de encarregar um cientista dos convites, seus acordos foram firmados por meio da embaixada da Itália. A maioria dos indicados para a área de ciências exatas não deixaria grandes marcas além das inclinações fascistas.

Também a exemplo do que fizera a USP, a Universidade do Brasil reuniu numa Faculdade Nacional de Filosofia, Ciências e Letras (FNFi) as escolas de ciências, de filosofia e letras, de economia e política e de educação da antiga UDF. No novo arcabouço, entretanto, elas destinaram-se sobretudo à formação de professores secundários, e a estrutura docente tornou-se outra vez o reino dos catedráticos, regime que chegou a ser descrito como "coronelismo acadêmico", pelo peso dos interesses pessoais nas decisões. Ainda assim, graças ao empenho de grandes professores e ao ambiente cultural que fomentaram, a FNFi foi por muitos anos a principal trincheira da ciência e pesquisa no Rio de Janeiro.

Quando o Brasil declarou guerra à Itália, em 1943, e os contratos dos professores italianos foram rescindidos, a Casa de Cultura da Itália foi desapropriada, e suas amplas instalações, na esquina da avenida Beira-Mar com a Aparício Borges, no centro da cidade do Rio de Janeiro, passaram a abrigar a FNFi.

8 | Um caminho solitário

No começo dos anos 1940, à exceção do que acontecia na USP, com Wataghin e a geração formada por ele, a física ainda dependia do esforço individual de professores extraordinários, empenhados em manter acesa a chama da curiosidade científica.

No Rio de Janeiro, um dos lutadores mais incansáveis desse time foi Joaquim da Costa Ribeiro. Graças ao seu estilo agregador, o Laboratório de Física da FNFi, montado por ele, tornou-se um local histórico da física experimental no Rio de Janeiro. Foi lá, por exemplo, que Cesar Lattes, voltando de Chacaltaya, a caminho de Bristol, examinou uma das placas de emulsão fotográfica expostas na montanha boliviana.

Ao par das muitas atividades docentes, Costa Ribeiro desenvolvia seus próprios projetos de pesquisa e foi um dos pioneiros da física do estado sólido no Brasil. Ao pesquisar sobre dielétricos, materiais que impedem o fluxo de elétrons, chegou a uma das descobertas mais importantes da física no século XX: constatou que derreter material isolante por aquecimento provocava o surgimento de corrente elétrica sem aplicação de campos elétricos externos. Em suas experiências com cera de carnaúba, as amostras permaneciam carregadas mesmo depois de solidificadas, constituindo eletretos.

Exposta em novembro de 1944 à Academia Brasileira de Ciências, a descoberta, conhecida como efeito Costa Ribeiro, teve ampla divulgação internacional. Por isso, causou estranheza quando notícia publicada pela *Digest of the Literature on Dielectrics*, edição conjunta do Conselho Nacional de Pesquisas e da Academia Nacional de Ciências dos Estados Unidos, referiu-se ao fenômeno como Workman-Reynolds-Ribeiro, afirmando vagamente que o cientista brasileiro "poderia ter sido" o seu primeiro descobridor.

Não foi um físico, mas o médico e pesquisador carioca Carlos Chagas Filho quem primeiro exprimiu o mal-estar com a publicação. Uma das figuras mais proeminentes do meio científico brasileiro, ele defendeu diante da Academia Brasileira de Ciências que a descoberta fosse reivindicada para o Brasil. Escreveu aos autores da publicação americana e instou seus pares a fazerem o mesmo. Costa Ribeiro agradeceu em nome "dos pesquisadores brasileiros, que desde 1944 se ocupavam do assunto", mas se opôs a que a Academia se manifestasse sobre a prioridade dos trabalhos de seus membros. Dava-se por satisfeito com a moção do amigo.

Embora atuasse nas ciências médicas, Carlos Chagas Filho foi um personagem estruturante do mundo científico brasileiro. Sua capacidade de articulação e a defesa intransigente da pesquisa como condição de qualidade do ensino beneficiou também as ciências exatas. "A universidade é um local onde se ensina *porque* se pesquisa", defendia.

Filho do sanitarista descobridor da doença de Chagas, era titular da cadeira de física biológica da Faculdade de Medicina da Universidade do Brasil, onde criou em 1945 o Instituto de Biofísica. Entre as pesquisas que desenvolveu ali, destaca-se o estudo do sistema neuromuscular do peixe-elétrico, que facilitou a compreensão das doenças neuromusculares humanas.

Polo de atração de pesquisadores em outras áreas, seu Instituto de Biofísica abriu espaço para grandes físicos, como Giuseppe Occhialini, quando este precisou deixar a USP durante a guerra. Jayme Tiomno, quando ainda era estudante de medicina, também trabalhou no instituto. A existência, no corpo da Universidade do Brasil, de um organismo que oferecia condições de trabalho adequadas a seus pesquisadores, como o regime de tempo integral, foi um argumento importante para as demandas dos professores da FNFi.

Outra figura central para a física brasileira quando ela ainda vivia à margem das instituições foi o engenheiro Luiz de Barros Freire, do Recife, professor de ciências matemáticas da Escola Normal e da Escola de Engenharia de Pernambuco. Educador e filósofo da ciência autodidata, ele apresentou a física a futuros grandes cientistas, como Mario Schenberg, José Leite Lopes, Leopoldo Nachbin e Hervásio de Carvalho. Membro da Academia Brasileira de Ciências, fez parte do comitê de recepção a Albert Einstein em sua visita ao Brasil.

Em 1935, convidado por Anísio Teixeira, viajou ao Rio de Janeiro, onde lecionou na Universidade do Distrito Federal e, com sua extinção, na Universidade do Brasil. Retornando a Pernambuco, trabalhou pela implantação do Instituto de Física e Matemática na Universidade do Recife, hoje a Universidade Federal de Pernambuco, e participou, mesmo à distância, da fundação do Centro Brasileiro de Pesquisas Físicas (CBPF) e do Conselho Nacional de Pesquisas (CNPq).

O sociólogo Gilberto Freyre diria a seu respeito: "A tendência dele era a dos europeus, humanistas, generalistas que conheciam muito bem o assunto, mas não só um assunto como os pós--doutores americanos".

Também Minas Gerais teve seu irradiador da física na primeira metade do século XX. Francisco Magalhães Gomes, formado em engenharia na Escola Nacional de Minas e Metalurgia de Ouro Preto. Estimulado pelo pai, médico e botânico, a estudar e a fazer pesquisas em física, tornou--se catedrático da faculdade onde se formou e da Escola de Engenharia da Universidade Federal de Minas Gerais (UFMG). O apelido com que ficou conhecido em Belo Horizonte ilustra a estranheza com que a física nuclear era encarada no Brasil até os anos 1940: Chico Bomba Atômica.

Bernhard Gross, Costa Ribeiro, Luiz Freire, Magalhães Gomes e outros grandes mestres identificaram e nutriram a curiosidade científica dos alunos, compartilhando no âmbito estreito de suas relações pessoais o saber que acumulavam. Essa frágil cadeia de influências ganharia vigor com a chegada de Gleb Wataghin à USP.

9 | O *big bang* da física no Brasil

Cesar Lattes afirmou, muito irreverentemente, numa palestra, que o conhecimento da física no Brasil antecedia em muito a chegada dos professores estrangeiros, remontando a seus povos originários. Em seu "Roteiro randômico, pequeno e incompleto da história da física brasileira até [cerca de] 1950", ele advoga que "os índios conheciam várias aplicações da ciência", como "o uso do arco e flecha para caçar (Leis da Mecânica de Newton [...]), a "construção de grandes e sólidas casas (abrigos) de madeira [...] (resistência dos materiais e estática)" e o "uso de machados com ponta de pedra (conservação do momentum)". O fôlego da bravata não alcançou o surgimento da USP, em 1934: em entrevistas e depoimentos posteriores, ele foi claro ao estabelecer o momento em que o país deu o salto que o colocou no mapa da produção de conhecimento na área, depois de mais de um século de iniciativas individuais e experiências isoladas: "Wataghin deu início à física moderna no Brasil".

Lattes falava com conhecimento de causa. Tivesse avançado em seu idiossincrático roteiro – interrompido em "acreditamos que José Bonifácio possa ser considerado o primeiro físico 'puro' brasileiro" –, ele não escaparia à menção a si próprio, a Marcello Damy, Mario Schenberg e Paulus Aulus Pompeia, entre outros, e à criação da subseção de física da FFCL. "Esses físicos de agora", disse numa entrevista dos anos 2000, ao se referir à fundação da USP, "boa parte não sabe, mas são herança do Wataghin. [...] Realmente, acho que se pode dizer que mais de 50%, talvez uns 70% dos (físicos) brasileiros são netos, bisnetos, tataranetos dele".

Gleb Wataghin não era a primeira escolha de Theodoro Ramos em seu contato com a Academia Italiana de Ciências, em Roma, em 1934. Tinha a esperança de atrair para a FFCL um dos gigantes da física do século XX, Enrico Fermi, mais tarde um dos pais da bomba atômica. Mergulhado num trabalho que quatro anos depois lhe renderia o Nobel, Fermi declinou do convite, recomendando um nome de sua confiança, Gleb Wataghin.

Nascido em Birsula, Ucrânia, no então Império Russo, Wataghin chegara à Itália em 1918, aos dezenove anos. Em meio ao caos da Revolução Russa, emigrara com os pais, expatriados em razão dos laços familiares com o regime czarista, derrubado pelo movimento. Seus primeiros trabalhos foram tocar piano durante as projeções de filmes mudos e dar aulas particulares de latim e matemática, até que se graduasse em física, em 1922, e matemática, em 1923, na Universidade de Turim.

Atraído pela física nuclear, Wataghin transitaria pela área com um pé na teoria e outro na experimentação. Seus primeiros trabalhos publicados debruçavam-se nas discussões sobre a mecânica quântica entre o dinamarquês Niels Bohr, que postulou os princípios da teoria quântica, e o jovem alemão Werner Heisenberg, formulador do princípio da incerteza, que desconstruiu as certezas da física clássica ao afirmar que a posição e a velocidade de um objeto não podem ser determinadas com exatidão, nem mesmo em teoria. Desde a proposição da teoria da relatividade geral por Albert Einstein, em 1915, testada num eclipse solar, muitos físicos teóricos como o jovem Wataghin propuseram-se a testar na natureza – e nos laboratórios – os postulados intuídos matematicamente na inviolabilidade da imaginação.

A princípio, Wataghin hesitou ante o convite de Theodoro Ramos. Tinha 35 anos e a carreira na Universidade de Turim ainda parecia incerta, mas acabara de receber o passaporte italiano e o Brasil era uma enorme interrogação. Os colegas Fermi e Eligio Perucca, seu antigo professor de física experimental, que o acompanharam a um jantar com o emissário brasileiro em Roma, convenceram-no a aceitar. "Era o fascismo, eu não podia ficar lá. Me fizeram compreender que era difícil que eu pudesse conseguir um lugar de professor catedrático na Itália." Além de um "bom vencimento", em seus próprios termos, acumulando salários pagos pela missão italiana e pela USP, ele também teria liberdade para viajar anualmente à Europa, onde cultivava uma rede de relacionamentos que envolvia o olimpo da física na época: além de Fermi, Bohr e Heisenberg, Paul Dirac, Wolfgang Pauli e Walter Heitler, entre outros participantes do concorrido circuito das conferências sobre raios cósmicos.

Wataghin viveu na USP a rara oportunidade de criar um departamento de acordo com seus interesses como físico. Ao contrário da Universidade de Turim, fundada em 1404, depositária de eras da evolução do conhecimento, a subseção de física da Faculdade de Filosofia, Ciências e Letras da USP equivalia a um *big bang*, em que tudo estava por criar, dos alunos aos professores, do currículo aos laboratórios, da burocracia ao sistema de ensino.

À luz de sua proximidade com a física experimental, adquirida como professor em Turim, Wataghin elegeu os raios cósmicos como o tema central da pesquisa, de forma a colocar o nascente departamento – o seu departamento – numa área de fronteira em que o investimento em tecnologia estava ao alcance dos recursos disponíveis.

O currículo articulava-se com as informações mais recentes das publicações do momento. Os alunos envolviam-se na construção dos equipamentos que dariam vida ao laboratório e personalidade ao departamento que ia se constituindo. "Nesta época tive a sorte, já desde 1936, de encontrar ótimos alunos e colaboradores. [...] Encontrei em duas pessoas, Marcello Damy de Souza Santos e Paulus Pompeia, uma ajuda fundamental. Eles eram experimentais verdadeiros, e sabiam construir circuitos elétricos, soldar, tudo isso. E depois tinha um mecânico, Bentivoglio [Guidolin], de origem italiana, nascido em São

Paulo, que foi um ótimo elemento que nos ajudou muito", recordou Wataghin nos anos 1980.

As aulas de Wataghin representaram uma revolução de costumes. Enquanto os velhos catedráticos eram livrescos e empolados, ele já tinha trabalhado com física atômica e nuclear e acreditava na experiência e na possibilidade de fazer descobertas. O contraste se deu também pela informalidade, tão diferente da sisudez dos catedráticos de então. "Sua primeira aula foi um impacto, desde o momento em que entrou sorrindo e foi logo tirando o paletó – fato espantoso", definiu Damy. Para encanto dos alunos, Wataghin convivera, em conferências científicas e em laboratórios, ao longo dos anos 1930, com os grandes nomes da física que eles estudavam em sala de aula. Suas histórias soavam como ficção. Uma delas: "Em Leipzig, se fazia, por exemplo, de duas a quatro horas de seminário puxado. Depois, se ia jogar pingue-pongue na melhor biblioteca da universidade. [...] Tinha uma salinha onde, na mesa destinada à leitura dos estudantes, podia-se usar rede de pingue-pongue. E se jogava. Posso dizer que Werner Heisenberg foi o campeão. [...] Sendo Heisenberg um dos diretores daquele instituto, não se olhava para o fato de que na biblioteca se jogava pingue-pongue e xadrez".

Outra conquista fundamental na consolidação do departamento de Wataghin foi o regime de trabalho em tempo integral. Previstos no decreto de fundação da USP, mas só instituídos anos depois, com recursos da Fundação Rockefeller, os contratos de exclusividade ao ensino e à pesquisa garantiriam aos professores condições salariais adequadas, livrando-os de acumular o expediente na universidade com outras atividades para ganhar a vida. Lattes e seus contemporâneos se bateriam por essa causa ao longo de toda a carreira.

10 | Wataghin põe nossa física no mapa

As crises dos primeiros anos de funcionamento pareciam superadas, quando Lattes iniciou o curso de física na FFCL, em 1941. Ele já encontrou um ambiente relativamente pacificado, mas a disputa por espaço continuava e não era apenas simbólica. Parte das atividades das subseções de ciências foram abrigadas nas faculdades de Medicina e de Engenharia, o que levava a conflitos abertos. "Um dia, quando chegamos em companhia de Wataghin à Politécnica, Mario Schenberg, eu e outro assistente [...] encontramos a sua mesa no corredor, os livros e os equipamentos no chão. Um servente da escola disse: 'O senhor me desculpe, mas tivemos ordem de colocar seu equipamento e seus livros no corredor. E o senhor não pode entrar no laboratório'", recordou Damy, ao falar das trincheiras da física quando ainda encravadas nas dependências da Politécnica, no Bom Retiro, região central de São Paulo.

Ofereceram a Wataghin uma sala no sótão do prédio principal, onde ele acomodou uma lousa e seis cadeiras para as aulas; uma mesa para si próprio, com dois armários para o material de trabalho; e um balcão para os alunos e assistentes. Ali ao lado, sem qualquer divisória, no espaço apertado, ficava a bancada onde o técnico do laboratório, o italiano Bentivoglio, construía os equipamentos que o grupo começara a desenvolver sob a orientação de Wataghin. Durante suas aulas e explanações, o silêncio era imperativo, mas, quando os assistentes e alunos se ocupavam de seus afazeres, "o fazíamos no meio de barulho de martelo, serra etc.", lembrou Damy. "Nesse ambiente permanecemos durante dois ou três anos, até que, em 1938, conseguiu-se alugar o prédio de uma antiga pensão, na avenida Tiradentes. Nele é que o departamento começou realmente a se desenvolver."

Em 1937, o anuário da FFCL já registrava o grande progresso do laboratório e, "por iniciativa do Prof. G. Wataghin", o início das primeiras pesquisas sobre a radiação cósmica com aparelhos inteiramente construídos [...] pelo Sr. M. Damy de Souza Santos". A citação nominal de um de seus mais destacados assistentes não era trivial. Além de chamar a atenção para os resultados positivos da vocação que consolidava no departamento – a de encontrar soluções próprias ao lidar com os problemas técnicos naturais dos fenômenos estudados –, o registro fortalecia sua adequação à escassez de recursos: "A experiência tem demonstrado que os aparelhos fabricados no laboratório têm um preço de custo muito inferior aos similares comprados feitos", atestaria Wataghin em ofício encaminhado ao diretor da FFCL, Alfredo Ellis Jr., em balanço de suas atividades.

Occhialini chegou à USP em 1937, graças ao trânsito de Wataghin nos círculos científicos da nascente física de partículas. "Wataghin foi passar férias na Europa e entrou em contato com o pai do Occhialini, também físico, diretor do Instituto de Física de Gênova. Ele pediu [...] que fizesse o favor de levar seu filho para o Brasil porque ele ia acabar se metendo em encrenca, já que era antifascista", contou Lattes nos anos 1980.

Occhialini desembarcou em São Paulo como um físico versado em raios cósmicos. Sua especialidade eram arranjos experimentais com dispositivos criados para registrar os traços da passagem desses raios. Sobre sua chegada à USP, ele diria em depoimento nos anos 1970: "A primeira impressão foi a de riqueza do laboratório. Tudo o que era absolutamente inacessível para nós [no instituto de pesquisa ligado à Universidade de

Florença, onde se graduou em 1929] estava lá. Coisas com as quais eu nunca havia sonhado – ferramentas, ferros de solda: todo mundo podia ter seu próprio ferro de solda".

Ao amalgamar a experiência que trazia de seus anos de trabalho no laboratório Cavendish, em Cambridge, com a jovem competência da turma que ia sendo formada, Occhialini promoveu um salto tecnológico na produção do departamento.

Em ofício do período, em que se lê, escrito a lápis logo acima do cabeçalho do papel timbrado, "Rockefeller (Dr. Miller)", Wataghin requisita, em inglês, uma série de insumos para "construir alguns aparelhos para circuitos de múltipla coincidência e anticoincidência, com técnica aprimorada pelo Prof. M. D. [Marcello Damy] Souza Santos", e "fornecer um campo magnético e uma fonte de iluminação para uma câmara de Wilson construída pelo Prof. G. Occhialini" – demandas em linha com a automação que ele desenvolvera nos experimentos com Blackett, em Cambridge. Até então, as câmaras de nuvem expandiam ao acaso, mas com o arranjo aprimorado por Occhialini só o faziam quando as partículas da radiação cósmica sensibilizavam os contadores atrelados a elas em coincidência. "Foi ele quem inventou esse controle, e foi com ele que tiraram fotografias de pósitrons", explicou Lattes nas lembranças sobre o amigo.

Ao falar de seus mestres muitos anos depois, numa palestra no Instituto de Matemática Pura e Aplicada, no Rio, na década de 1990, Lattes diria, apontando para uma fotografia de Wataghin projetada na tela: "Esse é a mãe da física moderna no Brasil". Em seguida, complementaria: "O pai é Giuseppe Occhialini".

Com a mudança promovida pela circulação das ideias de Occhialini, o departamento avançaria na observação dos chuveiros penetrantes e da produção múltipla de partículas, objeto de estudo de Wataghin havia algum tempo – fenômeno em que partículas de altíssima energia dos raios cósmicos atravessam espessas camadas da matéria (chumbo, nos experimentos) quase sem interagir com seus elementos.

A sintonia estabelecida entre os trabalhos orientados por Occhialini, no campo experimental, e por Wataghin, no teórico, direcionaria as pesquisas para a investigação dos efeitos da altitude e da latitude sobre a trajetória e a intensidade dos raios cósmicos.

Em janeiro de 1938, a caminho das férias na Itália, Occhialini aproveitou a viagem pelo Atlântico para realizar medições em alto-mar. O *Diário de Pernambuco* noticiaria a passagem da expedição pelo Recife em um longo artigo assinado pelo professor Luiz Freire – "Ao encontro de um dos mais fascinantes mistérios do Universo: os raios cósmicos" –, uma das primeiras publicações sobre o tema na imprensa brasileira não especializada:

> Fomos ontem [em 2 de janeiro] a bordo do *Oceania* ter com a missão científica enviada à Europa pela compreensão magnífica da Universidade de São Paulo.
>
> Compõem-na o célebre Físico Occhialini e os Drs. Mario Schenberg e Damy Santos. Occhialini e Damy Santos com os seus aparelhos de alta física instalados a bordo fazem beneditinamente o estudo da radiação cósmica na zona equatorial.
>
> Mario Schenberg destina-se a Cambridge onde vai tomar um curso em seus laboratórios e bibliotecas orientado pelo Prof. Dirac, sem dúvida nenhuma o mais notável representante da nova física teórica. [...]
>
> Dos assuntos atuais da Física que, aliás, são em grande número, cada um dos quais mais sedutor, mais misterioso, é o dos raios cósmicos que está dando lugar ao maior número e vastidão de pesquisas. [...]
>
> Às pesquisas sobre os raios cósmicos deve-se à descoberta do pósitron – o elétron positivo –, essa partícula eletrizada na qual se vê, com toda probabilidade, um constituinte de todo o Universo.

Schenberg começava ali uma série de temporadas no exterior, em que iria trabalhar com alguns dos maiores físicos do século XX, como o italiano Enrico Fermi, o austríaco Wolfgang Pauli, o russo-americano George Gamow e o astrofísico indiano Subrahmanyan Chandrasekhar.

Enquanto isso, em São Paulo, Damy levava seus dispositivos de eletrônica rápida para medições na perfuração do túnel da avenida 9 de Julho, e, em Minas Gerais, a minas em Morro Velho, a 200 metros de profundidade. Em 1940, as medições se elevariam a bordo de aviões da FAB. A produção científica do departamento crescia ano a ano.

O ímpeto refletia o prestígio alcançado em 1939 com uma colaboração de Wataghin à *Physical Review*, uma das assinaturas regulares de sua biblioteca. Em "On Explosion Showers", publicado na seção "Cartas ao editor", ele sustentava sua teoria sobre a natureza do fenômeno – "chegamos à mesma descrição dos chuveiros [penetrantes] obtida por Heisenberg, e isso parece apoiar a consistência de nossa suposição", escreveu. Tal consistência seria reforçada nos anos seguintes, 1940 e 1941, com a publicação de três novos trabalhos na *Physical Review*, assinados em colaboração com os assistentes Pompeia e Damy. A cada novo aperfeiçoamento nos dispositivos criados em seu laboratório, mais específicas eram as medições realizadas nos experimentos do grupo. "Essa descoberta do Wataghin, do Damy e do Pompeia era a vanguarda do que se estava fazendo na época para entender a física nuclear e as altas energias", definiu Lattes nos anos 1970. "Foi uma descoberta das mais importantes naquela época."

Com a projeção alcançada pela USP, Wataghin se valeria de sua veia diplomática, exercida no intercâmbio com os principais laboratórios do mundo, para estabelecer uma colaboração científica com o físico americano Arthur Compton, da Universidade de Chicago. Prêmio Nobel de Física em 1927 pela demonstração das interações dos raios X com a matéria, Compton se envolvera em uma controvérsia com o colega Robert Millikan, também ele laureado com um Nobel, em 1923. Os dois divergiam sobre o comportamento das partículas de raios cósmicos em sua incidência no campo magnético da Terra. Se fossem partículas carregadas, como Compton advogava, contrariamente a Millikan, sua entrada na atmosfera levaria a diferentes interações com o que encontrasse pela frente, alterando sua trajetória – o que poderia eventualmente ser demonstrado com o apuro que a observação e as medições do grupo de Wataghin vinham alcançando no estudo dos raios cósmicos.

Era esse o contexto quando Compton manifestou o interesse em levar ao Brasil as expedições que planejava fazer pela América do Sul para experimentos nas mais diversas latitudes e altitudes. Wataghin se mobilizou então para articular o apoio logístico da USP e do governo de São Paulo ao projeto, colocando os recursos de seu departamento à disposição. A estreitar ainda mais a colaboração, ficou acertado que suas atividades seriam coordenadas por Pompeia, um dos assistentes enviados por Wataghin ao exterior, que desde o início de 1941 estagiava na Universidade de Chicago. Em uma carta de janeiro, em que tratava de seus planos, Compton mencionou o fato ao colega:

[...] Sentimo-nos muito satisfeitos com a presença do Dr. Pompeia junto a nós. É um rapaz de capacidade fora do comum e desempenha perfeitamente as suas funções no nosso laboratório.

Creio que Pompeia lhe deve ter escrito recentemente a respeito dos nossos planos de fazer medidas de raios cósmicos na América do Sul nos próximos meses de junho e julho. Nosso plano abrange três tipos de experiências:

(1) Fotografias tomadas em câmara de Wilson com grande ímã permanente em altitudes tão elevadas quanto seja possível alcançar [...]. Estamos por enquanto interessados principalmente pela vizinhança de La Paz.

(2) Uma série de observações sobre "*showers*" extensos em altitudes diferentes, até a máxima altitude onde pudermos levar o aparelhamento. Para este trabalho estamos pensando em El Misti [no Peru].

(3) Experiências com balões perto do equador magnético. Para isto, a conselho de Pompeia, temos por enquanto escolhido o estado de São Paulo, no Sul [sic] do Brasil, como sendo uma região em que podemos esperar recuperar os balões que forem soltos.[5]

Em carta de abril, Compton chamava a atenção de Wataghin para questões que ainda os afligiam a respeito dos planos de viagem à América do Sul, no verão seguinte:

> [...] Nossa principal preocupação está em encontrar novamente os balões depois do voo. Se for possível para o seu governo, como você sugeriu uma vez, pôr à nossa disposição um avião para acompanhar o voo do balão, isso tornaria sua recuperação muito mais simples.
> Outra questão diz respeito à disponibilidade de hidrogênio. Se, como espero, fizermos uma dezena de voos com balões, precisaremos de 400 m³ de hidrogênio. Seria útil saber se é possível obtê-lo em São Paulo e por que preço aproximadamente.[6]

Ultimados os detalhes, os balões seriam lançados a partir de Bauru e Marília, no interior de São Paulo, com a participação direta de Pompeia e Damy na preparação dos equipamentos para a detecção dos raios cósmicos na estratosfera, entre 35 e 40 quilômetros de altura. "O hidrogênio foi aquele que os alemães deixaram, porque eles tinham um Zeppelin aqui [...] e o Governo brasileiro disse: 'Utilizem'", lembrou Wataghin, em referência a um desdobramento pitoresco do contexto de guerra que começava a enredar o país, e enredaria inapelavelmente também a sua rotina na USP. "Certamente, esta cooperação internacional, e a ajuda da Fundação Rockefeller, da Academia de Ciências do Rio de Janeiro e de autoridades do Estado de São Paulo [...] deram uma projeção nova à Física no Brasil."

Além dos resultados científicos, compartilhados tecnicamente em São Paulo, tão logo os balões foram recuperados, e depois diplomaticamente no Rio, onde se organizara um festivo Simpósio sobre Raios Cósmicos, a Expedição Compton proporcionaria outro êxito importante, mais claramente perceptível no plano institucional. Desde aquela colaboração, Arthur Compton se transformaria no principal avalista para o financiamento continuado da Fundação Rockefeller ao Departamento de Física da USP.

11 | Amigos ou inimigos?

Apesar do ar circunspecto e do olhar indiferente, o 3×4 de Cesar na ficha de identificação na matrícula à USP não consegue mascarar o que documenta ali: mais do que um adulto a caminho da formação universitária, o que aquele paletó de risca e a gravata muito bem ajustada ao colarinho vestem na fotografia é um menino. Lattes não havia completado dezessete anos ao se apresentar para as primeiras aulas na Faculdade de Filosofia, Ciências e Letras, em janeiro de 1941.

O histórico escolar de seus três anos de graduação em física confirmaria a impressão que deixou no Colégio Universitário: suas médias foram sempre maiores nas disciplinas específicas, e seu envolvimento nas aulas só fez aumentar, com um melhor aproveitamento a cada semestre. "O número de alunos era muito reduzido. Eu era o único aluno de física, e tinha aula junto com mais três, de matemática", ele contou em depoimento nos anos 1970. "Então a aula podia ser interrompida a qualquer momento, e o exame era feito quando a gente achava que estava em condições de fazer." No terceiro e último ano, o desempenho foi notável, com dez em física matemática, física teórica e física superior, assim como nas notas de aproveitamento.

Lattes reencontrou na graduação alguns dos professores que já o conheciam do exame de habilitação, quando Wataghin abreviou sua passagem pelo Colégio Universitário. Havia quatro ou cinco cadeiras por ano de matemática e física. Marcello Damy estava à frente das aulas de física geral e experimental, e Abrahão de Moraes, de física matemática e cálculo vetorial. Entre os italianos da matemática, Lattes foi aluno de Giacomo Albanese em geometria projetiva, aprendizado que lhe causaria forte impressão. "Quase fui ser matemático por causa dele. Era uma matéria muito bonita, que, hoje em dia, não se dá mais, mas ensina a raciocinar. [...] Acho que sai perdendo o pessoal de hoje."

Wataghin e Occhialini só atuaram formalmente como seus professores a partir do segundo ano. A dinâmica de suas aulas era diferente da empregada nas da fase introdutória, dedicadas à física básica – ainda que mesmo os temas clássicos, como mecânica, acústica ou ótica, fossem abordados à luz das interpretações contemporâneas. "O Wataghin era quem fazia a gente dar seminário, ele já era mais avançado", lembrou Lattes. Com a centralidade que o estudo dos raios cósmicos assumiu no departamento, Wataghin orientava os alunos na leitura crítica dos trabalhos recém-publicados na área e demandava apresentações em que articulassem o que aprendiam em sala de aula e nas práticas de laboratório com o que os surpreendesse nos relatos e demonstrações das novas teorias e experiências. "Naturalmente, sendo eu o único aluno de física, ele me encorajava mais, me dava mais coisas. [...] Naquela época, felizmente, o número de publicações era razoável, a gente podia ler praticamente todas as revistas de física. E o Wataghin conseguiu uma belíssima biblioteca com coleções completas e as revistas mais importantes."

Occhialini incorporou as aulas mais formais às suas atividades depois da reorganização curricular pela qual o departamento passou, entre 1941 e 1942. Ele se encarregaria dos conteúdos da física atômica experimental, reestruturados em uma nova disciplina para o terceiro e último ano: física superior. Ainda que não tivesse os mesmos recursos de Wataghin como professor, Occhialini se destacava pela desenvoltura no trato com os alunos.

Seus ensinamentos – e histórias – sobre avanços tecnológicos, aceleradores de partículas e as novas técnicas de observação da matéria podiam assumir ares de ficção. Contemporâneo de Lattes em seus anos de FFCL, o sociólogo e crítico literário Antonio Candido apontou Occhialini como o professor italiano da USP mais bem assimilado ao cenário paulistano, amigo do poeta modernista Oswald de Andrade e do crítico e ensaísta Paulo Emílio Salles Gomes, um dos idealizadores da Cinemateca Brasileira. "Occhialini também impressionou pelo interesse em literatura, poesia e cinema", mencionou Lattes.

Foi inspirado nele o personagem título da peça teatral *Heffman*, de Alfredo Mesquita, sobre um professor que influencia os alunos com suas ideias sedutoras e depois os abandona. Foi interpretado pelo jovem estudante Jean Meyer, que depois se tornaria, ele também, um físico importante, cogitado para integrar diversas equipes de Lattes. Polonês de nascimento, Meyer emigrou para a França, onde estudou num colégio de elite e teve, entre os colegas de classe, o futuro presidente Giscard d'Estaing. Chegou a São Paulo com a família, expulso pela guerra e pela perseguição aos judeus, da qual escapou por um triz.

Apesar da acomodação diplomática do governo Vargas, que resistia ao rompimento das relações com a Itália e a Alemanha, parceiros comerciais importantes, a Segunda Guerra Mundial crescia no horizonte, e a escalada das tensões nacionais não demoraria a desorganizar não apenas o departamento, como a rotina de alunos e professores. A partir de janeiro de 1941, Lattes precisou se acostumar aos rigores do alistamento militar, no Centro de Preparação dos Oficiais da Reserva (CPOR). Engajado na divisão de artilharia, as horas de sono reduziram-se drasticamente. Levantava-se às quatro da manhã às segundas, quartas, sextas e até aos domingos. As primeiras horas do dia – das sete às onze – eram passadas no quartel, e dali ele partia para a USP para uma jornada de seis horas de aula e de muito trabalho de laboratório. Damy era um professor incansável. "Nas férias, fazíamos estágio em uma oficina mecânica, a Metalúrgica Cometa, aprendíamos a plainar, a limar."

A partir de dezembro, com o ataque japonês a Pearl Harbor, no Havaí, Estados Unidos, uma nova tensão veio turvar o cotidiano. Com o crescente clamor popular contra os países do Eixo, Cesar e o irmão Davi, também alistado no CPOR, passaram a andar fardados mesmo em dias em que não havia expediente no quartel – a família acreditava que o uniforme militar brasileiro poderia protegê-los da crescente xenofobia.

Occhialini e Wataghin foram afetados mais diretamente pela escalada do clima de beligerância. Em retaliação ao rompimento das relações diplomáticas e comerciais com o Brasil, anunciado pelo governo Vargas em janeiro de 1942, a Alemanha passou a torpedear embarcações mercantis brasileiras no Atlântico Norte e no mar do Caribe. Os mortos se contaram às centenas quando, em agosto, os ataques submarinos chegaram à costa brasileira, afundando seis navios em cinco dias. Os protestos se espalharam pelo país, levando Vargas à inevitável declaração de guerra aos países do Eixo, sob pressão dos Estados Unidos.

Frente ao despreparo das Forças Armadas e à espera do material bélico prometido pelo governo americano, a Marinha convocou o Departamento de Física da FFCL para o esforço de guerra. Nenhum outro segmento técnico ou científico no país, civil ou militar, dominava o conhecimento em eletrônica rápida, essencial ao desenvolvimento de tecnologias para o rastreamento dos submarinos. Era ainda um sistema bastante primitivo, baseado na medição de intervalos de tempo na projeção e captação de ondas de ultrassom, mas exigia soluções que contornassem deficiências em processos básicos, como a fabricação de chapas de aço inoxidável e a laminação de níquel com uma flexibilidade e resistência inalcançáveis na indústria nacional. Tratava-se de uma parceria complicada. Uma associação com o Exército no campo da balística, para determinar a velocidade inicial de projéteis, já havia fracassado, por diferenças irreconciliáveis entre as estratégias e modelos de pensamento dos engenheiros militares e dos físicos do departamento.

Marcello Damy e Paulus Aulus Pompeia vinham do trabalho conjunto na festejada Expedição Compton, no ano anterior, quando em setembro assumiram os trabalhos do que ficou conhecido como Projeto Sonar. Com verbas dos recém-criados Fundos Universitários de Pesquisa para a Defesa Nacional, que se tornariam conhecidos por apenas Fundos Universitários de Pesquisa (FUP), a iniciativa buscava incentivar a interação entre a pesquisa acadêmica e as necessidades de natureza industrial, naquele momento ligadas à defesa nacional. Orientados por Wataghin, Damy e Pompeia eram recém-chegados de temporadas nos laboratórios Cavendish, em Cambridge, na Inglaterra, e da Universidade de Chicago, nos Estados Unidos, onde se desenvolveram em eletrônica rápida, entre outras áreas. "Ouvimos as explicações da Marinha e dissemos que nenhum de nós jamais havia visto de perto um submarino e muito menos um aparelho de detecção de submarino. 'Fazemos ciência pura' – dissemos –, 'trabalhamos em raios cósmicos'", lembrou Damy nos anos 1990. "Nos comprometemos a pensar numa solução e tentar obtê-la. Já que não havia outra alternativa, toparam."

Entre os métodos utilizados, não se furtaram a medidas extremas, como o desmonte, peça por peça, de maquinário estrangeiro a que tiveram acesso por intermédio da Marinha. "Nós tínhamos alguns problemas para construir esses equipamentos", lembrou Pompeia em depoimento nos anos 1980. "Nossa chapa [de aço inoxidável] era rígida e foi outro problema entregue ao Marcello Damy, que começou a estudar patentes americanas, pois sempre existiam publicações sobre patentes americanas."

Por serem italianos, Wataghin e Occhialini foram afastados das atividades do laboratório instalado no primeiro andar do novo prédio do Departamento de Física, na avenida Brigadeiro Luiz Antônio, pelo menos desde setembro sob a direção de Damy. "Os equipamentos estudados e construídos para o ministro da Marinha são de natureza secreta", informava um relatório encabeçado por ele, Pompeia e Paulo Taques Bittencourt, com um balanço do trabalho nos anos de 1943 e 1944. Com a exoneração do antigo chefe, algumas providências de Damy foram olhadas com desconfiança. "Uma das coisas que ele fez foi interditar algumas salas, colocar um marinheiro na porta e impedir a entrada do Wataghin", registrou o físico José

Goldemberg, colaborador direto de Damy na segunda metade dos anos 1940, em depoimento sobre o período.

Nas lembranças de Pompeia, após a Marinha se convencer da capacidade do departamento em coordenar a operação industrial de 22 fornecedores diferentes, foram encomendados oitenta dos "equipamentos eletroacústicos especiais" – jamais oficialmente referidos como sonares. Instalados os "projetores", ele relatou "essas lanchas torpedeiras, como eram chamadas, saíram pelas costas do Brasil a produzir sons. Daí por diante não perdemos mais nenhum navio – não sei se por coincidência, os submarinos que chegavam aqui pelo menos deixavam os nossos navios em paz".

Temendo pelo que lhe pudesse acontecer, Occhialini se movimentou antes mesmo que Damy assumisse a chefia do departamento. Apesar da sólida contribuição científica ao grupo de Wataghin, desde a contratação como "assistente científico de 1ª categoria da cadeira de física geral e experimental", em 1937, nunca fora promovido. Mesmo sendo encarregado em 1940 da nova cadeira de física superior, nunca foi efetivado como professor, até o auge da crise de confiança envolvendo os professores italianos. A instabilidade era patente em ofício de 8 de agosto de 1942, assinado por Fernando de Azevedo, então diretor da faculdade: "Confirmando entendimento verbal, [ainda são esperadas] a aprovação do Exmo. Sr. Presidente da República e do Conselho Universitário para que se possa efetivar a proposta de seu contrato para reger, por dois anos, a disciplina de física superior". Não era incomum que a burocracia se arrastasse por anos – o que aconteceria também com Lattes. "Assim sendo", continuava Azevedo, "fica V.S. autorizado, se achar conveniente e sem compromisso do Governo do Estado, a dar o seu curso até a efetivação daquelas medidas".

O documento o alcançou já no Rio de Janeiro, para onde se dirigira meses antes, diante de uma situação que se tornara, mais do que desconfortável, arriscada. Não sabia ao certo o que fazer, mas fizesse o que fizesse, estaria mais seguro no Rio. A então capital federal concentrava as representações diplomáticas, que poderiam lhe oferecer proteção, se necessário, e as principais rotas de saída do país – idealmente, em direção à Inglaterra, para colaborar com o esforço de guerra em algum laboratório inglês. "O embaixador me falou, 'olha aqui, não saia do Rio por enquanto, porque eu vou tirar você daqui'", recordou em depoimento ao Instituto Americano de Física, nos anos 1970. "Eles estavam um pouco desesperados porque eu era uma batata quente. Me pediram para declarar que eu não queria ir [para a Itália], o que era o razoável, mas eu recusei." Não há registros de quando, exatamente, Occhialini decidiu desobedecer a orientação consular e desaparecer em Itatiaia, o primeiro parque nacional brasileiro. Mas não foi um ato intempestivo.

Ele deixou o Rio sob os auspícios do Consulado da Suíça em São Paulo, "encarregado dos interesses italianos nos estados de São Paulo e Mato Grosso", conforme inscrição no cabeçalho de seu papel timbrado do ano de 1943. As tratativas estão registradas no esboço datilografado, sem data, de documento destinado ao "Sr. Cônsul da República Suíça": "Seguindo sua orientação, estou lhe enviando um relatório sobre minha posição atual. Gostaria de agradecê-lo não apenas por tudo o que pode fazer por mim, mas principalmente por sua recepção extremamente gentil". Em folha à parte, um representante de Occhialini descreve a situação:

> O Prof. Giuseppe Occhialini foi nomeado professor de física superior na Faculdade de Ciências da Universidade de São Paulo em 1937. Quando as relações entre o Brasil e a Itália foram rompidas em abril de 1942, ele pediu demissão e foi para o Rio de Janeiro com outros professores para se juntar a funcionários diplomáticos e consulares. Lá, ficou sabendo que não havia sido possível obter seu certificado naval para retornar à Europa.
>
> Em 1º de agosto de 1942, o embaixador italiano, devido a essa impossibilidade, autorizou o Prof. G. Occhialini a permanecer no Brasil e trabalhar novamente na Universidade. Nesse caso, ele deveria receber o mesmo emolumento que antes (1:800$000). Se esse emprego não fosse possível, o governo italiano teria pago uma taxa mensal de 3:000$000 por meio da Legação Suíça. [...] Os eventos que ocorreram impossibilitaram o retorno do Prof. Occhialini à Universidade.[7]

Da longa imersão de Occhialini em Itatiaia, restou um documento que, por só ter sido visto por poucas pessoas, antes de desaparecer por muitas décadas, tornara-se quase lendário. Trata-se dos originais de um guia de escalada para as montanhas do trecho da Serra da Mantiqueira, compreendida nos limites do parque, escrito por Occhialini. Lattes referiu-se a ele em depoimento ao CPDOC, em 1976, nunca publicado:

> [...] Por ironia, quando o Brasil entrou na guerra, o Occhialini, como italiano, foi declarado cidadão inimigo, e foi ser guia de montanhas, em Itatiaia. Escreveu, inclusive, um pequeno guia sobre as montanhas de Itatiaia, que deve estar ainda com o Caio Prado Júnior, que é quem devia ter editado. Se vocês forem ao Museu do Parque Nacional de Itatiaia, vocês poderão ver uma fotografia de um cidadão de calção, dois bambus e um bonezinho esquisito. Ele está de costas, mas é o Occhialini.[8]

Uma versão da obra, datilografada em folhas de papel-jornal, com correções feitas à mão por Occhialini, assim como o original de 32 páginas, estava depositada na Biblioteca de Biologia, Informática, Química e Física, da Universidade de Milão, que mantém o Fundo Occhialini-Dilworth, com documentos e guardados pessoais do casal Giuseppe Occhialini e Constance Dilworth. Além do conjunto principal, intitulado *Breviário turístico do Itatiaia*, o acervo mantém uma série de folhas esparsas, com versões diferentes de muitas passagens da obra, e um mapa desenhado a bico de pena, que pode ser atribuído a Occhialini – suas cadernetas de trabalho de campo trazem muitas ilustrações e diagramas de aparatos científicos com um traço no mesmo estilo.

Os quinze roteiros em que o guia se divide, alguns deles com subdivisões que elevam o número de itinerários a quase trinta, quando confrontados com o mapa desenhado, sugerem que Occhialini percorreu o parque exaustivamente, de sua parte baixa aos pontos mais elevados, das escaladas mais simples às mais complexas.

Escrito com elegância, o texto mescla passagens técnicas, do campo da escalada, com sensibilidade literária e uma coloquialidade divertida – "todas as ascensões e itinerários foram percorridos pelo autor e são completamente acessíveis a qualquer pessoa que não seja histérica ou paralítica". A natureza de suas observações indica um montanhista curioso e inspirado, que se demorou por onde passou, entregue às muitas dimensões da história do lugar – "Passamos embaixo das 5ª e 6ª pontas das Agulhas [Negras] e subimos por grandes e fáceis pedras para o desfiladeiro do Hermes. No caminho encontramos uma toca, velha residência, agora desalugada, de uma onça afamada. (Respeitar o cacto na entrada, por favor)". Seus múltiplos interesses, destacados por Lattes e outros alunos e colegas, fazem de seu guia, mais do que um "breviário turístico", um testemunho literário de uma paisagem em transformação, como expresso em sua "Introdução":

Próxima à zona mais populosa do Brasil existe um grande grupo de montanhas na sua maioria desconhecidas. Não são montanhas excepcionais nem muito altas. Não proporcionam escaladas excessivamente difíceis, não têm gelo, nem cavernas profundas nem lagos extensos, mas possuem um encanto sutil: estão envoltas em solidão. Uma solidão humana, povoada de fantasmas de onças e de gaviões. O grupo todo é mal--assombrado. Sabe disto quem ouviu vozes na Lagoa Dourada, quem subiu o resto petrificado do morcego antediluviano do Hermes ou quem foi à parte extrema da península dos Cristais, onde um mato de um verde abissal bate contra a Torre Inclinada e a cabeça do Javali. Todo o grupo, nas pedras e na terra estéril, traz a marca da inutilidade.

O Itatiaia é o que é pelo fato de não ter sido civilizado. Às vezes, olhando o Vale das Flores do alto dos morros, penso que a montanha é triste e que a paisagem é desolada porque advinha o destino medíocre que para ela está preparando o homem. O Itatiaia está condenado! A ferida implacável da estrada [futura Via Dutra] avança sangrando a região, antecipando o signo cubista que irá ultrajar as linhas irregulares dos vales.

Antes que isto aconteça... para consignar o que foi o Itatiaia no ano da graça de 1943.[9]

Não se sabe ao certo onde Occhialini se instalou em sua temporada no parque, servido até hoje apenas por guias autônomos, sem vínculo funcional com a organização. Com uma área original de 120 quilômetros quadrados, sua criação, em 1937, engolfou fazendas e pequenas propriedades, com instalações que já eram usadas por montanhistas desde pelo menos os anos 1920. É possível que tenha encontrado uma cabana ou um quarto na casa de algum trabalhador rural para alugar no sopé do planalto, mas o mais provável é que tenha se instalado nas franjas da cidade de Itatiaia – naquele tempo ligada por trem ao Rio e a São Paulo – e tenha ido regularmente à sede do parque, na parte baixa, ou subido ao abrigo Macieiras, de acordo com a necessidade ou seu estado de espírito.

É Lattes outra vez quem dá vida a Occhialini em seu retiro, em uma de suas últimas longas entrevistas retrospectivas: "Uma vez por semana, ele descia do posto meteorológico para o repouso Donati [fundado em 1931 como Repouso Itatiaya, um dos hotéis que funciona até hoje na área do parque], onde tinha lugar para comer, fumar, ler gibi e tomar cerveja, tudo ao mesmo tempo".

Occhialini ressurgiria oficialmente em documento do Consulado da Suíça de São Paulo, com data de 17 de abril de 1943. Enviado ao mesmo endereço, no Rio de Janeiro, que ele declarou no salvo-conduto – a caderneta em que ele deveria informar cada viagem interna que fizesse –, o cônsul suíço o convocava a comparecer na "primeira oportunidade" para receber "informações de seu interesse". No mesmo papel timbrado do consulado, abaixo da parte datilografada, ele esboça sua resposta, escrita à mão, bastante rabiscada:

Base das Agulhas Negras.
A S.E. o Consul da Suíça,

Pela sua comunicação de [lacuna] fico sabendo que meu governo já me declarou "dispensável". Nessas condições, a gentileza do dinheiro que recebi deste consulado se torna abusiva e, naturalmente, considero uma questão de honra devolvê-lo – o que será feito assim que eu voltar a São Paulo em algumas semanas.[10]

A resposta dirigida ao Consulado Suíço indica que Occhialini jamais esteve completamente isolado em Itatiaia, contando com uma rede de apoio no Rio e em São Paulo. O fato de o rascunho de sua mensagem ser encimada por "Base das Agulhas Negras" mostra que sua localização não era um segredo, pelo menos para o seu círculo mais próximo, e que ele pôde manter uma correspondência ativa no período. Assim, deve ter ficado em contato com Wataghin, na USP, e com Carlos Chagas Filho, no Instituto de Biofísica, na Universidade do Brasil, onde trabalharia por quase um ano ao retornar ao Rio de Janeiro.

"Uma boa contribuição ao desenvolvimento do Instituto de Biofísica foi a estada, entre nós, de Giuseppe Occhialini", registra Chagas Filho em sua autobiografia, *Um aprendiz de ciência*. "Seu interesse científico, naquele momento, era a obtenção de emulsões fotográficas capazes de observar reações nucleares de pouca energia. Para isso, Occhialini mobilizou, praticamente, todo o pessoal auxiliar do instituto. Entretanto, seu charme, sua graciosa ironia e o sorriso que sublinhava a extraordinária limpidez dos seus olhos verdes tornaram possível uma convivência perfeita, que nunca se deteriorou."

Cesar Lattes também não escaparia ao clima de animosidade que por um tempo confinou o exonerado Wataghin ao subsolo do departamento. "Sendo eu filho de italiano, embora com avô paterno judeu (não de frequentar sinagoga, só socialmente), o professor Damy achou que, como estaria se fazendo trabalho de guerra no andar de cima […], era perigoso. Então fiquei embaixo", contou Lattes. "O professor Wataghin, italiano, não foi posto para fora, mas ficou com uma sala com uma mesa boa; eu, com uma mesinha e uma cadeirinha."

Lattes atravessou o segundo ano da graduação oscilando entre os lados teórico e experimental, repetindo o desempenho perfeito em física geral e experimental (10) e descendo à sua pior média

91

geral de todo o curso em análise matemática (7). Com a entrada dos seminários de Wataghin no currículo, desenvolveu sua receita própria, manifestada muitas vezes na maturidade, quando perguntado sobre seus anos de formação. "O que eu aprendi, eu aprendi fazendo, com os colegas, lendo revistas e tal", definiu. "Só interessa o que você pode detectar ou o que você pode induzir a partir do que você detectou."

Por sua importância estruturante para o departamento, Wataghin jamais teve seu contrato encerrado mesmo após a exoneração da chefia, sendo autorizado a retomar as pesquisas sobre os chuveiros penetrantes, interrompidas pelo esforço de guerra.

Como tantos outros imigrantes italianos, também Giuseppe Lattes viveu maus bocados com o clima de hostilidade que se instalou no país com a entrada do Brasil na guerra. Na esteira do decreto que estabeleceu confiscos para o ressarcimento de danos à marinha mercante, o Banco Francês-Italiano foi nacionalizado e Giuseppe Lattes perdeu o emprego. "O prédio foi ocupado militarmente, sendo toda a turma posta para fora. Ele não pôde levar nem os papéis, porque o Brasil era inimigo da Itália", contou Lattes em sua entrevista a Jesus de Paula Assis, em 2001.

Não bastasse o dissabor, a demissão o colheu no meio da compra da casa da família, à rua Itápolis, no bairro do Pacaembu. Depois de algumas semanas de aflição, Giuseppe e outro gerente posto na rua juntaram-se a donos de fortunas cafeeiras na fundação do Brasil, o Banco Brasileiro da América do Sul. Foi como gerente-geral dessa instituição que ele encerrou sua carreira, nos anos 1970, não sem antes se "estabelecer", nas palavras de Lattes, deixando uma "firmazinha de representações", uma construtora e um sólido patrimônio em imóveis.

Na memória dos netos, que o conheceram já sexagenário, Giuseppe, o vovô Pino, era um homem circunspecto, discreto. Jamais foi visto fazendo um gracejo ou contando uma piada. Extremamente habilidoso, manipulava delicadamente com uma pinça os selos de sua grande coleção e gostava de montar quebra--cabeças. Mantinha o hábito do cachimbo e o antigo interesse pela fotografia, que na Primeira Guerra Mundial o levara a fazer parte de uma equipe de reconhecimento fotográfico, no batalhão alpino. Sua câmera era uma presença marcante e, entre os objetos da casa, viam-se por toda parte retratos dos filhos e dos netos. Foram clicadas por ele algumas das fotos do álbum de casamento de Martha e Cesar.

Suave e quieta, Carolina destoava do perfil mandão das nonas italianas. Para os netos, era vovó Checca, um apelido comum na Itália, mas era chamada também de Lina – como o marido e a nora Martha a tratavam. Era uma cozinheira caprichosa a ponto de secar tomates ao sol da varanda, para preparos com *tomatti sechi*, e produzia, entre outros pratos, um *tagliarini al pesto genovese* que os netos nunca esqueceram. A massa era milimetricamente cortada à faca, sobre a mesa da cozinha. Os netos lembram de seu requinte ao adicionar salsa picadinha à pipoca e que tudo que se comia em sua casa era especial. Eles não se recordam de tê-la visto frequentar igrejas. O único ritual sagrado era a feira semanal.

Vovó Checca também é lembrada pelo senso de humor. Uma vez, deu-se o trabalho de decorar um texto altamente científico que Cesar lhe trouxe, para um número que planejaram juntos. À mesa com a família, ela despejou casualmente o enunciado, como se fosse a coisa mais natural do mundo dominar aquele tema impenetrável, pelo prazer de ver o espanto do marido e de Davi.

Ao contrário de Giuseppe, que falava com sotaque, mas escrevia perfeitamente em português, Carolina nunca adquiriu fluência na língua em que os laços da família se firmaram.

Cesar Lattes nunca tirou o passaporte italiano a que tinha direito. Até o fim, sua única nacionalidade seria a brasileira, e isso está longe de ter sido um gesto distraído – foi, ao contrário, algo que ele honrou. Em meados dos anos 1960, a Universidade de Turim o convidaria para participar de um projeto de colaboração Itália–Japão. Ofereceram-lhe condições excepcionais – remuneração generosa, em dólar, liberdade para definir a agenda e duas ou três passagens aéreas por ano. Lattes quis saber se, no caso de alguma descoberta, o Brasil seria creditado. A universidade explicou que isso exigiria uma mudança trabalhosa nos contratos, que envolveria instâncias governamentais como ministérios e o Itamaraty. Não havia como fazê-lo. Diante disso, ele se pôs à disposição para eventuais consultas e recusou a oferta.

12 | A cobiçada física nuclear

No pós-guerra, quando o mundo todo passou a ver a ciência como condição indispensável do desenvolvimento, a certeza ufanista no destino grandioso do Brasil, que predominou até os anos 1930, foi substituída pela consciência do atraso. À medida que a ideia dolorosa do subdesenvolvimento projetava sua sombra, crescia a urgência de combatê-lo.

A física, encarada até então como um diletantismo de cientistas excêntricos, tinha se tornado a ferramenta-chave para esse desafio. Os jovens físicos brasileiros, que compreendiam a importância de seu saber, perceberam o poder que tinham agora nas mãos e enxergaram a oportunidade de empregá-lo para melhorar o Brasil. Entre os adeptos desse propósito, um pequeno grupo, em especial, empenhou-se em levá-lo adiante. Os mais ativos, além de Lattes, eram José Leite Lopes, Jayme Tiomno, Elisa Frota Pessoa e Hervásio de Carvalho.

José Leite Lopes nasceu no Recife, em 1918. Como faziam seus contemporâneos vocacionados para a física e a matemática, foi estudar engenharia – em seu caso, engenharia química. Aluno de Luiz Freire, foi incentivado a buscar no Rio ou em São Paulo um curso mais adequado a seus verdadeiros interesses. Formado em 1939, mudou-se para a capital federal, onde dependeu de um cuidadoso equilibrismo de bolsas e aulas em escolas particulares para seguir adiante. Aprovado no vestibular para a Faculdade Nacional de Filosofia, decidiu-se pela física, graduando-se em 1942.

No ano seguinte, em temporada na USP, Leite Lopes se aperfeiçoou em física teórica com Gleb Wataghin e seu conterrâneo Mario Schenberg. Àquela altura, Schenberg já era um físico de grande prestígio. Entre seus trabalhos mais conhecidos figurava o chamado "processo Urca", em parceria com George Gamow, versando sobre o ciclo de reações nucleares em que a perda de energia e de pressão interna levam a um colapso e à explosão, na forma de uma supernova. O nome do fenômeno nasceu de uma frase brincalhona de Schenberg ao visitar o famoso cassino da Urca, no Rio de Janeiro dos anos 1940: "A energia desaparece no núcleo de uma supernova tão rápido quanto o dinheiro no jogo de roletas", teria dito o físico.

Além de Schenberg, Leite Lopes conheceu nessa época os jovens cientistas que despontavam no departamento, como Walter Schützer, Sonja Ashauer e o futuro amigo Cesar Lattes. Os dois costumavam conversar sobre a situação de Costa Ribeiro, Plínio Süssekind Rocha e Francisco Mendes de Oliveira, entre outros homens de valor que não encontravam amparo nas instituições de pesquisa no Rio de Janeiro.

No começo da guerra, uma ofensiva diplomática dos Estados Unidos aumentara a oferta de bolsas para estudantes brasileiros em universidades americanas. Em 1944, Leite Lopes foi selecionado para uma especialização em uma instituição de sua escolha, e optou por Princeton.

Naquele ano, trabalhavam na universidade americana alguns dos maiores cientistas do mundo, abrigados no país por causa da guerra na Europa. Entre eles, o austríaco Wolfgang Pauli, Nobel de Física em 1945; o húngaro John von Neumann, da Teoria dos Jogos, considerada o começo da invenção do computador; e o alemão Albert Einstein. O ambiente em Princeton e os recursos disponíveis deixaram Leite Lopes boquiaberto, mas ele constatou, surpreso e satisfeito, que a física que se ensinava na USP estava à altura do que se conhecia de mais avançado no mundo naquele momento.

Ao fim do doutorado, uma carta de Costa Ribeiro o fez recusar a proposta de Princeton para que estendesse sua temporada de formação: o amigo avisava que a FNFi lhe oferecia a cátedra de física teórica. Uma conversa com Wataghin, que estava de passagem pelos Estados Unidos, eliminou suas últimas hesitações: não era todo dia que se oferecia uma cátedra a um jovem cientista no Brasil. E Leite Lopes queria, mais do que tudo, fazer física no Brasil.

Trocar a opulência de uma universidade americana pela possibilidade de melhorar o cenário científico e contribuir para o desenvolvimento do país seria um gesto repetido por muitos cientistas dessa geração, e em especial por esse grupo de físicos.

Como Leite Lopes, Jayme Tiomno também não chegou à física pelo caminho mais curto. Carioca filho de imigrantes russos, nascido em 1920, ele cursava o segundo ano de medicina na Universidade do Rio de Janeiro quando o irmão o inscreveu, sem consultá-lo, no curso de história natural da UDF – pela legislação da época, universitários não precisavam prestar novo vestibular. Tiomno gostou da ideia e acumulou os cursos por dois anos.

Ao se ver obrigado por uma nova legislação a abandonar uma das universidades públicas, não hesitou em optar pelo curso de física. Formado em 1941, foi nomeado assistente do catedrático Joaquim da Costa Ribeiro, na FNFi, passando à USP em 1946. Em percurso semelhante ao de Leite Lopes, partiu dois anos depois para Princeton, onde assinou com John Wheeler um trabalho de enorme repercussão sobre a universalidade das interações fracas.

Tiomno dedicou a maior parcela de seu tempo à mobilização a fim de fazer avançar a ciência no país. É considerado um dos mais brilhantes físicos teóricos brasileiros, ao lado de Leite Lopes e Mario Schenberg.

A carioca Elisa Frota Pessoa precisou vencer, antes dos obstáculos que o atraso do país impunha às condições de ensino e pesquisa, e que ela combateu com seus companheiros de jornada, a desconfiança com que eram recebidas as mulheres em qualquer profissão – especialmente aquelas ligadas às ciências exatas. A partir dos anos 1950, integrou a comissão de frente da física no Brasil.

Um dos professores de Elisa no ginasial, Plínio Süssekind Rocha, assistente de Bernhard Gross na UDF, achava que as perfeitas lições de casa que ela trazia eram boas demais para terem sido feitas por uma moça. Suspeitou que tivesse a ajuda do pai ou de algum irmão. Ao compreender o engano, contudo, passou a encorajá-la. Elisa graduou-se na Faculdade Nacional de Filosofia em 1942, mesmo ano em que Sonja Ashauer se formou na USP. Ainda estudante, foi assistente do catedrático Costa Ribeiro, que a contratou em 1944 para dar aulas de termodinâmica. E, ao lado de Neusa Margem, foi a autora do primeiro trabalho científico publicado pelo Centro Brasileiro de Pesquisas Físicas.

Elisa se tornaria referência nas pesquisas em emulsões nucleares, área central no esforço pela institucionalização da ciência no Brasil, campanha em que se juntou a Lattes, Leite Lopes e Tiomno, com quem se casaria em 1951.

Outro membro importante do grupo, Hervásio de Carvalho foi contemporâneo de Leite Lopes na então Universidade do Recife. Em 1937, ele e o amigo, ainda alunos de graduação em química, com certa petulância, inscreveram trabalhos num congresso sul-americano de química que se realizaria no Rio de Janeiro sob a presidência do então comandante Álvaro Alberto. Na capital federal, viveram uma temporada de descobertas. Uma delas foi conhecer o conterrâneo Mario Schenberg, àquela altura graduando-se como físico pela Faculdade de Filosofia, Ciências e Letras da USP.

Formado em 1938, Hervásio mudou-se para o Rio para trabalhar no Departamento Nacional de Produção Mineral. Por influência de Leite Lopes, prestou vestibular para física na FNFi, retornando a Recife, após a graduação, como catedrático da Escola de Engenharia de Pernambuco. Em 1948, estava em Washington, com uma bolsa dos National Institutes of Health, que Lattes o ajudou a obter, estudando técnicas de emulsão nuclear.

Seis anos depois, tornou-se o primeiro engenheiro doutorado em energia nuclear, pela Universidade da Carolina do Norte, se juntando a seus companheiros de jornada no Centro Brasileiro de Pesquisas Físicas em 1954.

13 | Quem sabe, faz

Os anos que se seguiram à formatura foram decisivos para Lattes. Ele chegava ao final da graduação como a mais perfeita tradução do espírito atrevido do Departamento de Física da USP, que descreveria no futuro como "quem sabe, faz, quem não sabe, ensina". Não queria com isso desmerecer a física teórica, sua inclinação inicial, como a de Wataghin, abandonada ao longo do caminho, mas apenas reforçar a visão que o caracterizaria como homem de ciências, formado sob aquelas circunstâncias: "O físico acredita na existência de uma realidade objetiva e o professor ensina. Se for um bom professor, vai alertar para o que está errado nos livros, o que não está claro nos livros e assim por diante. [...] [Ao físico] só interessa o que você pode detectar ou o que pode induzir a partir do que detectou".

Pode-se intuir a guinada no olhar desconfortável de Lattes numa das raras fotografias da cerimônia de colação de grau da turma de 1941, no Theatro Municipal de São Paulo, em 27 de dezembro de 1943. Quase fora do enquadramento, ele parece não querer estar ali, como não estaria em muitas das cerimônias a que seria convocado ao longo da carreira. "No dia em que me formei", lembrou Lattes certa vez, "o professor Wataghin me disse: 'Agora o senhor é um profissional, não é mais tutelável [...] não se submeta mais a exames, esses exames de mestrado e doutorado parecem exames médicos legais. Não fique levando exercícios para casa e lendo bobagens nesses livros que estão todos errados. Qualquer dúvida, o senhor vá para a biblioteca [...], se a dúvida persistir, procure um colega mais experiente.' E foi isso que eu fiz. Minha formação acadêmica é essa. O resto, aprendi fazendo".

À luz da orientação do mestre, recém-reabilitado no departamento, a natural impaciência de Lattes com o que lhe parecia descabido o levaria a rejeitar o caminho a que fora conduzido ao se formar. Ele já vinha trabalhando com a câmara de Wilson deixada por Occhialini quando foi nomeado, em maio de 1944, assistente da cadeira de física teórica e matemática – "eu devia ganhar uns novecentos por mês, o que devia dar, hoje, uns 4 mil dólares [...] praticamente o mesmo que na Europa". Mesmo com o bom salário inicial, algo ainda lhe parecia fora do lugar. A clareza só viria com a oportunidade de assinar os primeiros artigos. "Meu primeiro trabalho foi com o Gleb Wataghin, sobre a abundância dos elementos no universo", o que renderia publicações nos *Anais da Academia Brasileira de Ciências*, em 1945, e na *Physical Review*, em 1946. Em seguida, Lattes começou a trabalhar com Mario Schenberg – o tema era a polaridade de partículas carregadas. Mas os cálculos infindáveis das equações de movimento que lhe coube fazer o entediaram. Encerrada a colaboração – só publicada em setembro de 1947, muito tempo depois de sua partida para Bristol –, a decisão estava tomada. "Achei que a física teórica não era o que eu queria e consegui botar a câmara de Wilson para funcionar."

As atividades do físico experimental conviveram por um tempo com as obrigações da cadeira de física teórica e matemática, em que fora promovido de terceiro a segundo assistente em julho de 1945.

São do período suas duas únicas iniciativas de obter, na contramão do conselho de Wataghin, novos títulos acadêmicos, talvez de olho na estabilidade que um cargo público de professor poderia lhe proporcionar. O impacto da descoberta do méson, logo depois, se encarregaria de abrir possibilidades mais emocionantes.

Na primeira iniciativa nesse sentido, uma semana depois da cerimônia de colação de grau, Lattes encaminhou ao diretor da FFCL, André Dreyfus, um requerimento de "inscrição para o doutoramento em física teórica e matemática". A decisão contou com o apoio de Wataghin, como demonstra a averbação manuscrita no verso do documento: "Aceito ser orientador do Doutoramento em Física Teórica e Matemática do Sr. Cesare M. G. Lattes e indico como matérias subsidiárias as seguintes [...]".

A troca de anotações entre o professor e o diretor da faculdade, ajustando ao longo de todo o ano o que poderia ou não ser lecionado, sugere estar sendo esboçado ali o primeiro curso de doutoramento em física da FFCL.

O título de doutor de Lattes viria três anos depois, quase à sua revelia. O contexto era o do carnaval do méson, quando ele e Eugene Gardner – os "fazedores de mésons" – estampavam os principais jornais e revistas dos Estados Unidos. Os departamentos de Física da USP e da Universidade do Brasil, no Rio de Janeiro, disputavam a primazia em repatriá-lo, e, entre as muitas homenagens que recebeu no período, o Conselho Universitário da USP aprovou por unanimidade, em 12 de abril de 1948, a proposta da Congregação da FFCL de conceder a Lattes o título de doutor *honoris causa*. "Proponho que seja lançado em ata do Conselho um voto de profunda satisfação [...] por ver os esplêndidos resultados das pesquisas realizadas por Cesar Lattes nos Estados Unidos que envaidecem a Universidade de São Paulo e que tão alta repercussão tiveram no mundo científico", registra a ata da reunião, transcrevendo o voto do então conselheiro Zeferino Vaz, futuro reitor da Universidade de Campinas. "Proponho mais que o Magnífico Reitor [Lineu Prestes] não só dê ciência desta resolução ao Dr. Cesar Lattes, como ainda manifeste o nosso orgulho à Faculdade de Filosofia, Ciências e Letras e aos responsáveis pelo Departamento de Física [...], de quem Cesar Lattes teve orientação segura." Em depoimento nos anos 1990, bem à sua maneira, ele minimizaria: "Fiz uma descobertazinha que deu fama".

Lattes não nutria apreço especial por notas ou títulos. Levou **treze** anos para ir buscar o diploma da graduação, depois da colação de grau, em 1941, mas não lhe passou despercebido que o título de doutor *honoris causa* demorou a chegar. Contaria, com alguma mágoa que só lhe foi entregue em 1964 "na ponta do canivete". Interpretou que a demora se devia ao fato de ter voltado à Califórnia, no começo de 1949. "Eles não gostaram de eu ter voltado à América do Norte", supôs.

A segunda iniciativa de formação acadêmica após o bacharelado foi tomada um mês depois do pedido de inscrição no doutoramento – jamais realizado. Em desalinho com a vocação experimental aflorada no relacionamento com Occhialini, desde que este retornara de seu refúgio nas montanhas de Itatiaia, Lattes solicitou a Dreyfus em fevereiro de 1944 que fosse matriculado em didática. O curso lhe renderia o título de licenciado, condição para passar da posição de assistente, que ocupava então, para a de professor.

Os recibos de matrícula e as listas de alunos da secretaria da FFCL indicam que seu desempenho foi pífio. Inscrito em 1944, repetiria a primeira série em 1945, terminando o ano reprovado. Não é de estranhar, considerando o volume de trabalho que enfrentava no período, como assistente em aulas e bancas examinadoras ao lado de mestres e colegas, como Schenberg, Pompeia, Oscar Sala e Paulo Taques Bittencourt, nas cadeiras de física matemática e teórica, física geral e experimental e cálculo vetorial. Como se não bastasse, atuava também nos cursos de química e de matemática. Em um dos boletins, com as notas do exame oral final de uma turma de física geral e experimental do primeiro ano, em 21 de dezembro de 1945, sua assinatura aparece borrada. Poucos dias depois ele embarcaria para a grande viagem de sua vida, rumo a Bristol.

E havia mais a fervilhar em sua cabeça. Traz o carimbo do dia 12 de novembro um boletim assinado por ele com o resultado das provas de segundo semestre da turma de física matemática, disciplina do terceiro e último ano do curso de matemática. O primeiro nome da lista de alunos datilografada, com a nota 8,5 escrita por extenso, em caligrafia quase infantil, é Martha Lima de Siqueira Netto. Não se sabe que relação unia aluna e professor àquela altura, mas três anos depois eles estariam casados.

14 | Ela entra em cena

Martha era filha de Luiz Osório de Siqueira Netto, professor catedrático de mecânica aplicada da Escola de Engenharia da Universidade do Recife. Contemporâneo de Luiz Freire, Siqueira Netto incentivou a filha a seguir o mesmo caminho apontado pelo colega, anos antes, a Mario Schenberg, Leite Lopes e Hervásio de Carvalho, entre outros jovens alunos sob sua influência – ir estudar em universidades mais bem preparadas para o desenvolvimento acadêmico e científico.

Nascido em uma família da elite açucareira pernambucana, com propriedades e capital político em Sirinhaém, ao sul do Recife, ele próprio se preparara para ir estudar fora, mas não chegou a fazê-lo. Os planos de estudar nos Estados Unidos, quando se graduasse na Escola de Engenharia, foram violentamente frustrados por uma tragédia familiar não de todo incomum no Brasil agrário do início do século passado.

Luiz Osório tinha dezessete anos quando seu pai, Luiz Francisco Siqueira Netto, envolvido numa disputa de terras, foi assassinado no trem que o levava do Recife a Palmares, na Zona da Mata, onde era o superintendente de uma grande usina.

Mesmo obrigado "a subir em trator", como gostava de contar aos netos sobre as tarefas que assumiu no engenho, com a morte do pai, Luiz Osório jamais se afastou da Universidade do Recife – e da tradição de mandar suas crias para o mundo. Em 1950, já uma figura influente no meio acadêmico, ele se envolveria na criação da "Embaixada Cesar Lattes" – uma dotação municipal destinada a enviar alunos do terceiro ano da Escola de Engenharia da Universidade do Recife "em viagem cultural ao sul do país".

Martha viajou a São Paulo para os exames de habilitação à Faculdade de Filosofia, Ciências e Letras da USP em janeiro de 1943. Chegava dois anos depois de graduada no Recife no curso complementar para engenharia. Por acaso, instalou-se nas proximidades da casa dos Lattes, no Pacaembu, antes de conhecer Cesar. O endereço consta da preciosíssima documentação da "Seção do Expediente", a retaguarda administrativa da FFCL.

A secretaria da Faculdade de Filosofia, Ciências e Letras garantia com artesania notável a organização e o registro de sua expansão. O número de alunos, professores e disciplinas crescia ano a ano, construindo a reputação da USP. Das folhas de papel almaço caligrafadas em bico de pena dos primeiros tempos às circulares datilografadas e mimeografadas ao longo dos anos 1940 e 1950, nada escapava à sua burocracia.

Estão lá, nas listas de alunos ano a ano, curso a curso, prova a prova, datilografados e anotados em duas ou mais cores, com uma clareza de fazer inveja às planilhas de hoje, os marcos mais seguros do encontro de Martha e Cesar, quase vizinhos na escala da cidade grande.

Marta residia no bairro de Santa Cecília, numa pensão para moças. Os documentos da Seção do Expediente registram como seu primeiro endereço a rua São Vicente de Paulo, 659, a sete quarteirões da residência dos Lattes. De lá, por dois meses ela frequentou diariamente o Colégio Universitário da USP para as aulas de preparação ao exame de habilitação à subseção de ciências matemáticas da FFCL, em que foi aprovada em março de 1943. A partir daquele ano, ela e Cesar passariam a circular pelos mesmos espaços, tendo muitos amigos em comum.

Muitas das coincidências que propiciaram o encontro passam pelo Recife, de onde vieram personagens importantes não só para o surgimento do casal, como para a história da física, o que inspirou uma das famosas frases de Lattes: "Há duas maneiras de se tornar físico no Brasil. Uma é nascer em Pernambuco, a outra é se casar com uma pernambucana".

Velho conhecido de Siqueira Netto dos tempos da Escola de Engenharia na Universidade do Recife, entre 1935 e 1939, Leite Lopes conhecera Martha e a irmã, Maria Lucia, convidado pelo professor à sua casa para ajudar as filhas com a matemática. Em depoimento nos anos 1970, ele mencionaria o ambiente intelectual: "[Siqueira Netto] abria a sua casa, um grande casarão no Recife, onde estavam as filhas, colegas, e a gente ia dar aulas, eu e outras pessoas, e se conversava muito, [ele] gostava muito de conversar sobre a matemática, a física, e isso exerce uma influência grande".

Os dois voltariam a se encontrar na Universidade de São Paulo, em 1943, com Martha já habilitada ao curso de matemática da FFCL. Leite Lopes chegava a convite de outro colega da Universidade do Recife: "[Mario] Schenberg me acolheu com simpatia e amizade", lembraria Leite Lopes. "Ali conheci Cesar Lattes. Com ele e com Walter Schützer e Sonja Ashauer, assistíamos aos cursos dados por Gleb Wataghin, de mecânica celeste, e participávamos dos seminários. Lá estavam também Occhialini e Yolande Monteaux", disse ele. Contemporânea de Schenberg e Pompeia, Monteaux foi a primeira mulher a se formar em física no país, em 1937, mostrando a vivacidade do grupo de Wataghin.

O período de lembranças marcantes é mencionado por Leite Lopes em carta enviada a Martha, no final de 1946, provavelmente no seu retorno de Princeton ao Brasil. "Nos dias 3 ou 4 de janeiro irei a São Paulo para trabalhar um pouco e pretendo ficar aí uns doze dias. Depois iremos a Recife passar o mês de fevereiro", escreveu. Havia familiaridade entre eles: "V. saberia por acaso de um quarto em uma pensão como a em que v. morou em 43, para passarmos [ele e a mulher, Carmita] esse tempo aí? Se souber, reserve e avise-nos".

Compartilhando os ambientes da FFCL e tendo Leite Lopes como amigo comum, é razoável admitir que os dois já se conhecessem pelo menos desde a época em que Cesar já fora nomeado assistente no departamento e Martha avançava ao segundo ano de física geral e experimental. Não há registros de que Cesar desse aulas, mas desde a formatura ele integrava bancas examinadoras nos cursos de física, química e matemática.

A favorecer ainda mais as coincidências havia Mario Schenberg – outro velho integrante do círculo de influência de Luiz Freire e Siqueira Netto, professor de Leite Lopes em sua temporada paulista e orientador de Cesar em suas primeiras atividades acadêmicas.

Uma reportagem de *O Globo* sobre Lattes, publicada em março de 1948, afirma que foi Schenberg quem o apresentou a Martha. Já que física era um território meio misterioso para o leitor comum, a imprensa se esforçava para humanizar o tipo raro do herói-cientista. Depois de romantizar episódios da infância do perfilado, como ter arremessado um trem elétrico pela janela "porque não fora capaz de desmontá-lo, na ânsia de saber como era feito", e de mostrar fotos de sua juventude, em excursão ao pico de Itatiaia, o jornal traz Martha à cena – "afinal, teve tempo de amar e casou-se. Após ter sido nomeado assistente do Departamento de Física da Faculdade de Filosofia, Ciências e Letras, Cesare foi apresentado à Srta. Marta Siqueira Bueno [sic] pelo professor Mario Schenberg, sendo convidado a prepará-la para o exame de admissão àquele estabelecimento. Preparando-a, o jovem Cesare começou a gostar de Martha, o que não tardou a torná-los noivos. E enquanto Cesare, na Inglaterra, aperfeiçoava seus conhecimentos, buscando solução para suas pesquisas, em São Paulo, Marta estudava e esperava-o para o casamento".

Nada se sabe sobre a aproximação nem quanto tempo levou para que professor e aluna se tornassem namorados, mas circulam na família algumas versões. Martha contava, vagamente, que primeiro foram amigos e depois namorados. Cesar, segundo as filhas, era mais brincalhão – "Martha me seduziu", dizia ele. E não lhes parece que isso estivesse muito longe da verdade.

Um ano mais velha que Cesar, Martha era uma moça decidida. Deixara um noivo no Recife, com quem rompera ao perceber que ele pouco se interessava pelas emoções de sua aventura acadêmica em São Paulo. Se Cesar teve alguma namorada antes de Martha, nunca a mencionou.

Pela atração que ainda demonstravam sentir um pelo outro mais de cinquenta anos depois de se conhecerem, as filhas imaginam a voltagem amorosa dos primeiros tempos. Martha era cheia de personalidade e tinha traços marcantes e sensuais, diferentes do padrão de beleza da época, de rostinhos delicados. Cesar era alto – 1,80 metro –, esguio, tinha um belo semblante e olhar sonhador.

Como a família de Martha vivia a léguas de distância, no Recife, ela, na época, ao contrário de outras moças do seu meio, desfrutava de certa liberdade para conviver com o namorado sem vigilância, embora o regulamento da pensão fosse inflexível: a porta era trancada às 22 horas.

Entre outros programas, o casal gostava de viajar com os amigos para Itatiaia, que continuariam a frequentar no futuro em companhia das filhas. Cesar gostava de falar dessas viagens e de momentos furtivos dos dois durante essas escapadas. Martha fingia repreendê-lo pela indiscrição: "Ah, meu filho…". Era o máximo que se permitia em matéria de contradizê-lo.

Ambos vinham de famílias muito diferentes. A dele, europeia, diminuta e reservada; a dela, brasileira, numerosa e derramada, com muitas gerações convivendo na mesma casa, como num ensaio de Gilberto Freyre.

Martha cresceu num engenho dos Siqueira Netto, enquanto o pai se dividia entre a carreira acadêmica na Universidade do Recife e os negócios deixados pelo avô. Quando finalmente conseguiu se libertar desses encargos, ele se mudou com a mulher, Aurora, e as filhas, Martha e Maria Lucia, para o Recife. Moraram num casarão no bairro do Paissandu, que compartilhavam com a irmã de Aurora, o marido e os quatro filhos, os Brandão. Morava no casarão, também, uma tia solteira de Aurora. Anália, a Bisa, tinha um ateliê de modas no piso abaixo do principal, aberto para um amplo e bonito jardim. Mais tarde, os Siqueira Netto iriam se instalar em definitivo numa casa da praia de Boa Viagem.

Uma vez formado, Luíz tornou-se professor da Faculdade de Engenharia na Universidade de Pernambuco. Contemporâneo de Luiz Freire, ensinava mecânica celeste e tornou-se um intelectual de renome no Recife.

Era um leitor ávido. As netas se lembram dele na biblioteca, ora lendo, ora corrigindo provas numa mesa comprida, de terno de linho branco. Encarregado de levar uma delas, ainda menina, para um último xixi antes de se recolher, demorava-se contando histórias fascinantes de gregos e romanos.

A mãe de Martha, Aurora, é lembrada pela família como "uma senhora magérrima e delicada", uma mulher "etérea". Aurora era culta, possuía notável habilidade manual — bordava e costurava — e a conveniente capacidade de elevar-se acima de questões incômodas. A casa dos Siqueira Netto vivia cheia de parentes, entre eles os primos Brandão, que continuavam no bairro do Paissandu. A única irmã de Martha, Maria Lucia, talvez tenha sido, pela vida afora, sua melhor amiga. Não por acaso, uma de suas filhas chamou-se Maria Lucia, e uma das filhas da irmã chamou-se Martha.

Na geração de Martha, todas as mulheres da família tinham diploma universitário. Luiz não gostava de ver as filhas na cozinha e, se surpreendesse alguém tentando ensinar-lhes algum trabalho doméstico, advertia: "Melhor pegar um bom livro". Talvez por ter perdido o pai na juventude, queria que as filhas tivessem uma profissão, no mínimo para serem pessoas cultas, bem informadas e, caso necessário, independentes. Martha formou-se em matemática, e Maria Lucia, em ciências naturais.

Aos dezoito anos, quando chegou a São Paulo, Martha era uma jovem bem-humorada, de riso fácil. Suas lembranças dessa época eram cheias de histórias engraçadas. Ela ainda não tinha se formado quando Cesar embarcou para Bristol. Costumava frequentar a casa dos Camerini, pais de Ugo, colega do namorado na USP que também fora trabalhar no laboratório H. H. Wills. Noemi, a irmã caçula de Ugo, era garota nessa época e lembra-se da presença forte de Martha: "Minha mãe a adorava, e para mim ela era um modelo: eu queria ser como ela, quando crescesse". Noemi se refere à alegria e à postura altiva da amiga.

É de se imaginar que, em Bristol, Lattes não fosse mais o jovem ingênuo que Martha "seduzira" alguns anos antes. Já tinha consciência da atração que exercia sobre as mulheres. Sinalizou para isso o comentário da Sra. Powell, Isobel, ao jornalista e doutor em história da ciência Cássio Leite Vieira, autor de *Cesar Lattes: arrastado pela história*: "Ele era o '*enfant terrible*' do laboratório", brincou Isobel.

Embora as cartas trocadas por Martha e Cesar não tenham sido guardadas, há numerosas referências a elas na correspondência dele com o amigo Leite Lopes. Pela variedade de assuntos em que as menções a ela se encontram, é visível que Martha era uma interlocutora importante. "Recebi um bilhete do Walter Schützer; veio numa carta de Martha", escreve Lattes, em junho de 1946. "Estive em Cambridge para expor placas fotográficas às partículas resultantes de reações D + Li, D + D, D + B e D + Be [...]. A Martha poderá mostrar-lhe minhas cartas em que dou mais detalhes." E ainda: "Estive pensando bastante no que vou fazer quando terminar aqui. [...] Vou escrever à Martha para que ela lhe mostre as cartas que escrevi à mesma a esse respeito".

É possível que o sumiço da correspondência entre eles tenha sido uma escolha dos dois para preservar sua intimidade. Eram cartas de namorados que passaram dois anos sem se ver. Só contavam com as palavras para exprimir o amor e o desejo que sentiam um pelo outro.

15 | Todo mundo quer ter o Lattes

A julgar por sua energia criativa e pelo que exprime em sua correspondência da época, os anos de Bristol parecem os mais felizes da vida de Cesar Lattes. Ainda assim, ele não pretendia permanecer para sempre no exterior. As preocupações e os assuntos que menciona nas cartas mostram que vivia aquele período como uma oportunidade de completar a formação para um futuro que iria se desenrolar no Brasil. Mais do que planejar uma carreira, ele procurava, inicialmente, transformar o cenário em que iria exercê-la.

A relação entre produção científica e desenvolvimento era a tecla na qual batiam inutilmente cientistas brasileiros, sobretudo físicos, desde a geração anterior. Na geopolítica do pós-guerra, conhecimento tinha se tornado sinônimo de poder militar, político e econômico – a chamada metafísica da Guerra Fria. Os cientistas que tentavam a duras penas melhorar o acanhado cenário do país sentiam que as condições para conseguir apoio estavam maduras e mostravam-se ansiosos por agir.

No Rio de Janeiro, o principal articulador dessas tentativas, Leite Lopes, compartilhava seus anseios com outros físicos. Contava sobretudo com Jayme Tiomno e Elisa Frota Pessoa, **no Rio de Janeiro**, e com Hervásio de Carvalho, no Recife. Em junho de 1946, seis meses depois de chegar a Bristol, era com Leite Lopes que Lattes dividia seus planos para quando voltasse ao Brasil.

> Caro Leite,
>
> [...] Embora as oportunidades de trabalho aqui sejam excelentes, estou convencido de que temos aí elementos (material humano, moços) para fazer alguma coisa boa. [...] Meus planos são aprender o mais possível e, ao voltar, colaborar com você e com os demais moços capazes e de boa vontade que consigamos arranjar. Tentar alguma coisa séria, ou seja, um núcleo em que se faça realmente física.[11]

Em agosto, ele escrevia:

> Caro Leite,
>
> [...] Estou perfeitamente disposto a ir trabalhar aí em condições muito menos favoráveis do que aqui (estou me referindo à parte científica e possibilidade material de pesquisa, não à parte profissional), porque acho que é muito mais interessante e difícil conseguir formar uma boa escola num ambiente precário do que ganhar o Prêmio Nobel trabalhando no melhor laboratório de física do mundo. A satisfação HUMANA que a gente sente ao verificar que está sendo útil para que outros também tenham a oportunidade de pesquisar é muito melhor do que a que se obtém de uma pesquisa feita sob ótimas condições.[12]

À distância, eles esboçam maneiras de botar em prática o projeto comum. Propõem-se trabalhar juntos e imaginam caminhos possíveis para isso. Um deles seria a Faculdade Nacional de Filosofia contratar Lattes.

Leite Lopes estava convencido de que, para ter repercussão nacional, a instituição de pesquisa que eles planejavam deveria se localizar no Rio. Lattes concordava com o amigo. Mais do que isso, ele resmunga numa carta de 20 de junho de 1946 que São Paulo era o lugar onde a possibilidade de ele trabalhar livremente era mais remota.

A exasperação já foi atribuída às relações tensas com Marcello Damy à época do esforço de guerra e do trabalho com os militares, em 1943 e 1944, quando Wataghin foi proibido de circular pelas instalações do Instituto de Física, sendo relegado a uma sala no porão. Por ser próximo da turma dos italianos, Lattes também se sentiu posto de lado.

A relação com Wataghin, que se estenderia por quase seis décadas, foi marcada pela amizade e pela admiração mútuas. Ao escrever numa publicação da Unicamp que celebrou os sessenta anos de Lattes, Wataghin deixou visível o lugar que o ex-aluno ocupava em seu universo afetivo: "No longínquo 1934, cheguei a São Paulo e iniciei minha atividade de docente na Faculdade de Física [da USP]. Para mim essas duas lembranças estão associadas por um significado que vai além da coincidência, pois de todos os estudantes que por ali passaram Cesar Lattes foi aquele que mais e melhor do que qualquer outro correspondeu aos meus esforços de educador", afirmou o professor. E tratou de sublinhar, delicadamente: "Dizendo isto não estou esquecendo de tantos outros brilhantes estudantes que foram meus alunos".

Ao longo do ano de 1946, sempre em contato com Leite Lopes – e sob o olhar vigilante de Wataghin –, Lattes pensava o tempo todo no cenário brasileiro. Em busca de visibilidade nacional, ele pede que o amigo encaminhe seus artigos para divulgação na Academia Brasileira de Ciências, e examina atentamente as condições práticas para a fundação de um laboratório à altura das necessidades do país: de fontes de financiamento e apoio governamental a listas detalhadas do material de que precisariam.

Caro Leite,

[...] O governo vai ajudar? É preciso ter pelo menos um gerador de alta tensão, microscópios especiais e toda sorte de pequenos aparelhos, eletroímãs, câmaras de ionização, bombas de alto vácuo. [...] É preciso tratar disso já porque, com a ajuda do Powell e do diretor do Laboratório, estou em situação de fazer ótimas compras.[13]

Até novembro de 1946, ele examina todas as possibilidades de obter, ao fim do período de Bristol, uma situação equivalente à que possuía: bolsa de uma instituição estrangeira combinada com o comissionamento por uma universidade brasileira. A ideia, como ele mencionou, era aprender no exterior tudo que pudesse, e depois levar para o Brasil o conhecimento adquirido.

Caro Leite,

[...] Minha situação aqui é tal que não posso sair antes de outubro de 1947. Seria loucura perder a oportunidade que ajudei a construir. Este laboratório está agora bem engrenado, cada qual fazendo sua parte, e existe um espírito de equipe formidável. O rendimento do trabalho é 100%. Naturalmente não foi assim desde o começo. Era cada qual por si. Pois bem, em vista disso, estamos em posição de produzir trabalhos de absoluta primeira linha, e tanto as últimas exposições de Cambridge como as futuras de Liverpool serão prova disso. [...] Como você poderá facilmente compreender, não quero perder essas oportunidades de trabalhar com cíclotron e synchrotron, mesmo porque fiz grande parte do trabalho preliminar.[14]

Do outro lado do Atlântico, Leite Lopes se desdobra, tentando driblar a burocracia e a falta de recursos da universidade para garantir um lugar a Lattes no Rio, quando ele voltasse. Temendo que ele mudasse de planos, recorre também a sua namorada, Martha, com quem desabafa:

Atualmente, estou praticamente sozinho e resolvi dedicar-me durante um ano aos cursos que dou e aos seminários. Acho que essa tarefa de preparação de uma equipe jovem é essencialíssima – na verdade, base para a pesquisa – e como não encontro atualmente apoio nem auxílio nenhum dentro da faculdade para isso [...] resolvi fazê-lo sozinho mesmo. Às vezes, canso-me e melancolizo-me, sobretudo, por não ter com quem falar sobre problemas, mas isso é natural e o essencial é prosseguir até que a árvore cresça e, sozinha, possa florescer.[15]

À falta de alternativa no Rio para contratar Lattes, Leite Lopes pediu a Wataghin que, em nome da criação de um ambiente científico no país, o mantivesse nos quadros da USP e o comissionasse para trabalhar no Rio, ao voltar da Europa. De início, Wataghin admite essa possibilidade – ou, pelo menos, parece admitir. Mas sem descuidar de outras frentes: usa seus bons contatos na Fundação Rockefeller para indicar o ex-aluno para uma bolsa que o mantivesse no exterior depois do período de Bristol.

Apesar de todas as tentativas de Leite Lopes e do apoio de Costa Ribeiro, catedrático de física geral e experimental da FNFi, que também gostaria de ter Lattes no Rio, os meses foram passando sem que nada se concretizasse. Em novembro, Lattes pediu ao pai que sondasse a situação junto a Wataghin. Em 2 de dezembro de 1946, escreveu a Leite Lopes:

Caro Leite,

Papai me escreveu dia 20 pp [último], comunicando-me o seguinte: "Falei com o Prof. Wataghin, conforme tinhas pedido, e aqui vão as observações do mesmo: ele está perfeitamente de acordo com o fato de aceitares o lugar no Rio. Acha que poderá ser muito útil para o seu futuro. No interesse da ciência [...]. Conforma-se mesmo em perder o assistente. Diz que não há razão para te preocupares com a tua situação em São Paulo. Somente para evitar mal-entendidos e picuinhas, apenas tenham alguma notícia definitiva, deves lhe escrever uma carta oficial, comunicando a proposta (do Rio), de maneira que ele possa mostrar ao Dr. Dreyfus [o diretor da FFCL]. Quanto a te ajudar em relação ao novo laboratório, o Wataghin manda dizer que podes contar com ele com tudo o que ele puder fazer".[16]

Wataghin agia como mentor dos jovens formados pela USP, ajudando a colocá-los em grandes universidades. No final dos anos 1930, Mario Schenberg foi trabalhar na Itália com Enrico Fermi e Wolfgang Pauli; Marcello Damy foi para o laboratório Cavendish, de Cambridge; e, em 1940, Paulus Pompeia integrou o grupo liderado por Arthur Compton na Universidade de Chicago.

Atento à importância crescente dos aceleradores de partículas para a pesquisa, procurava colocar seus discípulos em lugares onde pudessem aprender a operá-los e construí-los. É de se imaginar que desejasse ver Lattes num grande laboratório estrangeiro, com acesso a todos esses equipamentos, mas teve a habilidade de não se opor à ideia do Rio – ao contrário, mostrou-se prestativo. Ao pedir, contudo, uma carta oficial com a proposta, para levar ao diretor da Faculdade de Filosofia, Ciências e Letras da USP, precipitaria, delicadamente, um ponto final no namoro de Lattes com o projeto carioca. Os prazos estavam se esgotando e as outras portas não ficariam abertas para sempre.

Lattes explicou a Leite Lopes que, à falta de um contrato com a FNFi, teria de fechar com a USP e, neste caso, não teria mais a possibilidade de ir em seguida para o Rio. "Uma coisa é ser pago por São Paulo por um ano e depois ir para o Rio. Tenho direito de aceitar a oferta. Só agora ela me foi comunicada, e trata-se de uma promoção em minha carreira universitária, está tudo de acordo com a ética. Mas pedir e aceitar o comissionamento de São Paulo por mais um ano, sabendo que não voltarei para lá? E, além disso, efetuar na Inglaterra trabalho para a universidade do Rio é coisa que eu não posso fazer, e tenho certeza de que você e o Dr. Costa Ribeiro compreenderão."

Em meados de 1946, Wataghin iniciara os trâmites para obtenção de uma bolsa da Fundação Rockefeller. No formulário preenchido por Lattes, hoje guardado nos arquivos da Fundação, lê-se no espaço destinado às instituições que o interessavam: "Liverpool, Paris e Manchester". Mas, por baixo dessas palavras, enxerga-se algo escrito a lápis e depois apagado: "Radiation Laboratory", o Laboratório de Radiação de Lawrence na Califórnia. Não se sabe por que razão ele desistiu, naquele momento, da primeira opção, mas nos três destinos que prevaleceram no formulário havia aceleradores de partículas, úteis para as experiências que estava desenvolvendo.

O interlocutor de Wataghin na Fundação Rockefeller, Harry Miller, encaminhou o pedido à diretoria, mas, num primeiro momento, seus membros não foram receptivos ao examiná-lo. Wataghin explicou isso a Lattes, numa carta em que se percebe seu domínio quase perfeito da língua portuguesa.

> Miller antes de sair de S. Paulo conversou longamente comigo. Explicou que ele queria dar a bolsa ao Snr. para Inglaterra, mas que na discussão com os colegas-diretores da Fundação surgiram dificuldades, quando se soube que o Snr. recebe os seus vencimentos daqui, o que pareceu a eles suficientes para a vida na Europa. Eu esclareci a ele a oportunidade que o Snr. tem de trabalhar em Bristol e no mesmo tempo aproveitar das instalações dos outros laboratórios de Cambridge, Manchester e Paris. Penso que o Miller vai conceder a bolsa para o Snr., se o Snr. vai pedir de ir para os Estados Unidos em fim de 1947 e que a dificuldade verdadeira é que o Snr. quer trabalhar na Inglaterra e que a Fundação recebe muitos pedidos de bolsa de Europa de gente que não tem nada![17]

Lattes vivia com mais largueza do que a maioria dos jovens europeus de sua época: além do comissionamento da USP, recebia uma ajuda financeira do pai, e Wataghin sabia disso. Porém, como logo ficaria evidente, poucos candidatos europeus tinham tanto a oferecer quanto Lattes à instituição que os acolhesse.

Em março de 1947, a descoberta dos primeiros mésons deixara isso bem claro para o laboratório H. H. Wills. Seu diretor, Arthur Tyndall, escreveu a Wataghin, pedindo a extensão do comissionamento de Lattes:

> Solicito enfaticamente que a requisição do senhor C. M. G. Lattes para permanecer neste país por mais um ano seja atendida. [...] Ele é um membro da equipe deste laboratório e está alcançando resultados que despertam grande interesse

tanto neste país como no exterior. [...] Sua permanência é do interesse da ciência britânica.[18]

Wataghin, que até novembro de 1946 afirmava não ter nada contra a ida de Lattes para o Rio quando voltasse de Bristol, passou a recomendar sua permanência na USP no retorno ao Brasil. Numa carta de março de 1947, ele aponta ao ex-aluno que Mario Schenberg o aconselhava a ficar em São Paulo, e acrescenta, encorajador, que, caso o fizesse, Marcello Damy, do laboratório de física nuclear da USP, lhe garantiria os meios necessários para o trabalho experimental. "Teremos para o fim deste ano um 'Van de Graaff' de 5 milhões de volts e 300 microamperes", acenou. A máquina ainda não estava em funcionamento, mas já fora adquirida, com verba da Fundação Rockefeller. Esta, por sua vez, deixou de lado as objeções levantadas pouco tempo antes: concedeu a bolsa sem impor nenhuma exigência a Lattes. Ele poderia usá-la onde preferisse.

A penúria da Inglaterra naqueles anos tinha efeitos nas condições de pesquisa. Enquanto os laboratórios ingleses podiam investir no máximo em geradores de alta tensão, nos Estados Unidos, que saíram do conflito borbulhantes de prosperidade, a tendência era o uso de cíclotrons, e o maior deles acabava de ser inaugurado no Laboratório de Radiação de Berkeley, um organismo da Comissão de Energia Atômica dos Estados Unidos que funcionava na Universidade da Califórnia.

Sua entrada em operação, em outubro de 1946, magnetizou a atenção de Lattes. Segundo ele recordaria, depois que viu fotografias mostrando partículas alfa de 330 milhões de volts produzidas pelo sincrocíclotron, que era, basicamente, o cíclotron com adição de pequenos ajustes, "ir para lá era uma ideia óbvia".

A análise dos dados fornecidos por mésons naturais, realizada em Bristol, estava concluída. Novas informações só poderiam ser obtidas em condições controladas, diante de uma amostra mais abundante, que permitisse medidas precisas. O problema é que ninguém conseguira, até aquele momento, produzir mésons artificialmente, e o sincrocíclotron de Berkeley, em tese, tinha condições de fazê-lo. Ou, como comparou o físico Alfredo Marques de Oliveira, um dos grandes amigos e colegas ao longo da carreira, num precioso vislumbre do parentesco entre a física e a poesia, "Faltava uma confirmação importante: a de que essa partícula, até então limitada aos eventos revelados na natureza pelas interações da radiação cósmica com origem em outros recantos celestiais, acelerada e desviada para a Terra pelos caprichosos campos magnéticos dos espaços interestelares, pudesse também ser produzida numa máquina onde apenas a mão do homem exercesse todo o controle."

Ao passar pelo Rio de Janeiro na volta de Chacaltaya, rumo a Bristol, em abril de 1947, Lattes tinha mudado seus planos: em vez de Manchester, Liverpool e Paris, queria agora ir para Berkeley – o Radiation Laboratory apagado no formulário. Com a ajuda de Leite Lopes, procurou o então capitão de mar e guerra Álvaro Alberto da Motta e Silva, representante do governo brasileiro na Comissão de Energia Atômica da ONU. Pediu-lhe que o ajudasse a obter uma autorização do governo americano para frequentar o laboratório. Catedrático de física e química da Escola Naval e membro da Academia Brasileira de Ciências, Álvaro Alberto era um militar nacionalista e foi personagem central na luta pelo avanço da produção científica no Brasil. Naquele momento, tudo que se relacionava à energia nuclear era considerado informação secreta nos Estados Unidos. Álvaro Alberto era a pessoa certa para conduzir o pedido.

Em meados de 1947, algo se quebrara no encanto de Lattes com a experiência de Bristol, e o motivo dessa mudança de humor parece ter sido o comportamento de Powell, que divulgava a descoberta do méson como uma conquista pessoal, e não como o resultado de um processo coletivo, em que a participação de Lattes fora decisiva. E não se pode dizer que Powell a desconhecesse.

No dia 3 de julho, em carta a Leite Lopes, Lattes ironizou: "Aqui nada de novo. A turma dos chefes não faz nada além de dar entrevistas aos jornais e fazer self-propaganda".

Em 29 de setembro, escreveu:

Caro Leite,

Powell anda solto no continente. Copenhagen, Kracov,
Suécia etc. Ele se encarrega do Departamento de Imprensa e
Propaganda [referência ao DIP, de Getúlio Vargas], com grande
prejuízo para mim.

Você conhece a história das duas bolas de sabão. A tensão
superficial faz com que a menor diminua até desaparecer,
enquanto a grande cresce às custas da 1ª. Pois parece que
colaboração é assim mesmo. Já estou farto de ler nos jornais
ingleses (descobri que o sentimento nacionalista inglês tem
parte importante nisso) as maravilhosas descobertas de Powell.
Se continuar assim, quando eu voltar ao Brasil eu terei um dia
o prazer de me pedirem informações sobre as descobertas de
Powell e de me perguntarem se eu o conheci pessoalmente.

Bem, estou hoje com o saco cheio.

Um abraço, Cesar.[19]

Lattes não estava exagerando. Os aplausos dos jornais ingleses
dirigiam-se em primeiro lugar a Powell e frequentemente a
Occhialini, mas não faziam referência à sua participação.

A perspectiva de ser engolido pela bolha maior, representada
por Powell – que um desenho na carta ilustra tão bem –, o
angustia, e coloca algumas nuvens no horizonte do jovem
otimista que sacudira a modorra do laboratório H. H. Wills.
Mas havia reconhecimento e aplauso vindos de várias partes do
mundo, e as oportunidades para exercer sua imensa curiosidade
científica só faziam se ampliar. Os ventos benfazejos do sucesso
e do apetite intelectual continuavam a manter à distância os
tormentos do distúrbio psíquico.

16 | Lawrence promete, Lattes cumpre

O Laboratório de Radiação de Berkeley, ou Rad Lab, hoje Laboratório Nacional Lawrence Berkeley, estava a caminho de completar vinte anos quando passou a merecer a atenção de Lattes. Fundado em 1931, em plena depressão econômica, ele era obra de Ernest Orlando Lawrence, Nobel de Física de 1939 pela invenção do cíclotron, o acelerador de partículas circular. O laboratório funcionava inicialmente numa tosca construção de madeira no campus da Universidade da Califórnia em Berkeley, mas, ao longo da década, os aparelhos cada vez mais caros, complexos e volumosos desenvolvidos por Lawrence exigiram novas instalações para abrigá-los, que foram erguidas nas colinas junto ao campus.

Neto de imigrantes dinamarqueses nascido em 1901, em Canton, uma pequena cidade na Dakota do Sul, Lawrence trocou Yale pela Universidade da Califórnia em 1928, atraído pela promessa de mais pesquisa e menos aulas. Como resultado, reuniu em Berkeley uma equipe estelar de jovens físicos e químicos. O modo de fazer ciência estava mudando: em lugar de inventores solitários, equipes numerosas e multidisciplinares. Pioneiro dessa transformação, Lawrence é hoje considerado o pai da *big science*, como o novo modelo se tornaria conhecido.

Nos Estados Unidos, era a iniciativa privada que tradicionalmente financiava a ciência, e Lawrence tinha uma invejável capacidade de angariar recursos para seus projetos. Era um ótimo vendedor. Tinha aperfeiçoado esse talento na adolescência, quando vendia panelas pelo interior a fim de bancar os estudos na Universidade da Dakota do Sul.

Em 1940, graças à dotação de 1,4 milhão de dólares que conseguira da Fundação Rockefeller, o Rad Lab estava às voltas com a construção de um cíclotron gigante, com um ímã de 184 polegadas (4,7 metros de diâmetro). Lawrence apresentava os aceleradores de partículas como uma promessa para as mais diversas aplicações, da geração de energia à construção de uma bomba mesônica, passando pela cura do câncer. Além do mais, dizia ele, financiar os aceleradores significava garantir um lugar na História. "Este é um instrumento que estenderá a fronteira da ciência para além do que imaginamos", afirmou aos conselheiros da Fundação Rockefeller. "Ele marcará época e ligará os nomes dos que estiverem relacionados a este feito aos de Newton e Einstein."

No ano seguinte, a entrada dos Estados Unidos na Segunda Guerra obrigou o laboratório a refazer seus planos e o projeto foi suspenso.

No final dos anos 1930, circulava nos meios científicos a informação de que a Alemanha nazista estava desenvolvendo uma arma de alto poder de destruição baseada na fissão nuclear. Em 1939, os físicos Eugene Wigner e Leó Szilárd, húngaros refugiados nos Estados Unidos, pediram a Einstein que alertasse o governo americano para a iminência da fabricação da arma nuclear alemã. Escrita por Szilárd, uma carta assinada por Einstein e outros cientistas foi entregue ao presidente Franklin Roosevelt.

O alerta cumpriu seu propósito. Em 1942, com o apoio do Reino Unido e do Canadá, o governo americano deu início ao Projeto Manhattan, a fim de estudar a produção de armas atômicas. Em dezembro desse mesmo ano, Enrico Fermi e sua equipe da Universidade de Chicago puseram em funcionamento o primeiro reator capaz de produzir energia nuclear de forma controlada. A caminho do primeiro teste, uma detonação atômica no deserto de Los Alamos, era preciso que um dos reatores fosse carregado com uma quantidade substancial de um isótopo físsil (235U) derivado do urânio natural (238U).

Não era uma operação simples. O urânio in natura contém uma parcela ínfima do urânio-235, que não chega a 1% de sua constituição. A amostra é bombardeada com elétrons e os íons resultantes são acelerados por campos elétricos enquanto campos magnéticos os conduzem a coletores distintos, de acordo com suas massas, separando-se no chamado urânio enriquecido, a parte usada na fissão, e no urânio depletado, ou empobrecido. Ao ser atingido por um nêutron, o urânio enriquecido quebra-se em três partes e produz mais três nêutrons, dando início a uma reação em cadeia com a liberação de uma altíssima energia, que resulta na explosão.

No primeiro semestre de 1945, a equipe do Laboratório de Radiação de Berkeley transformou o cíclotron de 184" num grande processador de urânio. Batizou-o de Calutron – *Calu* de California University, *tron* de cíclotron. Em seguida, forneceu o desenho da máquina para a construção de Calutrons por vários outros laboratórios pelo país e orientou a fabricação de equipamentos eletromagnéticos em Oak Ridge. Processando toneladas de urânio natural, a rede montada conseguiu fornecer a tempo os 50 quilos de urânio enriquecido necessários para o teste em Los Alamos e a fabricação das bombas lançadas no Japão.

Com o final da guerra, a física atômica passou a atrair a maior parte dos investimentos em ciência, e o prestígio de Lawrence era maior do que nunca. Acreditava-se, minimizando outros fatores, que a bomba fora a principal responsável pela vitória dos Aliados, e Lawrence tivera um papel fundamental na sua fabricação. Com sua conhecida desenvoltura de vendedor, ele converteu o prestígio em mais dinheiro e construiu o primeiro sincrocíclotron do mundo, com potencial de alcançar energias ainda maiores do que o planejado. O investimento de 1,7 milhão de dólares em equipamento era impressionante mesmo numa época em que o dinheiro para pesquisa jorrava nos Estados Unidos.

Para funcionar, o cíclotron gigante precisou vencer muitos desafios técnicos. Um dos maiores era manter o sincronismo entre a frequência do aparelho e a da partícula acelerada, condição obrigatória para alcançar a energia capaz de desintegrar núcleos atômicos. Pela necessidade do sincronismo, o cíclotron de 380 MeV, limite máximo de um acelerador ao final da década de 1940, foi chamado de sincrocíclotron. Em linhas gerais, o sincrocíclotron era o cíclotron potencializado, o que explica o fato de as duas nomenclaturas serem usadas indiferentemente para o mesmo equipamento.

O chefe do grupo de pesquisas com emulsões nucleares do Rad Lab era Eugene Hill Gardner, um físico de 35 anos que trabalhara no Projeto Manhattan em Berkeley, em Oak Ridge e em Los Alamos, onde a explosão atômica foi testada pela primeira vez. No período de Berkeley, uma das tarefas de Gardner era perfurar um eletrodo feito de óxido de berílio. Não se sabia, na época, que a fina poeira de berílio liberada pelo eletrodo no processo era um veneno fatal.

Ao voltar ao Laboratório de Radiação, em 1945, Gardner passou a se queixar de cansaço e falta de ar, apresentando fibrose nos pulmões. Como ninguém sabia ainda que a doença estava relacionada ao berílio, nem como tratá-la, ele seguiu trabalhando.

Gardner acompanhava o desenvolvimento de emulsões fotográficas tanto na Kodak, em Rochester, nos Estados Unidos, como na Ilford, na Inglaterra. Dispunha também de uma oficina capaz de produzir todas as peças de que precisasse para experiências com o sincrocíclotron e as emulsões nucleares, as ferramentas centrais do trabalho. Físicos de laboratórios do mundo inteiro lhe enviavam sugestões de arranjos para produzir e capturar mésons, que Gardner compartilhava com sua equipe, colando as informações que chegavam de fora em cadernos de uso coletivo. Apesar dos esforços de todos para produzir, capturar e observar mésons, o relatório mensal de atividades da equipe de Gardner em dezembro de 1947 era desanimador: "Placas fotográficas foram colocadas em diversos locais nos dois lados do alvo, a fim de registrar mésotrons positivos ou negativos em um espectro considerável de energia. [Só] aparece nas placas um fundo de nêutrons. Nenhuma evidência de mésotron positivo foi encontrada até agora".

A produção de mésons não era a única questão em que a equipe de Gardner tropeçava. Seus cadernos e relatórios de atividades mencionavam também a dificuldade de analisar ao microscópio as placas de emulsão. Os pesquisadores do laboratório não sabiam diferenciar na emulsão um eventual traço deixado por um méson daqueles deixados por um próton ou por uma partícula alfa. Para complicar ainda mais, o estado dos pulmões de Gardner não lhe permitia passar muito tempo curvado diante do microscópio. Cecil Waller, executivo da Ilford, enviou-lhe um trabalho intitulado "Photography as an Aid to Scientific Work" (fotografia como auxiliar do trabalho científico, em livre tradução), mas as dificuldades persistiram.

Depois de tantas promessas – e de tamanha fortuna investida –, a situação de Lawrence ficava cada vez mais desconfortável. Ele precisava de alguém que soubesse resolver aquele impasse.

Desde que a revista *Nature* publicou, em 18 janeiro de 1947, o artigo "Desintegrações múltiplas produzidas por raios cósmicos", assinado por Occhialini e Powell, o meio científico acompanhava com interesse as pesquisas de Bristol, mas Lattes ainda era desconhecido. Isso começou a mudar a partir da publicação, em 24 de maio, de "Processos envolvendo mésons carregados", em que o nome C. M. G. Lattes apareceu em primeiro lugar, antes de H. Muirhead, G. S. Occhialini e C. Powell.

Os laboratórios de Bristol e de Berkeley mantinham contato e trocavam informações, como ficou registrado na correspondência entre Cecil Powell e Eugene Gardner. Também por meio das publicações em revistas científicas, Lattes sabia das dificuldades em Berkeley e Gardner começava a saber do sucesso de Lattes em Bristol. Era previsível que se interessasse por Lattes – e vice-versa.

No pós-guerra, a energia nuclear frequentava os sonhos e os pesadelos de cidadãos do mundo todo. Em seu editorial de 18 de agosto de 1945, poucos dias após os bombardeios de Hiroshima e Nagasaki, a revista *The Nation*, uma instituição da esquerda americana, alertava: "Deparamo-nos entre a escolha de um mundo ou de nenhum".

Nos Estados Unidos, o controle da tecnologia nuclear era alvo de um acirrado debate. De um lado, os militares, que o reivindicavam e queriam mantê-la em segredo; de outro, a comunidade científica, que argumentava sobre a inutilidade do segredo, uma vez que físicos de outras nações já detinham conhecimento para produzir bombas atômicas. Havia quem defendesse que as Nações Unidas detivessem o monopólio das armas nucleares. A disputa foi encerrada com a criação da Comissão de Energia Atômica dos Estados Unidos, proposta ao Congresso pelo senador Brien McMahon. O novo organismo deu aos civis o controle das atividades nucleares, preservando-se, contudo, total sigilo sobre essa tecnologia. A atmosfera da Guerra Fria já difundira o medo da espionagem inimiga e paranoias de toda ordem. Acusados de divulgar informações a potências estrangeiras podiam ser punidos até com pena de morte. O Laboratório de Radiação de Berkeley fora transferido para a esfera da Comissão de Energia Atômica e era considerado uma instituição "classificada", protegida por todo tipo de sigilo. Uma autorização para a ida de Lattes significava mais do que uma simples formalidade.

Gleb Wataghin, sempre articulado com os polos científicos internacionais, encarregou-se de providências junto ao laboratório. Em 21 de julho, escreveu para Ernest Lawrence:

> Tomo a liberdade de escrever-lhe para perguntar se consideraria a possibilidade de meu assistente, Dr. C. M. G. Lattes, trabalhar em Berkeley durante um ano, como bolsista da Fundação Rockefeller. [...] Acho que o Dr. Gardner, do seu instituto, esteve em contato com o grupo de Bristol, e está familiarizado com o seu trabalho.
>
> Dr. Lattes tem agora 25 anos [tinha na verdade 23]. Concluiu brilhantemente seus estudos universitários em 1945, trabalhou um ano como meu assistente e obteve em fevereiro de 1946 uma bolsa que possibilitou seu trabalho em Bristol.

Ele tem boa base teórica e trabalhou comigo também nos problemas da abundância de núcleos no universo.[20]

Wataghin agia com habilidade. Conseguira bolsas de pós--graduação em universidades importantes para diversos ex-alunos e mantinha relações cordiais tanto com Ernest Lawrence quanto com a Fundação Rockefeller, que já financiara equipamentos para seu laboratório da USP.

Em 1945, a convite da fundação, tinha visitado os Estados Unidos em companhia de Marcello Damy. Fora conhecer os avanços da física durante a guerra, observar a organização de departamentos de física e escolher equipamentos – recebera 1 milhão de dólares do governo brasileiro e 75 mil dólares da Fundação Rockefeller para essas aquisições.

Wataghin fez palestras em cinco universidades americanas sobre suas pesquisas com raios cósmicos na USP e entrou em contato com Ernest Lawrence. Queria ouvir do construtor do cíclotron sugestões sobre os melhores instrumentos para pesquisar o núcleo atômico, e manifestou o desejo de visitar o Laboratório de Radiação.

Lawrence o acolheu e convidou-o para conhecer não apenas o cíclotron de 60", como também o sincrocíclotron de 184", que estava em construção nas colinas de Berkeley. Mencionou que Wataghin iria se interessar por um problema que um grupo de físicos do laboratório tentava solucionar: a modulação de frequência para superar a dificuldade do aumento de massa com energias substancialmente maiores, geradas pelo enorme aparelho. Se a visita acontecesse um ano depois, uma correspondência como essa levaria Lawrence para a cadeia.

Ao ler a carta de Wataghin sobre as intenções de seu ex-aluno, Lawrence o encorajou: "Seu trabalho publicado é muito interessante, e estou certo de que há muito que ele pode fazer aqui, especialmente em colaboração com o Dr. Gardner". Quanto à questão da autorização, explicou que ela deveria ser solicitada pela embaixada brasileira, diretamente à comissão.

O pedido de Lattes percorreu um tortuoso caminho burocrático, que envolveu o contra-almirante Álvaro Alberto, o embaixador do Brasil nos Estados Unidos, Carlos Martins, e o adido naval em Washington, Octávio Figueiredo de Medeiros, o presidente da Comissão de Energia Atômica, David Lilienthal, e Bernard Baruch, conselheiro do governo americano. Foi Baruch, um especulador de Wall Street ligado ao Partido Democrata, o criador, naquele ano, da expressão Guerra Fria.

Em dezembro de 1947, Cesar Lattes foi convidado para falar na Sociedade de Física da Dinamarca e no Instituto de Física Teórica de Copenhague. Naquele ano, dera palestras no Simpósio de Birmingham, na École Polytechnique de Paris e na Universidade de Lund, na Suécia, entre outras. Aos 23 anos, convites para eventos internacionais estavam se tornando frequentes, mas este era especialmente honroso. Partira de Niels Bohr, Prêmio Nobel de Física em 1922, principal teórico da física quântica e um dos maiores mitos da ciência no século XX, ao lado de Einstein. Bohr convidou-o a ir à sua casa, a mansão Carlsberg, um palacete do século XIX que a cervejaria Carlsberg ofereceu para seu uso vitalício.

Aos 62 anos, o cientista era uma figura engraçada. Segundo o físico e divulgador científico George Gamow, seu ex-aluno, o raciocínio de Bohr, sofisticadíssimo para questões complexas, era lento para temas banais, como enredos de filmes de caubói – que ele adorava – e palavras cruzadas. Não foram estes, em todo caso, os assuntos de suas conversas naquela noite. Lattes comentaria depois que Bohr foi o homem que lhe causou a mais forte impressão, depois de seu pai.

Durante o encontro, o jovem convidado contou que pretendia deixar Bristol para trabalhar no Laboratório de Radiação de Berkeley. Bohr ficou surpreso. "Logo agora que as coisas em Bristol estão quentes?", indagou. Ao ouvir as ideias de Lattes sobre a produção de mésons no sincrocíclotron – levando em conta a energia de Fermi, como descrevera um artigo de McMillan e Teller –, Bohr concordou que Berkeley era o lugar certo para ele estar naquele momento.

As tratativas se desenrolavam a contento na burocracia oficial, mas Gleb Wataghin não desperdiçou nenhuma oportunidade para garantir um desfecho favorável à ideia e colocar Lattes em

Berkeley. Ele estava na Europa quando Lattes foi à Dinamarca ao encontro de Bohr. Tratou de juntar-se a eles em Copenhague. Sabia o valor daquele encontro para a reputação do pupilo, e fez questão de que Ernest Lawrence tomasse conhecimento dele:

> Estou lhe escrevendo aqui do instituto do Prof. Bohr, onde o Dr. Lattes e eu tivemos oportunidade de discutir alguns dos recentes experimentos relativos à existência de diversos tipos de mésons (Lattes, Occhialini & Powell) e à produção de mésons por radiação primária [...].[21]

Cumpridos os trâmites oficiais, os protocolos acadêmicos e os rituais de sociabilidade, ficou acertada a ida de Lattes em fevereiro de 1948. Eugene Gardner comemorou: "Fiquei feliz de saber que Lattes está vindo para Berkeley. Esteja certo de que ele será muito bem-vindo", escreveu a Cecil Powell.

Para alguns historiadores, a disposição de Lawrence em receber Lattes seria insuficiente para garantir a autorização, e os avalistas da presença de um pesquisador brasileiro no laboratório de Berkeley teriam sido os tratados bilaterais que asseguraram o fornecimento aos Estados Unidos de materiais estratégicos brasileiros e a manutenção de uma base aérea em Fernando de Noronha. Em que pesem a influência das boas relações entre os dois países e a força dos interesses americanos, essa versão deixa de lado a razão mais irrecusável da ida de Lattes: Lawrence precisava urgentemente que o sincrocíclotron produzisse mésons e que eles fossem detectados, e a pessoa mais indicada para isso no mundo todo, naquele momento, era Cesar Mansueto Giulio Lattes – o C. M. G. Lattes do artigo de maio de 1947.

17 | Criando mésons no laboratório

Em dezembro de 1947, antes de viajar para os Estados Unidos, Lattes foi a São Paulo. Entre as providências que precisava tomar antes da nova temporada no exterior, uma era especialmente importante: ia se casar com Martha Siqueira Netto.

O desembarque, em 29 de dezembro, foi cheio de peripécias, como descreveria o jornal *O Globo*: "Às 23 horas daquele dia, o avião que o transportava sobrevoou Congonhas, mas não conseguiu aterrar por falta de 'teto'. Sua família, apreensiva, acompanhava o aparelho, que insistentemente voltava sobre o aeroporto, afastando-se após admitida a impossibilidade de uma aterrissagem em condições satisfatórias. Momentos depois, por telefone, Cesar se comunicava com a família, participando-lhe haver descido em Rio Claro (perto de Campinas, a 188 km), de onde alcançaria a capital de automóvel".

Os pais de Martha, Luiz e Aurora, viajaram do Recife a São Paulo a fim de assistir à cerimônia, realizada no começo de janeiro na casa dos pais do noivo. Compareceram apenas alguns familiares e amigos próximos. Os padrinhos foram os físicos Jayme Tiomno e Elisa Frota Pessoa. Nas fotografias, o figurino dos noivos e os arranjos de flores que enfeitam a casa no dia da cerimônia mostram que os rituais das bodas foram seguidos com capricho. Anos mais tarde, Cesar rabiscaria um cavanhaque e um bigodinho gaiatos em sua foto de casamento, mas no dia D ele se apresentou formal e impecável, como lhe competia. Logo em seguida, o casal embarcou para os Estados Unidos, para que Cesar se apresentasse em seu novo posto.

Fazia pouco menos de dois anos que ele partira para Bristol. Naquela primeira viagem, de cargueiro, era um recém-formado em busca de oportunidade num laboratório periférico na Europa destruída. Agora, na qualidade de "consultor especializado da Comissão de Energia Atômica dos Estados Unidos", iria atuar num dos laboratórios mais importantes do país mais poderoso do mundo.

Martha, recém-formada em matemática, iria se encaixar de uma maneira bem particular no papel reservado às mulheres da sua geração, o de rainha do lar. Ela ignorou a parte das prendas domésticas que caracterizava o papel – tortas, bolos e trabalhos manuais –, assunto de uma enxurrada de revistas femininas da época. Mas foi uma anfitriã divertida para a roda de cientistas e intelectuais que logo iriam frequentar sua casa. Entre outros brasileiros que andaram pela Califórnia naqueles anos, ela recebeu Vinicius de Morais, vice-cônsul do Brasil em Los Angeles, e o amigo Millôr Fernandes, que estava a serviço da revista *O Cruzeiro*, além do pessoal do consulado brasileiro de San Francisco.

Encarregado pelo Itamaraty de gravar uma entrevista com o jovem cientista brasileiro que brilhava no noticiário internacional, Vinicius levou consigo Millôr, que se encontrava em Los Angeles. Lattes recordaria o episódio em uma entrevista não assinada ao *Diário do Povo*, de Campinas, em fevereiro de 1988: "Quando descobrimos os mésons, o Vinicius [...] e o Millôr Fernandes fizeram uma dramatização para festejar a descoberta. Eles nos chamaram para um jantar e o Vinicius gritava: 'Liga o síncrotron', e o Millôr dava a descarga; depois o Millôr brincava dizendo: 'Eu sou méson'. Foi muito engraçado".

Ecos desse encontro ficaram na crônica familiar como um dos episódios mais divertidos da temporada nos Estados Unidos. Ao recordá-lo muitos anos depois, quando entrevistado por uma jornalista portuguesa, Millôr contou que circularam por cenários glamourosos: "Cesar Lattes, cientista, ficou meu amigo, e duas ou três vezes fomos para a casa de Carmen Miranda. [...] Jogávamos cartas com ela". Ele lembrou ainda que mergulharam na piscina da atriz – e que Lattes nadava bem melhor do que ele. Em seu *Livro vermelho dos pensamentos de Millôr*, publicado em 1973, com trechos de conversas com dezenas de personalidades, há cinco citações a Cesar Lattes, duas delas situadas naqueles dias em Los Angeles. O tom dessas lembranças sugere o quanto os dois – Cesar aos 24 anos e Millôr aos 25 – se divertiam: "No Decálogo, no mandamento dizendo que não devemos fazer aos outros aquilo que não queremos que nos façam, há um desconhecimento total da natureza humana [...]. Para cada masoquista há um sádico, e, portanto, nosso comportamento social não deve estar condicionado a uma repetição monótona e pouco prática. O bom líder deve ter sempre presente que os homens não fervem todos à mesma temperatura". Também referida àquele momento, lê-se uma breve anedota: "Qual a diferença entre uma pessoa física e uma jurídica? A pessoa física, se você aperta, dói; a pessoa jurídica é imortal". Outras conversas com Lattes, em 1960 e em 1970, incluídas na obra, indicam que a camaradagem continuaria depois que voltaram ao Brasil.

Lattes foi recebido de braços abertos no Laboratório de Radiação. Lawrence lhe deu liberdade para usar tudo o que quisesse nas instalações e o apresentou aos colegas com quem trabalharia. Além de Eugene Gardner, Edwin McMillan, professor do Departamento de Física da Universidade da Califórnia em Berkeley, e Robert Serber, físico teórico. Os cinco se reuniram várias vezes para estabelecer a técnica a ser usada no cíclotron, e Lattes descreveria mais tarde a atmosfera como de "excelente camaradagem".

Eles decidiram bombardear um alvo de grafite com partículas alfa de 400 milhões de elétrons-volts, procurando separar os mésons eventualmente produzidos das demais partículas, que seriam em muito maior número e dificultariam o reconhecimento dos mésons. Numa entrevista à revista *O Cruzeiro* em maio de 1948, Lattes explicaria didaticamente ao repórter Camarinha:

"Para fazer a separação, decidimos usar o próprio campo magnético que faz funcionar o cíclotron, de modo a desviar os mésons na direção das placas destinadas a detectá-los, enquanto as demais partículas seriam desviadas na direção contrária".

Sua caligrafia aparece pela primeira vez nos cadernos do laboratório numa lista das placas expostas, indicando seus tempos de exposição ao feixe de partículas alfa, o tempo que elas deveriam ficar sob o efeito do revelador e sua correspondente proporção na mistura com água.

As primeiras tentativas fracassaram. "As placas ficaram quase totalmente pretas, devido à presença de milhões de partículas alfa e prótons que haviam sido refletidos em sua direção pelas paredes do sincrocíclotron", ele contaria. Com a ajuda do time de grandes físicos do laboratório e até de Lawrence, em algumas ocasiões, Gardner e Lattes tentavam reduzir a concentração de partículas indesejáveis nas placas. Em seguida, Lattes as examinava obsessivamente ao microscópio, aumentadas em quinhentas vezes. Durante cinco dias, ele examinou placas em que tinha esperança de encontrar mésons, mas sua tarefa continuava dificultada pelo número ainda enorme de partículas alfa e de prótons. Enxergou o primeiro traço semelhante aos que costumava ver em Bristol na manhã do dia 21 de fevereiro, quando já ia perdendo a esperança. Anotou no caderno: "Encontrado traço. Muito provavelmente méson". Depois do almoço deparou-se com o segundo e no final da tarde com o terceiro. Lembrou que ele e Gardner comemoraram com um aperto de mão.

Em Bristol, numa pesada rotina de muitas horas ao microscópio, contando grãos de brometo de prata e medindo rastros de partículas, Lattes tinha treinado o olhar. Além do domínio técnico da revelação, a habilidade visual é uma de suas qualidades mais mencionadas, e foi o que tornou imprescindível sua presença em Berkeley. Detectar mésons ao microscópio é uma habilidade que dificilmente poderia ser transmitida por escrito – precisava ser explicada presencialmente.

Lawrence participava de um banquete quando recebeu a notícia de que a experiência tinha dado certo. Abandonou o evento e correu para o laboratório. Lattes estava ao microscópio e Lawrence bateu em suas costas com tanto entusiasmo que seu rosto se chocou contra o equipamento.

Na primeira reunião da equipe depois da descoberta, no dia 26, os cadernos do laboratório registram a dificuldade da tarefa: "Quando o Sr. Lattes encontrou os primeiros traços de mésotron, na noite do último sábado, o fundo estava péssimo. A primeira providência foi tentar baixar o fundo". Com a ajuda e o encorajamento da equipe, as condições de exposição das placas foram consideravelmente melhoradas.

O primeiro brasileiro a saber do acontecimento foi o almirante Álvaro Alberto, que estava em Nova York, participando dos trabalhos do Comitê de Energia Atômica das Nações Unidas. Por telefone, Cesar Lattes lhe comunicou a façanha.

No dia 2 de março, o *Preprint UCRL*, comunicado do laboratório anterior à publicação, registrou a notícia, ilustrada com fotografias de traços de mésons nas chapas de emulsão. No mesmo dia, Lattes escreveu a Leite Lopes:

Caro Leite,

Estive esperando que o trabalho sobre o méson fosse liberado pela Comissão de Energia Atômica para poder enviar os resultados sem provocar encrencas. Envio-lhe cópia do trabalho, que sairá em *Science*, o equivalente de *Nature* aqui, na próxima semana. Infelizmente não tenho fotografias à disposição por falta de tempo, mas os mésons são tais e quais os de Bristol. Logo que o pessoal se acalmou um pouco (já tive que fazer quatro seminários!), consegui trabalhar um pouco. Aqui conseguimos 30 mésons por minuto, em vez de 100 por ano, por 8 pessoas, que era o standard de Bristol![22]

Lattes e Gardner avaliaram que, com o sincrocíclotron, em 30 segundos podiam produzir 100 vezes mais mésons pi, ou píons, do que em quarenta dias de exposição em Chacaltaya. A produção de píons com o equipamento era 111 milhões de vezes maior do que a das exposições a 5.500 metros de altitude.

A possibilidade de agir sobre os mésons e de dirigir seus movimentos facilitou a observação de suas propriedades e permitiu determinar sua massa – 313 vezes a do elétron.

Inicialmente, tanto a universidade quanto a Comissão de Energia Atômica hesitaram. Era difícil acreditar que em menos de quinze dias um Gardner debilitado e um físico brasileiro de 23 anos tivessem respondido a um desafio que mobilizava havia quinze meses toda uma equipe. Mas uma semana depois estavam convencidos.

Em 9 de março, numa coletiva a que compareceram mais de quarenta repórteres, Lawrence anunciou a descoberta. A agência americana de notícias *Associated Press* distribuiu-a pelo mundo inteiro.

Por conta de todos os antecedentes – o custo altíssimo do sincrocíclotron e a demora em começar a funcionar – e dos projetos de Lawrence para o futuro, era do seu interesse que a divulgação fosse bombástica. Ele fez o possível para que assim fosse. Como Lattes descreveria, "fez um carnaval".

No dia 8 de março, a newsletter da revista *Science* noticiou: "Atomic particle created" [Partícula atômica é criada], e no dia 20 a revista estampou na capa: "How mesons are made" [Como são feitos os mésons]. Lattes e Gardner são identificados na fotografia como "*meson makers*" [fazedores de mésons].

A grande imprensa deu ampla cobertura. No dia 11 de março, o *New York Times* anunciou: "Artificial Cosmic Rays" [Raios cósmicos artificiais]. A semanal *Time* deu a notícia em sua edição de 15 de março. A revista *Life*, a segunda mais vendida nos Estados Unidos à época, depois da *Reader's Digest*, com 5 milhões de exemplares por semana, dedicou uma página ao assunto em sua edição de 22 de março. Lattes e Gardner posaram para uma foto diante do majestoso sincrocíclotron 184".

Diante de tamanha exposição, um amigo de Lattes em Berkeley, Nelson Lins de Barros, funcionário do consulado brasileiro, gracejou: "Os brasileiros mais conhecidos na Califórnia hoje são Carmen Miranda e Cesar Lattes".

No Brasil, o primeiro jornal a dar a notícia foi o carioca *A Noite*, em 9 de março: "Sensacional descoberta de um cientista brasileiro". No dia seguinte, *A Manhã*, também do Rio de Janeiro, noticiou "A segunda grande descoberta da ciência moderna"; e o *Correio Paulistano* foi caudaloso: "Descoberta de um cientista brasileiro, Cesar Lattes, da USP. Trata-se do méson, importante componente nuclear". A *Folha da Manhã*, também de São Paulo, estampou em 11 de março: "Considerado o maior acontecimento científico de todos os tempos: a produção artificial de mésons".

Apesar do estardalhaço, uma ala do meio acadêmico ainda não estava plenamente convencida da existência do méson pi e recebeu com desconfiança a façanha do sincrocíclotron. Numa jornada intensiva, Gardner e Lattes expuseram o trabalho a plateias especializadas. Compareceram a dezesseis seminários e conferências em instituições científicas estadunidenses como a Sociedade Americana de Física e o Instituto de Tecnologia da Califórnia (Caltech). Apresentaram suas descobertas a Robert Oppenheimer, o pai da bomba atômica, no Instituto de Estudos Avançados de Princeton. Gardner e Lattes mostraram a ele os manuscritos, detalharam as técnicas utilizadas e os resultados, com a ajuda de fotografias dos suportes que prendiam as emulsões e de microfotografias dos traços de mésons registrados nelas. O protagonismo de Lattes ficou ainda mais evidente.

Depois de participar de uma conferência sobre placas de partículas nucleares na Universidade de Rochester, Lattes e Gardner foram ao laboratório da Kodak a fim de examinar uma emulsão que a empresa fabricava. Gardner pediu algumas alterações técnicas e instruiu o pessoal da Kodak: "Falem diretamente com o Dr. C. M. G. Lattes sobre o assunto, já que ele é o principal interessado e é quem vai usar as placas". Em uma ocasião anterior, a alguém que lhe pedira informações, Gardner respondeu que não seria de grande utilidade em matéria de observação ao microscópio. "Quem com certeza pode ajudar é o Dr. Lattes", garantiu.

Em setembro de 1948, Lawrence enviou Robert Serber, físico teórico do Laboratório de Radiação, à Conferência de Solvay, em Bruxelas, para apresentar os resultados e discutir aspectos teóricos do trabalho.

Os resultados obtidos em Berkeley impactaram nomes do panteão da física. O alemão Werner Heisenberg ouviu o físico Luiz Alvarez, do Laboratório de Radiação, discorrer sobre eles num seminário em Zurique, e escreveu a Lawrence, em 12 de julho de 1948: "Senti uma grande admiração pelo enorme trabalho experimental que foi feito no seu laboratório. Ambos os experimentos, sobre forças nucleares e sobre a produção de mésons, me parecem ser o progresso experimental mais decisivo do [*último*] ano".

Wolfgang Pauli, um dos cérebros do Projeto Manhattan, achava "questionáveis", até 1946, as perspectivas de as grandes máquinas fornecerem pistas que permitissem formar novos conceitos na física teórica. Isso só aconteceria, em sua opinião, se "crianças-prodígio – em torno dos vinte anos", aparecessem com boas ideias. Na segunda edição de uma brochura sobre a teoria mesônica das forças nucleares, em 1948, ele reconheceu: "O recente sucesso de C. M. G. Lattes e Eugene Gardner em produzir mésons artificialmente deve provocar uma grande mudança em toda a situação, em futuro próximo". Crianças-prodígio tinham entrado em cena.

Entre as manifestações no meio acadêmico, uma teve significado especial para Lattes: num artigo na *Nature*, em abril, Giuseppe Occhialini celebrou, junto com Cecil Powell, o feito do ex-pupilo, agora um nome internacional.

Lattes foi cauteloso quanto às consequências da descoberta, ao falar à revista *O Cruzeiro* meses depois da divulgação do feito. "Ainda é cedo para saber", disse. "Pode-se ver apenas que os mésons vêm oferecer novos elementos para a compreensão dos fenômenos nucleares." O passar do tempo confirmou que o estudo dos mésons em condições controladas em laboratório, iniciado em Berkeley, marcou várias mudanças de era. A física de partículas tornou-se um novo ramo da física. A quantidade de partículas menores do que o próton e o nêutron detectadas a partir dali foi tão grande que se criou, nos anos 1950, o termo "*particle zoo*", ou zoológico de partículas.

A equipe multidisciplinar e o equipamento milionário da chamada era das máquinas, ambos indispensáveis na experiência, deram impulso à *big science*. O modo como Lattes lidou com o cíclotron inaugurou a "tradição do usuário", que consiste em concentrar-se na finalidade da máquina, delegando as questões técnicas de seu funcionamento. E a transferência para Berkeley de um conhecimento adquirido em Bristol confirmou o novo lugar dos Estados Unidos, e não mais da Europa, berço da ciência ocidental, como o grande centro científico do Ocidente, por muitas décadas.

18 | O brasileiro do ano

Em dezembro de 1948, a convite de uma turma de graduandos da Faculdade Nacional de Química que o escolhera como paraninfo, Lattes veio ao Brasil. Ao desembarcar no Rio de Janeiro, ao lado de Martha, teve uma recepção digna de campeão de Copa do Mundo. Os jornais o chamaram de "jovem sábio brasileiro" e de "jovem gênio cientista do Brasil", e a experiência de Berkeley foi descrita como "a descoberta mais notável realizada na física nuclear desde a desintegração atômica" e um "acontecimento que assombrou o mundo científico".

Lattes foi recebido pelo ministro da Educação e Saúde, Clemente Mariani, pelo presidente da Academia Brasileira de Ciências, Arthur Moses, e pelos professores Costa Ribeiro e Leite Lopes. O ministro declarou a Lattes que o governo estava satisfeitíssimo com o entusiasmo de toda a sociedade brasileira pelo seu êxito, e convidou-o ao Palácio do Catete para encontrar-se com o presidente da República, o general Eurico Gaspar Dutra. Com tamanha aprovação, segundo ele, ficaria mais fácil tomar as medidas necessárias para melhorar "o clima para pesquisas científicas" no Brasil.

Os holofotes sobre Lattes eram perfeitos para atrair apoio ao projeto que seu grupo de físicos preparava, e ele soube aproveitá-los.

Ao comentar uma homenagem que receberia da Câmara dos Deputados, ele declarou ao periódico *O Jornal*, publicação dos Diários Associados, que o maior prêmio que se poderia oferecer, não só a ele, mas a todos os cientistas do Brasil, seria um instituto de física nuclear. E foi explícito: "Bastaria que todos os capitalistas do Brasil contribuíssem para a fundação, nos moldes do que acontece nos Estados Unidos". Dando mais detalhes sobre a iniciativa que tinha em mente, sugeriu: "Todos os estados participariam da grandiosa obra, e a União, por sua vez, daria sua ajuda".

No meio científico, muitas vozes fizeram eco à proposta de Lattes, a começar por seu mentor Gleb Wataghin: "A era atômica também começa a ser brasileira, faltando agora que o nosso governo prestigie esse jovem cientista e lhe forneça todos os recursos para que no seu próprio país ele possa continuar suas pesquisas e trabalhar pelo progresso humano", declarou Wataghin. E celebrou: "Pode-se dizer, sem o menor receio de errar, que o nome Cesar Lattes pertence ao grupo de grandes físicos de nossa época".

Os Lattes – Martha e os pais de Cesar, Giuseppe e Carolina – enfatizaram a importância desse apoio para que ele pudesse voltar ao país. "Ele sente de fato não poder viver no Brasil. Infelizmente, não há aqui meios para trabalhar, realizando estudos e experiências", apontou Giuseppe numa entrevista.

As personalidades mais conhecidas do meio científico brasileiro foram ouvidas pela imprensa. Costa Ribeiro comentou, bem-humorado, que a detecção artificial do méson, tentada nos Estados Unidos por mais de um ano, até com o grande cíclotron de Berkeley, "com o poderoso Cesar Lattes se produziu em apenas nove dias de trabalho". Marcello Damy, na USP, sublinhou a importância do intercâmbio de ideias entre cientistas de vários países, como ocorrera em Berkeley, "numa época em que as pesquisas em torno da energia ainda se mantêm no maior sigilo". E o almirante Álvaro Alberto aplaudiu: "Esse jovem fez mais pelo Brasil no estrangeiro que todas as comissões de propaganda que daqui têm saído".

Ao longo das três semanas da visita, Lattes deu palestras no Rio e em São Paulo. A primeira aconteceu em 16 de dezembro, no auditório do Ministério da Educação e Saúde, no Rio. O famoso Edifício Gustavo Capanema, que o abrigava, um ícone da arquitetura modernista, cujo projeto teve consultoria de Le Corbusier, tinha sido inaugurado havia três anos. Apresentado por Costa Ribeiro à plateia repleta de cientistas, professores, estudantes, jornalistas e populares, Lattes afirmou que sua maior satisfação com o sucesso da experiência tinha sido retribuir a confiança que Ernest Lawrence, diretor do Laboratório de Radiação de Berkeley, depositara nele. "Senti-me aliviado", disse.

Os jornais elogiaram sua elegância: "Ele soube dar valor aos que com ele trabalharam no cíclotron nas experiências do méson", registrou um. Outro ressaltou: "Usou sempre a primeira pessoa do plural para contar a história da experiência". Lattes elogiou a equipe do Laboratório de Radiação e manifestou sua gratidão especialmente a Eugene Gardner, a cuja cooperação e conhecimento atribuiu o feliz resultado.

Ele voltou então a Berkeley, onde ficaria até março de 1949, quando se encerraria a bolsa da Fundação Rockefeller. Martha permaneceu no Brasil, para economizar o dinheiro da passagem de volta. "Eu estava duro, falei 'você fica, eu vou sozinho'", lembrou num depoimento muitos anos depois.

Nada se sabe sobre as conversas que os levaram à decisão de permanecer distantes por três ou quatro meses, depois de apenas um ano de casados. Ao olhar externo pareciam, mais do que entrosados, amorosos.

Martha enfrentou com desembaraço a exposição trazida pela nova fama do marido. O estudante inexperiente às voltas com a primeira namorada tinha se tornado uma celebridade que voltava consagrada ao seu país. O figurino que ela exibiu no desembarque no Rio de Janeiro, em dezembro de 1948 – tailleur e chapéu –, sugere que estava ciente das atenções que receberiam. Agia com segurança diante de jornalistas e autoridades. Como aponta a filha Maria Lucia, "ela sabia ser a primeira-dama".

Reportagens na imprensa brasileira fixaram o clima entre Martha e o marido nos dias agitados da visita. Ela é descrita, no tom paternalista da época, como uma esposa cuidadosa e eficiente, que assessora o marido, tomando nota de seus compromissos. Ele diz, como um elogio, que ela era a "perfeita secretária", e que não daria conta de tudo sem sua ajuda. O repórter Borba Tourinho, de *O Jornal*, registrou um flagrante do carinho entre os dois:

> Ao ler a notícia divulgada com destaque pelo *O Jornal*, referente ao projeto de lei sobre indicação de premiação a Lattes pela Câmara dos Deputados, ela fixa os olhos na foto em que ele aparece junto ao ministro Mariani e, como se estivesse fazendo uma sensacional descoberta, exclama graciosamente: "Oh, como o Cesar é fotogênico!" Cesar Lattes enrubesce diante do galanteio de sua esposa. Carinhosamente, segura-lhe o queixo e com certa timidez responde: "Martha, você só vive a me fazer elogios!".

De volta a Berkeley, ele continuaria suas articulações para a instituição que planejava fundar no Brasil e trabalharia pela última vez com Gardner, cuja saúde se deteriorava rapidamente. Ele passou a maior parte dos dois anos de vida que lhe restavam internado, geralmente em tenda de oxigênio, impedido de pegar no colo a filha Claire, recém-nascida. Enquanto teve forças, manteve um microscópio na cabeceira para prosseguir na pesquisa sobre mésons. Nos últimos dias, conseguia no máximo fazer anotações a lápis.

Quando Gardner morreu, em 11 de dezembro de 1950, a revista *Time* recordou que ele ficara conhecido nacionalmente como "codescobridor – com o Dr. Giulio Lattes – do méson feito pelo homem". Nas palavras de um colega ouvido pela revista, "seu cérebro era uma das maiores reservas naturais da nação".

Quando o ano de 1948 chegou ao fim, não só cientistas, intelectuais e autoridades tinham ouvido falar de Cesar Lattes. Dois grandes compositores, ícones do samba, Cartola e Carlos Cachaça, o haviam escolhido, ainda em 1947, como tema de um samba-enredo da escola de samba Mangueira. Chamava-se "Ciência e arte", e dizia:

Tu és meu Brasil em toda parte
Quer na ciência ou na arte
Portentoso e altaneiro
Os homens que escreveram tua história
Conquistaram tuas glórias
Epopeias triunfais
Quero neste pobre enredo
Reviver glorificando os homens teus
Levá-los ao panteão dos grandes imortais
Pois merecem muito mais
Não querendo levá-los ao cume da altura
Cientistas tu tens e tens cultura
E neste rude poema destes pobres vates
Há sábios como Pedro Américo e Cesar Lattes

19 | Alguém tem que começar

Os Estados Unidos pareciam ter chegado ao paraíso no período em que Cesar Lattes viveu lá, com Martha, entre fevereiro de 1948 e março de 1949. Além de orgulhosos por sua contribuição para a vitória dos aliados, os americanos estavam prósperos. A indústria, até então mobilizada para fins militares, voltara a produzir para o consumo interno e novas tecnologias alavancaram a fabricação de uma cornucópia de eletrodomésticos, televisores e automóveis. Em 1949, fabricaram-se no país 5 milhões de veículos, vinte vezes mais do que em 1943. Uma lei de amparo aos ex-combatentes, a GI Bill, facilitou a compra de casas e o acesso à universidade, e os casais, confiantes no futuro, produziram o chamado baby boom – em 1947, nasceram no país 3,8 milhões de bebês.

A educação e a pesquisa experimentavam o que se chamou depois de "os anos gloriosos". Rompendo a tradição de delegar o investimento à iniciativa privada, o Estado assumiu um papel central no financiamento da ciência. Por um lado, oferecendo condições para que as universidades acolhessem 2,2 milhões de novos estudantes, atraídos pela GI Bill; por outro, injetando um gigantesco volume de dinheiro nas áreas de pós-graduação e pesquisa, para fazer frente à evolução científica e à competição desencadeada pela Guerra Fria. Para os militares, a energia nuclear tornara-se condição indispensável das políticas de defesa. Em decorrência desse cenário, os centros de pesquisa cresceram e passaram a integrar um complexo industrial--militar-acadêmico.

Lattes também vivia seus anos dourados. Em 1949, ele recebeu as duas primeiras de suas sete indicações para o Prêmio Nobel de Física. Seu nome foi sugerido junto com o de Eugene Gardner por Walter Scott Hill, figura fundamental da história da ciência no Uruguai que tinha se especializado na USP, com Gleb Wataghin. Ele foi indicado também, ao lado de Giuseppe Occhialini e de Frank Powell, por James H. Bartlett, pesquisador ligado a grandes universidades americanas, como Princeton, Stanford e Cornell, e a instituições europeias como o Observatório Astronômico de Copenhague e a Academia de Ciências da União Soviética. Se quisesse estender a temporada nos Estados Unidos, depois da enorme repercussão da produção artificial de mésons, não lhe faltariam oportunidades de trabalho – Harvard foi apenas a primeira universidade a lhe abrir as portas. Mas, aos 25 anos, não havia nada que ele desejasse mais do que botar em prática o sonho dos físicos de sua geração: criar condições para a pesquisa e contribuir assim para o desenvolvimento do Brasil.

De todo modo, a prosperidade americana não era algo que fizesse bater mais rápido o coração dos Lattes. Embora fossem muito bem tratados nos ambientes onde circulavam, eles não achavam graça na paisagem humana. Em abril de 1948, Martha acrescentou a uma carta do marido a Leite Lopes:

> Estou achando os E.U. um país formidável. Tudo em lata, exceto vivacidade de espírito e compreensão humana. Que admirável mundo novo!… Tudo tão higiênico! Até os cérebros, que, de tanto serem desinfetados, perderam a capacidade de dar sabor às frases e aos pensamentos. Francamente, estou com vontade de ver moscas. Todos aqui são "*very nice*" e nós temos sido otimamente tratados. Chovem convites e aumenta a saudade.[23]

Preferências culturais à parte, o cenário que os esperava no Brasil era árido. Dos 51,9 milhões de habitantes do país, só 37 mil eram universitários e mais de 50% da população era de analfabetos. Exceto pela Universidade de São Paulo e raras instituições, como o Instituto Nacional de Tecnologia e, na área de saúde, o Instituto Biológico, da Universidade do Brasil, no Rio, a pesquisa ainda dependia do esforço pessoal de cientistas abnegados.

Entretanto, sob o impacto da guerra, uma nova mentalidade avançava. Crescera entre os militares uma ala nacionalista e desenvolvimentista que pressionava por investimentos em tecnologia nuclear. Se antes da guerra a formação de mão de obra especializada significava sobretudo a criação de cursos técnicos para formar operários, agora o Brasil precisava de cientistas – e, em especial, de físicos nucleares – se pretendesse um dia parear com as nações desenvolvidas. A antiga luta de professores e pesquisadores por uma carreira acadêmica que lhes permitisse dedicar-se integralmente à ciência começava a fazer sentido junto aos responsáveis pelas políticas de educação.

Depois das intensas articulações dos anos anteriores, os físicos nacionalistas tinham pressa de agir. Como escreve Jayme Tiomno ao seu amigo José Leite Lopes em setembro de 1948, "alguém tem que começar, lastrar e lançar a semente, e esse alguém somos nós".

Eles sabiam que a presença de Lattes era fundamental para que o projeto se realizasse. Seu prestígio internacional era um dos ativos mais preciosos do grupo. Para deixá-lo ainda mais evidente, ao longo do ano de 1948 foi feito um esforço de divulgação em torno de suas descobertas. No suplemento de ciência do jornal *A Noite*, o jornalista Lourenço Borges escreveu seguidamente sobre mésons, aceleradores de partículas e, naturalmente, sobre Cesar Lattes. Ele contou ainda com a colaboração de Leite Lopes, que assinou artigos e entrevistas. Também a revista *Diretrizes*, de Samuel Wainer, abriu espaço em suas páginas para a física e seus personagens. Em maio de 1948, a revista *O Cruzeiro*, dos Diários Associados, enorme sucesso editorial daqueles anos, com tiragens de 600 mil exemplares, publicou uma reportagem sobre os planos de Lattes para quando voltasse ao Brasil. "Há um grupo de jovens animados de grande entusiasmo atuando em prol da ciência, no esforço de formar no país um ambiente propício à pesquisa científica", apontava ele. "Pretendo juntar meus esforços aos deles para tentar fazer alguma coisa no Brasil."

As notícias sobre o sucesso de Lattes no exterior abriram brechas na resistência do ambiente acadêmico, e até no eterno argumento da falta de verba. A Faculdade Nacional de Filosofia enfim aceitou a proposta de Costa Ribeiro, defendida havia tanto tempo por Leite Lopes, de criar uma cadeira de física nuclear para Lattes. A direção da faculdade enviou o pedido ao presidente da República, que o repassou ao Congresso. Ao saber das providências, Wataghin escreveu a Lattes, três meses depois da simbólica concessão a ele do título de doutor *honoris causa*:

> São Paulo, 5 de agosto de 1948.
> Caro Cesar,
>
> Os jornais de hoje deram a notícia que a Faculdade Nacional de Filosofia oferece ao Sr. uma cátedra e o convida a ensinar no Rio.
> Não sei qual será sua decisão a respeito. Quero lhe dizer que aqui em São Paulo nós todos queremos, e eu especialmente, o seu retorno. Os comentários de hoje em toda a faculdade foram: nós deveríamos ter feito uma proposta semelhante antes do Rio. Agora, penso que a universidade e o governo de São Paulo vão fazer ao Sr. uma proposta concreta e vantajosa. Talvez a direção de um instituto de física nuclear ou uma cadeira de pesquisa com recursos adequados.
> Portanto, penso que se essas possibilidades corresponderem aos seus desejos, seria conveniente esperar algum tempo antes de decidir alguma coisa a respeito do Rio ou de São Paulo.[24]

Lattes era um nome disputado pelas universidades mais importantes do país. Faltava uma pequena faísca para botar em movimento toda essa energia favorável, e ela surgiu na Califórnia, nos dias que se seguiram à produção de mésons artificiais pelo sincrocíclotron de Berkeley.

Nelson Lins de Barros, secretário do consulado brasileiro em Los Angeles, encontrou Cesar Lattes e lhe perguntou quais eram as novidades. Ele respondeu, casualmente, que tinha comprado um carro. Horas depois, ao abrir um jornal, Nelson descobriu que Lattes acabara de se tornar uma estrela da ciência. Telefonou--lhe para protestar contra o excesso de modéstia. Ficaram amigos, e Nelson passou a frequentar a casa de Cesar e Martha em Berkeley.

Não era difícil simpatizar com Nelson. Além de físico, formado pela Universidade da Califórnia, cultivava um lado musical e uma roda de amigos na bossa nova. Como Cesar, era próximo de Vinicius de Morais e amigo de muitos músicos – compôs com Carlos Lyra diversas canções, entre as quais "Manhã de liberdade" e "Maria do Maranhão". Fazia parte do folclore de Nelson estar sempre às voltas com dietas para emagrecer. Ele brincava que seu epitáfio deveria ser: "Enfim magro".

Nelson era o caçula de uma enorme família pernambucana – de vinte irmãos – que se mudara para a capital da República quando ele era ainda um menino. Seu irmão mais velho era João Alberto Lins de Barros, uma figura influente entre políticos e empresários brasileiros. Ao ouvir Lattes falar de seus planos, Nelson logo pensou no irmão como alguém que poderia abrir portas e ajudar a levantar dinheiro.

Engenheiro geógrafo, João Alberto havia entrado para o Exército na juventude e participado de alguns dos acontecimentos mais importantes da história do Brasil do século XX, como a Coluna Prestes e a Revolução de 1930. Na ditadura Vargas, fora interventor em São Paulo, chefe de polícia no Rio e ministro plenipotenciário do Itamaraty. Como o irmão, era um homem versátil.

Em 1947, deixara a presidência da Câmara Municipal do Rio de Janeiro para organizar uma expedição à ilha de Trindade, a 1.185 quilômetros do litoral do Espírito Santo. De seu currículo de desbravador consta também a criação da Fundação Brasil Central, em 1948, que iniciou a colonização das terras entre os rios Araguaia e Xingu. No cenário cultural, presidiu a Orquestra Sinfônica Brasileira e foi um dos fundadores do bloco carnavalesco Cordão do Bola Preta, no Rio de Janeiro.

Em 1948, encontrava-se à disposição da secretaria da Presidência da República, ocupada por Eurico Gaspar Dutra. Não era mais tão poderoso quanto em outros tempos, mas desfrutava de prestígio suficiente para ajudar e, sobretudo, de entusiasmo e generosidade. Ao conhecer os planos do grupo de físicos, juntou-se a eles: "Vamos fazer esse troço de qualquer maneira".

Quando Lattes veio ao Brasil em dezembro de 1948, João Alberto homenageou-o com uma recepção em sua residência, em Copacabana. Compareceram políticos, empresários, intelectuais e artistas. "Foi a primeira vez que vi Portinari", admirou-se o físico pernambucano Hervásio de Carvalho, um dos aliados de Leite Lopes na luta pela melhoria das condições de pesquisa. San Tiago Dantas, ex-diretor da FNFi e futuro chanceler do governo Jango Goulart, também estava presente, mas a estrela da festa foi, indiscutivelmente, Cesar Lattes. "Quando João Alberto o apresentou, foi uma comoção", contou Hervásio.

Dias depois, Lattes, Leite Lopes, Hervásio, Nelson e mais um dos irmãos Lins de Barros, que atendia pelo curioso nome de Henry British, além de Gleb Wataghin, que se deslocou de São Paulo, reuniram-se na casa de campo de João Alberto, em Petrópolis, para conversar sobre o projeto. Em linhas gerais, eles queriam uma instituição para formar físicos que ajudassem a criar o ambiente científico que faltava no Brasil e um centro de pesquisa no qual cientistas em diversos estágios de experiência pudessem desenvolver suas investigações. Como registraria a ata de fundação, seu objetivo era "promover estudos e pesquisas físicas e matemáticas, e coordenar, sistematizar e divulgar os conhecimentos pertinentes a esses ramos de ciência".

Lattes já voltara para Berkeley quando foi realizada a primeira reunião da nova instituição, que se chamaria Centro Brasileiro de Pesquisas Físicas. Participaram João Alberto e Nelson Lins de Barros, Leite Lopes e Paulo Assis Ribeiro, ex-secretário de Educação do Distrito Federal e da Fundação Getulio Vargas, cotado para ser um executivo do novo centro. Partiu de João Alberto o conselho de criar uma sociedade civil, fora da universidade, para escapar ao teto baixo do serviço público e aos entraves da burocracia.

Em Berkeley, Lattes batia em outras portas, em busca de apoio. No dia 10 de janeiro, escreveu:

> Caro Leite,
>
> Acabo de lhe enviar um longo telegrama. Aqui vão os detalhes: quando contei ao Lawrence as novidades daí, nossas possibilidades e principalmente quando soube da ajuda do João Alberto e quem é o João Alberto, o "cidadão" ficou entusiasmado. Reuniu os *big shots* para ver a melhor maneira de ajudar-nos.
>
> Ele acha melhor, em vez de comprarmos uma alta tensão, trazermos para cá três engenheiros eletrotécnicos. Ou dois e um físico (Jean Meyer seria o ideal) para ver que aprendam logo a fazer um cíclotron.[25]

O relato de Lattes evidencia a disponibilidade de Ernest Lawrence para ajudá-lo a criar um centro de pesquisas no Brasil e para colocar a serviço do projeto seu trânsito nas altas esferas. Em Washington, Lawrence pretendia pedir o apoio de David Lilienthal, presidente da Comissão de Energia Atômica, e estava otimista quanto à sua aquiescência. "[Lawrence] disse-me que tem certeza de que a conseguirá, pois o tipo ficou muito satisfeito com a história do méson artificial. Eles estão interessados em mostrar que a CEA está patrocinando pesquisa pura, e seria uma oportunidade para mostrar aos demais países que eles estão dispostos a ajudar."

Lawrence dispusera-se a convidar João Alberto para conhecer o Laboratório de Radiação. Achava recomendável que ele compreendesse não só as questões técnicas envolvidas na construção do cíclotron, mas também o funcionamento de um grande laboratório. Acreditava que assim ele ficaria comprometido com o empreendimento e com a equipe. Sugeriu a Lattes que o levasse para conhecer outros laboratórios e "gente como Oppy e Raby" – Robert Oppenheimer e Isidor Rabi.

Quinze dias depois, Lattes escreve novamente a Leite Lopes, e desta vez chama a atenção seu tom irritado, que nem tenta esconder.

Caro Leite,

[...] Francamente, estou desapontado com a moleza que as coisas estão aparentando. Que diabo, mandei um telegrama há mais de quinze dias, pedindo toda a pressa, e vocês não combinaram nada.

Precisamos andar depressa pra mostrar ao pessoal daqui que vale a pena ajudar-nos e que não se trata apenas de conversa mole. Do contrário, perdemos o crédito e teremos de fazer tudo sozinhos.[26]

Embora ainda estivesse às voltas com suas tarefas no Laboratório de Radiação, pensava o tempo todo nas providências que deveriam ser tomadas no Brasil:

É preciso que tenhamos uma pessoa experiente, que conheça administração e possibilidades econômicas e industriais nossas e tenha certa autoridade sobre os outros. Precisamos de um só nessas condições, e o Paulo Arruda Ribeiro ou o (Luís) Cintra do Prado seriam ideais para isso. Os outros dois devem ser moços e experiência não é tão importante, porque vão trabalhar em campo de treinamento novo. É preciso que sejam moços para que possam fazer qualquer trabalho, desde apertar parafuso até estudar teoria da estabilidade das órbitas do síncrotron.[27]

A quantidade de providências que ele menciona – e sua exasperação – fazem pensar na ansiedade que crescia dentro dele diante da imensa tarefa que tinha pela frente: começar do zero uma instituição de grande porte, sem dinheiro e sem estrutura, e, naquele momento, tentar conciliar ambientes tão distantes: a eficiência americana e o improviso brasileiro. Ainda não tinha completado 25 anos.

Até ali, toda a sua energia fora dedicada ao trabalho científico, que lhe proporcionava intenso prazer, além de sucesso e reconhecimento. Os lugares onde estivera, as pessoas com quem convivera e a maneira confiante de se relacionar com o mundo em volta – tudo fora pautado por essa vocação. Foi o período cientificamente mais fértil de sua vida. Não se sabe se produziu mais porque estava mais sereno ou se estava mais sereno porque produzia mais – provavelmente as duas suposições são verdadeiras.

Ao voltar ao Brasil, em 1949, Lattes começava a se afastar do lugar onde se sentia mais seguro para se arriscar num empreendimento audacioso, cuja credibilidade se ancorava em seu prestígio. A partir dali, teria menos oportunidades de exercer seu talento de pesquisador, pois a maior parte do seu tempo seria consumida pelas atribuições de formulador e gestor da estrutura que estava criando com seus companheiros. Lattes tinha consciência da importância estratégica de seu nome para a realização do projeto coletivo, e não hesitou em colocá-lo à disposição, ainda que em prejuízo de sua trajetória profissional – e até de sua saúde.

20 | O encontro com a realidade

Lattes estava ainda em Berkeley, no Laboratório de Radiação, mergulhado na detecção de mésons positivos, quando João Alberto lhe telefonou para contar que o Centro Brasileiro de Pesquisas Físicas já tinha certidão de nascimento – acabara de ser registrado em cartório, em 4 de fevereiro de 1949. Para que existisse na prática faltava apenas... tudo.

Eles iam precisar de instalações – salas de aula, laboratórios, biblioteca, oficinas e espaço administrativo – e de equipamentos – de microscopia e de eletrônica, câmara de Wilson, serviços de câmara de vácuo e de câmara escura e até um cíclotron. Deveriam contar também com recursos para oferecer bolsas de estudos e, sobretudo, para contratar professores e pesquisadores em regime de tempo integral, reivindicação histórica desses profissionais brasileiros. Embora fosse contar, à distância, com a interlocução dos parceiros, e com a inestimável ajuda dos irmãos Lins de Barros, Lattes era o único dos físicos envolvidos no projeto que estaria no Brasil no ano da fundação do CBPF.

A circunstância tinha sido tratada numa troca de cartas com Leite Lopes, meses antes. Em julho de 1948, o amigo recebera uma bolsa da Fundação Guggenheim para cientistas das Américas com grau de doutor, que já fora concedida a Mario Schenberg.

Trabalharia no grupo de Oppenheimer. Davam-lhe a liberdade de escolher entre dois períodos para iniciar os estudos: dezembro de 1948 ou dali a um ano. Como estava firmemente comprometido com a fundação do centro de pesquisas, debateu a perspectiva com Lattes. Percebe-se na consulta o protagonismo de Lattes na atuação do grupo de físicos naquele momento:

> Desejo sua opinião e planos urgentemente! Devo ir logo em dezembro ou em setembro de 49? Escrevi ao [Guido] Beck, perguntando se ele aceitaria passar o ano próximo aqui. Agora você: vem em janeiro ou passa o ano próximo aí? Será melhor que eu vá logo ou em setembro de 1949? Problema mais difícil: continuidade dos seminários e do entusiasmo aqui! Mas, como você sabe, se eu trabalhar no duro de novo aí, a coisa será melhor no futuro aqui. […] Mas necessito sair. Será melhor ir logo em dezembro ou será melhor fim 49? *That is the question. How would this fit into your plans?* [Essa é a questão. Como isso tudo se encaixa em seus planos?]
>
> Abraços do Leite.
> Telefone para o Jayme. Façamos um plano para nós três juntos.[28]

Fazia alguns meses que Jayme Tiomno tinha chegado a Princeton, com uma bolsa do Departamento de Estado dos Estados Unidos – não havia bolsas brasileiras, e as estrangeiras não cobriam as despesas com passagens. Tiomno viajara num avião da Panair que estava a caminho de um hangar em Miami para trocar o motor, e por isso não transportava outros passageiros. Concluído o mestrado com John Wheeler, ele iniciaria o doutorado com Eugene Wigner, sobre física de partículas.

Hervásio de Carvalho, por sua vez, encontrava-se em Washington, com uma bolsa do governo estadunidense em pesquisas nos National Institutes of Health. Fazia parte da estratégia do grupo absorver o máximo de conhecimento em grandes centros científicos do exterior, voltados à física ou não, para compartilhar com futuros discípulos e pares no Brasil.

No final de março de 1948, Lattes, Leite Lopes, Jayme Tiomno e Hervásio se encontraram pessoalmente pela primeira vez em muitos meses, num seminário em Princeton. Uma foto hoje histórica, no campus da universidade, mostra o grupo junto do físico Walter Schützer, da USP, e de Hideki Yukawa, o formulador da teoria do méson, que no ano seguinte ganharia o Nobel de Física.

Lattes cruzou os Estados Unidos de carro – dirigindo de Oakland, onde morava, junto a Berkeley, até Princeton, em Nova Jersey, na costa leste – na companhia do padre Francisco Xavier Roser, um austríaco radicado no Brasil e mais tarde fundador do Instituto de Física da PUC do Rio de Janeiro. Só parou para consertar um pneu furado e para pernoitar em Albuquerque, no Novo México, e em St Louis, no Missouri. Pretendia deixar o carro em Princeton com Leite Lopes, que depois o despacharia para o Brasil, mas, por complicações com documentos, isso não foi possível.

Depois de uma última conversa frente a frente sobre a instituição que desejavam, os amigos se despediram, e, semanas depois, Lattes voltou definitivamente para o Brasil.

As dificuldades da missão não demoraram a se revelar. O peso do prestígio do físico e a quase unanimidade quanto à importância de investir em pesquisa não bastavam para superar a falta de tradição em pesquisa e para eliminar as rivalidades e desconfianças da política e do mundo acadêmico.

A primeira tentativa de Lattes foi trabalhar em colaboração com uma universidade, não apenas porque esta seria uma fonte de recursos, mas também porque uma instituição de ensino superior e um centro de pesquisa destinavam-se ao mesmo público – estudantes e professores. Como ele ainda pertencia aos quadros da USP, que era a universidade de maior orçamento no Brasil, foi para lá que se dirigiu em primeiro lugar, mas sua proposta não foi bem recebida. Wataghin, seu mentor, que lhe abrira tantas portas importantes no mundo científico, tinha voltado para a Itália, convidado pela Universidade de Turim para dirigir o Instituto de Física. Seus últimos anos no Brasil tinham sido infernizados pela persistente suspeita das autoridades de que, por ser russo de nascimento, mesmo tendo fugido da Revolução de 1917, fosse comunista. Os novos condutores do Departamento de Física da USP não tinham o mesmo interesse na carreira de Cesar Lattes e a perspectiva de fortalecimento do Rio como polo científico dera início a uma acirrada competição por prestígio e verbas.

A história das tratativas com a USP é contada, em linguagem protocolar, no Relatório de Atividades do CBPF do ano de 1949: "O magnífico reitor da Universidade de São Paulo, Prof. Lyneu Prestes, achou pouco oportuna a ideia de naquela cidade instalar--se o CBPF em ligação com a universidade, por esta já possuir Departamento de Física perfeitamente instalado e por estar a mesma em condições de suprir todas as necessidades do referido departamento".

Em sua correspondência particular, Lattes expôs com menos cerimônia sua opinião sobre a atitude da USP. Em abril de 1949, escreveu a Hugh Bradner, da Universidade de Rochester, um de seus colaboradores nos Estados Unidos:

> Tentei persuadir o reitor de que o problema da física no Brasil não poderia ser solucionado em bases tão estreitas; de que temos que ajudar as pessoas do Rio e de que necessitamos de muito mais dinheiro do que ele, reitor, pode garantir; de que precisamos oferecer bolsas a estudantes de outros estados, que não têm oportunidades etc. Mas o sujeito não quer entender. Diz que não está interessado em ajudar o Rio nem qualquer outro estado, que São Paulo pode se virar sozinho e assim por diante.[29]

Ao relatar o episódio a Leite Lopes numa carta de 2 de maio, Lattes acrescenta à questão específica da indiferença da USP pelo cenário nacional suas críticas pessoais e comenta atritos internos no Departamento de Física. A maioria deles referia-se ao esvaziamento da influência de Gleb Wataghin, iniciado quando o Brasil declarou guerra à Itália e nunca mais revertido. Por muito tempo, condenou Damy acidamente pelo modo como ocupou o lugar de Wataghin.

O reitor disse-me que a situação da física em São Paulo estava uma coisa formidável, que havia dinheiro para tudo, que não precisava de dinheiro de fora e nem mesmo da Rockefeller… Respondi ao reitor que, quanto à observação 1, só tinha a dizer que aquilo era uma merda, e que só queimando poder-se-ia ter esperança no futuro do Departamento. Quanto à [observação] 2, disse que acreditaria quando visse. Como você pode adivinhar, houve um trabalho subterrâneo feito pelo Damy.[30]

Se restava ainda alguma dúvida se o lugar mais indicado para implantar um centro de pesquisa com influência nacional seria São Paulo ou o Rio, a recusa da USP foi a gota d'água. Lattes se demitiu da universidade onde se formara e aceitou um convite da Universidade do Brasil para dar dois seminários por semana na Faculdade Nacional de Filosofia, enquanto não se concretizava a cadeira de física nuclear, que ainda navegava os lentos meandros da burocracia. Ainda seria preciso esperar dois anos até que a proposta tramitasse pelo Congresso Nacional e fosse aprovada, na forma de lei.

Quase trinta anos mais tarde, ao recordar o episódio, Lattes avaliou o tamanho de sua ousadia: "Voltei e fiz uma loucura, que a gente só faz na mocidade. Tinham me oferecido, em tempo integral, uma cadeira na Universidade de São Paulo, com assistente, biblioteca e tudo mais. Em vez disso, vim para o Rio com contrato para dar dois seminários por semana na Faculdade Nacional de Filosofia da Universidade do Brasil e ser diretor científico de um centro que era só uma ata registrada em cartório".

A Universidade do Brasil abriu as portas à parceria com o novo centro de pesquisa. Assim, os laboratórios do CBPF foram franqueados aos alunos da universidade e os professores da FNFi aceitos pelo CBPF passaram a receber, além do salário, um complemento para lecionar apenas uma cadeira na UB, e para pesquisar somente nos laboratórios do centro ou da universidade, em uma espécie de regime de dedicação exclusiva. Em 7 de outubro de 1949, o reitor, Pedro Calmon, e o conselho universitário aceitariam a filiação do CBPF à instituição, em regime de mandato universitário.

Os fundadores do CBPF hesitaram quanto à melhor estratégia: poderiam levantar recursos e só depois abrir as portas, ou começar imediatamente a funcionar, do jeito que fosse possível, e ganhar visibilidade para arrecadar. Impulsionados pelo entusiasmo, escolheram a segunda alternativa. O CBPF começou suas atividades no dia 2 de maio de 1949, em quatro salas comerciais emprestadas por um de seus diretores, Paulo Assis Ribeiro, no terceiro andar de um edifício no número 40 da avenida Presidente Getúlio Vargas, no centro do Rio.

O presidente era João Alberto Lins de Barros, o vice-presidente, o almirante Álvaro Alberto, o diretor científico, Cesar Lattes, o diretor-tesoureiro, o comandante Gabriel de Almeida Fialho, e o diretor-executivo, Paulo Assis Ribeiro. Nelson Lins de Barros seria secretário do CBPF até falecer, em 1966. Havia um conselho técnico-científico formado por Carlos Chagas Filho, Francisco Mendes de Oliveira Castro, José Leite Lopes e Luís Cintra do Prado; e um conselho deliberativo, com dez membros, entre os quais o matemático Lélio Gama; Arthur Moses, da Academia Brasileira de Ciências; o coronel Armando Dubois e o engenheiro e estatístico José Carneiro Felipe, que planejara o V Recenseamento Geral do país, em 1938. O conselho deliberativo tomava as decisões que envolvessem dinheiro. O presidente, na definição de João Alberto, tinha por função fazer cumprir a vontade dos cientistas dentro das disponibilidades que o conselho deliberativo estabelecia.

Nos primeiros meses, João Alberto bancou as despesas do próprio bolso. "Botava trinta contos por mês", lembrou Lattes. Quando não pôde mais, conseguiu uma verba da Confederação das Indústrias, chefiada pelo empresário Euvaldo Lodi, principal financiador da campanha de Getúlio Vargas à presidência em 1951. Uma parte do empresariado estava convencida de que a industrialização e o desenvolvimento passavam pelo apoio à ciência. Segundo lembrou Leite Lopes, o diretor do Departamento Econômico da Confederação das Indústrias era o economista Rômulo de Almeida, que seria o principal formulador econômico na assessoria paralela montada por Getúlio Vargas em seu segundo mandato. Entusiasmado com a ideia de apoiar um centro de pesquisa, Rômulo levou os formuladores do CBPF a Lodi. A Confederação das Indústrias passou a contribuir com 100 mil cruzeiros por mês para o CBPF. Fazia-o, contudo, sem recibo. A razão da falta de recibo, segundo Lattes, é que o dinheiro saía de uma verba reservada ao combate ao comunismo. "Isso aqui [o CBPF] era considerado um antro de comunistas."

Mestre em identificar partículas subatômicas, Lattes lançou-se à tarefa, para ele mais desafiadora, de encontrar doadores. Junto com Álvaro Alberto, assinou centenas de cartas que apresentavam o CBPF e pediam contribuições, foi ao Congresso tentar sensibilizar os parlamentares, proferiu palestras, bateu em porta de governantes, empresários e cidadãos abastados. A assinatura de Lattes funcionava como um selo de credibilidade científica e o prestígio de João Alberto como uma garantia de solidez e, do ponto de vista da diversidade, a resposta foi animadora. A lista dos 116 fundadores do CBPF reúne desde os jovens físicos e suas famílias até intelectuais e políticos dos setores mais progressistas aos mais conservadores da sociedade – do brigadeiro Eduardo Gomes, candidato derrotado à presidência da República nas eleições de 1945 e 1950 ao presidente eleito Eurico Gaspar Dutra; do industrial Guilherme Guinle, da aristocracia carioca, ao deputado Barreto Pinto, que causara escândalo ao posar de cuecas para *O Cruzeiro*; de Benedito Valadares a Juscelino Kubitschek; do general Góis Monteiro ao herdeiro do *Jornal do Brasil*, José do Nascimento Brito.

A importância da ciência era um consenso, mas Lattes não era Ernest Lawrence e, principalmente, os milionários brasileiros não tinham a disponibilidade dos Rockefeller para a filantropia. Muitos dos contribuintes de 1949, o ano de estreia, não voltaram a doar em 1950, e as contribuições mostraram-se insuficientes para cobrir os custos. Para colocar em prática todo o seu programa, o centro precisaria dispor de 7,5 milhões de cruzeiros, e no primeiro ano tinha arrecadado pouco mais de 1,5 milhão.

O presidente Dutra recomendou a João Alberto que articulasse uma emenda parlamentar estabelecendo uma dotação no orçamento da União, e o então deputado Juscelino

Kubitschek encarregou-se da tarefa, mas seus resultados práticos ainda levariam três anos para aparecer, e as necessidades eram urgentes. O tão desejado regime de tempo integral para os professores, salvo casos excepcionais, ficou em compasso de espera. A visita de técnicos brasileiros ao Laboratório de Radiação em Berkeley, a convite de Ernest Lawrence, para aprender a construir um cíclotron, também foi posta de lado, por falta de verba.

O relatório do CBPF sobre o ano de 1949 aponta: "A maior dificuldade é a ausência de verba fixa anual que permita plano de longo alcance. A situação do CBPF continua precária. Basta lembrar que para o ano de 1951 não é possível fazer previsão de espécie alguma". Ainda assim, o centro funcionava.

"Doei minha biblioteca, o Lauro Nepomuceno deu a dele, que era maior, e o jornalista Lourenço Borges também, e logo se formou um bom acervo", recordou Lattes. "Arranjamos dinheiro para assinar as revistas mais importantes." Uma das primeiras aquisições do centro, pouco depois, foram 5 mil títulos, que transformariam a biblioteca na maior fonte de consulta do Rio de Janeiro para estudantes de todas as áreas técnicas.

Nepomuceno, formado na USP em 1946, foi um dos primeiros contratados para trabalhar em regime de tempo integral. Encarregou-se de montar a oficina mecânica, com ferramentas doadas por usuários e uma tesoura a pedal para corte de ferro oferecida pelas Indústrias Matarazzo. Comprou--se um torno de bancada, furadeira elétrica e máquina de solda. Utilizavam-se as oficinas da Escola Técnica do Exército e do Arsenal de Marinha, graças à influência do almirante Álvaro Alberto e às boas relações de Henry British Lins de Barros, capitão de fragata. No pequeno laboratório de microscopia, Elisa Frota Pessoa e Neusa Margem trabalhavam com microscópios emprestados pelo Instituto de Química Agrícola e pelo setor de Exames Periciais da Polícia. As chapas que analisavam, trazidas por Lattes de Berkeley, haviam sido expostas no cíclotron de 400 MeV da Universidade da Califórnia. Com base em suas observações, elas escreveram o primeiro trabalho científico do CBPF, sobre o decaimento do píon.

As salas no prédio na avenida Presidente Vargas logo se mostraram pequenas para abrigar as atividades e, mediante um empréstimo bancário, foi alugado um andar inteiro de um prédio na rua Álvaro Alvim, na Cinelândia, uma espécie de centro nervoso da política e da cultura do país – situavam-se à sua volta o Theatro Municipal, a Faculdade Nacional de Filosofia, a Biblioteca Nacional e o Senado Federal.

Bolsistas e voluntários iniciavam suas atividades pela oficina, montando ou consertando aparelhos eletrônicos. Acreditava-se que saber usar ferramentas e lidar com fórmulas matemáticas era essencial para a formação dos físicos experimentais, além de ser uma forma de garantir a baixo custo uma infraestrutura mínima. Dentro da mesma filosofia, engenheiros trabalhavam em obras civis e participavam de cursos e de atividades de pesquisa. Nas palavras de Lattes, "trabalhava-se como escravo", mas o clima reinante era de animação.

Já no primeiro ano de funcionamento o centro atraiu grandes cientistas estrangeiros. Um deles foi o físico teórico americano Richard Feynman, do Caltech, então com 31 anos, que em 1965 ganharia o Nobel por sua contribuição para a eletrodinâmica quântica. Ele havia sido convidado por Jayme Tiomno, que o conhecera num curso de verão em Michigan, e soube que ele estava estudando espanhol para um ano sabático no México. Sugeriu que, em vez disso, estudasse português e passasse o sabático no Brasil. "Expus a ele a importância do centro e ele se entusiasmou", lembrou Tiomno. Depois de uma visita breve, em 1949, voltou em 1951 para uma temporada maior. A primeira aula que deu aqui já foi em português.

Também em 1949, a francesa Cécile DeWitt-Morette, de 26 anos, do Instituto de Estudos Avançados de Princeton, veio dar um curso. Recebeu para isso pouco mais do que uma ajuda de custo, e ficou hospedada na casa dos Lattes. "Não era difícil recrutar, eles vinham para ajudar, não vinham para ganhar dinheiro", comentava Lattes.

O austríaco Guido Beck, que tinha experiência em gestão e foi um sábio conselheiro, decidiu trocar a Argentina pelo Rio de Janeiro. A embaixada da França promoveu a vinda de professores do Comitê de Energia Atômica, do Centre National de Recherches Scientifiques e da Escola de Minas. O matemático António Aniceto Monteiro, da Universidade de Lisboa, e o físico Homi J. Bhabha, do Instituto Indiano de Ciências, também participaram de atividades naqueles primeiros tempos.

O representante do Brasil na Unesco, Paulo Berredo Carneiro, conseguiu recursos para bancar várias contratações, entre elas as de Giuseppe Occhialini, que se encontrava no Centro de Energia Nuclear da Universidade Livre de Bruxelas, e de Ugo Camerini, que interrompeu o doutorado em Bristol para trabalhar com Lattes no CBPF. Chegaram também, graças a esse apoio, Helmut Schwarz, que se tornou o diretor da seção de alto vácuo; Gerhard Hepp, engenheiro especialista em dispositivos de alta voltagem; e Gert Molière, físico teórico da Universidade de Tübingen especializado em física de partículas.

Os maiores nomes da física e da matemática do Rio de Janeiro ensinavam no CBPF, a começar pelos veteranos Joaquim da Costa Ribeiro, Francisco de Oliveira Castro e Bernhard Gross. Além deles, a fina flor da Faculdade Nacional de Filosofia: Leopoldo Nachbin, Elisa Frota Pessoa, Neusa Margem, Armando Dias Tavares, Maria Laura Mousinho, Maurício Mattos Peixoto e Gabriel Fialho, entre outros.

Não demorou para que o andar no prédio da Álvaro Alvim também se tornasse insuficiente. Os fundadores conseguiram então que o Ministério da Educação cedesse um terreno na avenida Pasteur, junto ao campus da Universidade do Brasil, e que o banqueiro Mário d'Almeida, dono do Banco do Comércio e Indústria, doasse uma quantia para a construção de uma sede. Paulo Assis Ribeiro, diretor-executivo do centro, levou Lattes para falar com Almeida. Lattes contava que ele os recebeu secamente, sentado numa banqueta alta, com as mangas da camisa presas por um elástico, como um bancário do passado e, depois de ouvir toda a explicação sobre a missão do centro e a importância da sede própria, perguntou apenas: "Muito bem, quanto é que custa?".

Lattes, que já tinha se preparado para responder a essa pergunta, foi objetivo: "Quinhentos contos".

Almeida combinou que depositaria numa conta em seu banco cinco parcelas mensais de 100 mil cruzeiros, sem juros, e que a empresa de Paulo Assis Ribeiro deveria executar a obra sem lucro. E assim foi feito. "Uma parte foi terminada pela gente mesmo martelando o compensado das divisões de madeira", lembrava Lattes. O edifício ficaria pronto em 1951. Merecidamente, foi batizado de Pavilhão Mário de Almeida.

Com 600 metros quadrados e dois pavimentos ligados por uma escada em caracol, o galpão abrigaria, no primeiro deles, espaços para pesquisa de raios cósmicos, microscopia, seção de vácuo e fabricação de contadores Geiger-Müller, câmara de Wilson, laboratório de eletrônica, câmaras escuras, cíclotron e oficina mecânica. No segundo piso ficariam os gabinetes para a direção científica e para trabalhos individuais dos técnicos e cientistas, salas de desenho técnico e de cálculo, salão de reunião e biblioteca.

O laboratório fotográfico era equipado para tratar emulsões nucleares com banhos especiais a temperaturas controladas. O laboratório de alto vácuo fabricava em vidro bombas de vácuo e detectores Geiger-Müller. Os instrumentos de vidro eram feitos à mão pelo vidreiro Eduardo Stizey, que trocara sua fábrica em Porto Alegre pelo CBPF. A oficina mecânica foi montada fora do pavilhão, junto à subestação transformadora de energia elétrica. Suas máquinas – tornos, fresas, dobradeiras e ferramentas de marcenaria – tinham capacidade para manipular peças de grande envergadura.

O grupo de matemáticos que a Fundação Getulio Vargas reunira nos anos 1940, e que se dissolvera por falta de apoio, juntou-se ao CBPF e voltou a publicar a revista *Summa Brasiliensis Mathematicae*. Faziam parte dele Lélio Gama, Francisco de Oliveira Castro, António Aniceto Monteiro e Leopoldo Nachbin. Surgiu daí o Impa, o Instituto de Matemática Pura e Aplicada, que logo iria se transformar em instituição autônoma.

No fim de 1949, quando voltou de Princeton, Leite Lopes assumiu o Departamento de Física Teórica. Jayme Tiomno e Hervásio de Carvalho concluiriam em 1952 e 1954 seus cursos no exterior. Como Lattes, todos recusaram propostas de grandes universidades americanas porque preferiam voltar para contribuir para o avanço da física no Brasil.

Professores como Leite Lopes, Tiomno e Elisa Frota Pessoa, que ensinavam na Faculdade Nacional de Filosofia, atraíam para o CBPF os alunos mais brilhantes e identificavam os que poderiam receber bolsas. Um deles era Alfredo Marques de Oliveira, aluno de Tiomno na FNFi que chegou ao centro em 1953, aos 23 anos, e se tornaria, ao longo da história da instituição, um personagem fundamental para sua sobrevivência e avanço. Para que ele pudesse deixar o trabalho no IBGE, que o sustentava ainda nos tempos de estudante, Tiomno empregou-o como seu auxiliar no setor de publicações de CBPF, e o ajudou em sua formação. Bacharelado no ano seguinte, Alfredo foi introduzido por Elisa Frota Pessoa e Neusa Margem ao conhecimento sobre raios cómicos e partículas elementares. Sete anos mais tarde, ele substituiria Cesar Lattes na cadeira de física nuclear da Faculdade Nacional de Filosofia e, em 1970, no cargo de diretor científico do CBPF, introduziria a instituição na era dos computadores.

Professores universitários de outros estados também indicavam alunos e bolsistas. Luiz Freire, da Faculdade de Engenharia do Recife, recomendou futuros grandes físicos, como Samuel MacDowell, que depois foi ensinar em Yale, e Fernando de Sousa Barros, que foi para a Universidade Federal do Rio de Janeiro (UFRJ). Vieram alunos também da Argentina, do Peru, da Bolívia e do México. O jeito mais moderno e dinâmico de fazer ciência, que os fundadores do centro haviam aprendido nos Estados Unidos, abria espaço para o convívio produtivo de professores, professores assistentes e estudantes de graduação e pós-graduação. Assim, formou-se aos poucos o ambiente científico que faltara às gerações anteriores. O CBPF era o lugar onde todos os jovens físicos e matemáticos queriam estar. "Meu pai recordava aquele tempo como a verdadeira fundação da física no país", lembra o escritor e jornalista Eric Nepomuceno, um dos filhos de Lauro Xavier Nepomuceno. "O CBPF era independente. Reunia o glacê do bolo nacional e recebia professores de renome mundo afora."

CESAR LATTES

Álbum fotográfico

Giuseppe e Carolina Lattes, pais de Cesar.

Carolina Maria Rosa Maroni Lattes, Davide,
o mais velho, e Cesare, o caçula, c. 1924.

Da esquerda para a direita, de cima para baixo, vemos: Cesare
Mansueto Giulio Lattes aos três anos de idade, 1927; Giuseppe
com os filhos Davi e Cesar, s/d; os irmãos Cesar e Davi, c. 1937;
e, por fim, Cesar aos quinze anos na foto de formatura do ginásio
no Colégio Dante Alighieri, em São Paulo, 1939.

A nova geração brasileira de cientistas: Francisco Alcântara Gomes, Elisa Frota-Pessôa, Jayme Tiomno, Joaquim da Costa Ribeiro, Luis Sobrero, Leopoldo Nachbin, José Leite Lopes e Maurício Peixoto. Em frente à Faculdade Nacional de Filosofia, 1942.

Diploma de grau de bacharel em física na Universidade de São Paulo (USP). No ano em que entrou, Lattes foi o único calouro de física.

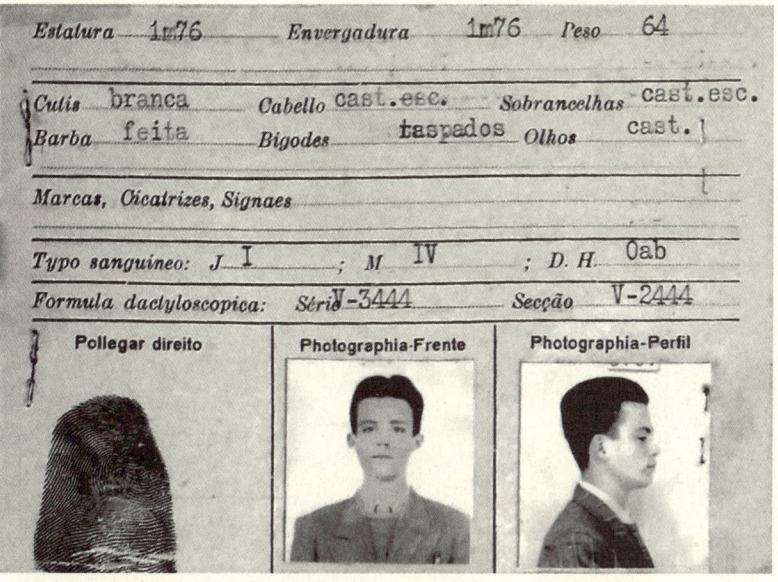

| Estatura | 1m76 | Envergadura | 1m76 | Peso | 64 |

| Cutis | branca | Cabello | cast.esc. | Sobrancelhas | cast.esc. |
| Barba | feita | Bigodes | raspados | Olhos | cast. |

Marcas, Cicatrizes, Signaes

Typo sanguineo: J I ; M IV ; D. H. Oab

Formula dactyloscopica: Série V-3444   Secção V-2444

Pollegar direito   **Photographia-Frente**   **Photographia-Perfil**

Ficha de Lattes na Faculdade de Filosofia, Ciências e Letras da USP, que abrigava o curso de física.

Cesar Lattes aos dezenove anos, em fotografia de sua formatura no curso de física da USP.

Em 1941, aos dezessete anos, Cesar Lattes (apoiado no canhão) alistou-se no Centro de Preparação dos Oficiais da Reserva (CPOR). Os dias se dividiam em manhãs no quartel e tardes nos laboratórios da USP. Fotografia *c.* 1943/1944.

FOTOGRAFIAS
DO ACERVO FAMILIAR

Lattes na praia do Guarujá, litoral paulista, em 1945.

Cesar (de boina) com um grupo de amigos em
registros de viagem ao recém-criado Parque
Nacional de Itatiaia, Rio de Janeiro, *c.* 1943/1944.

Aos 21 anos, Cesar Lattes se lançou à aventura que mudaria sua vida: embarcou no cargueiro *St. Rosario*, da empresa South American Coast Line Ltda., e cruzou o Atlântico em direção a Bristol, Inglaterra. Ao lado, um cartaz anuncia as viagens da companhia; abaixo, foto do jovem Lattes e do cargueiro *St. Rosario*, c. 1943/1944.

Documento de registro da chegada de
Lattes a Liverpool, Inglaterra.

O Laboratório H. H. Wills, chefiado por Cecil Powell (sentado na segunda
fileira, à esquerda de terno e gravata), foi o lar de Lattes por anos, em Bristol,
e onde fez sua grande descoberta: a existência do méson pi. Na foto, Lattes é
o quarto na segunda fileira, da esquerda para a direita; Giuseppe Occhialini,
seu grande amigo e mentor, está logo abaixo à direita, de pernas cruzadas.

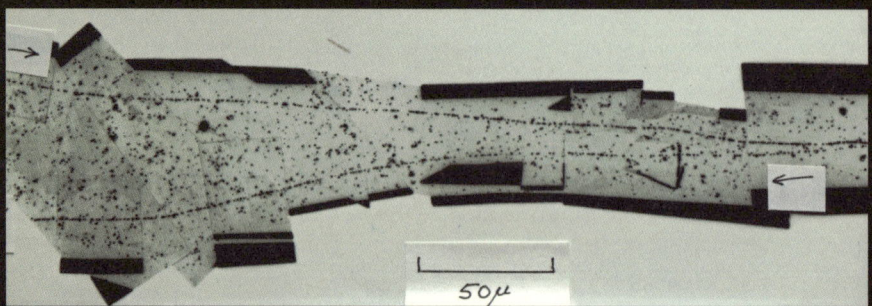

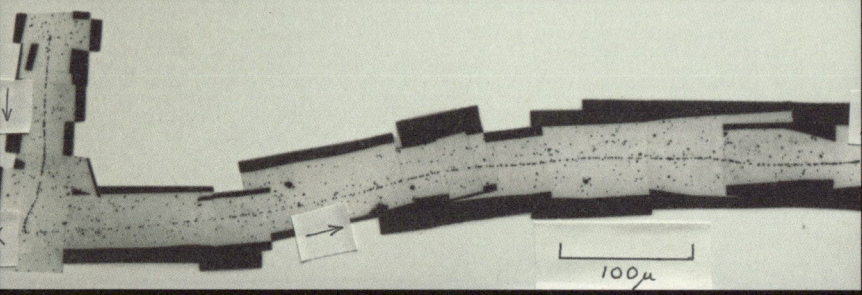

A comprovação da existência: chapas fotográficas do méson pi, o evento do "duplo méson". O primeiro, o píon, é registrado no eixo X, e o segundo, o múon, percorre o eixo Y. Na primeira imagem, o registro de rastro achado por Marieta Kurz; na segunda, o avaliado por Irene Roberts. As imagens foram retiradas de artigo assinado por Lattes, Muirhead, Occhialini e Powell, publicado na revista *Nature* (1947, vol. 159, p. 694).

Caderno de laboratório de Marieta Kurz (microscopista) com observações sobre os raios cósmicos, 1947.

Caderno de laboratório de Irene Roberts (microscopista) com observações sobre os raios cósmicos, 1947.

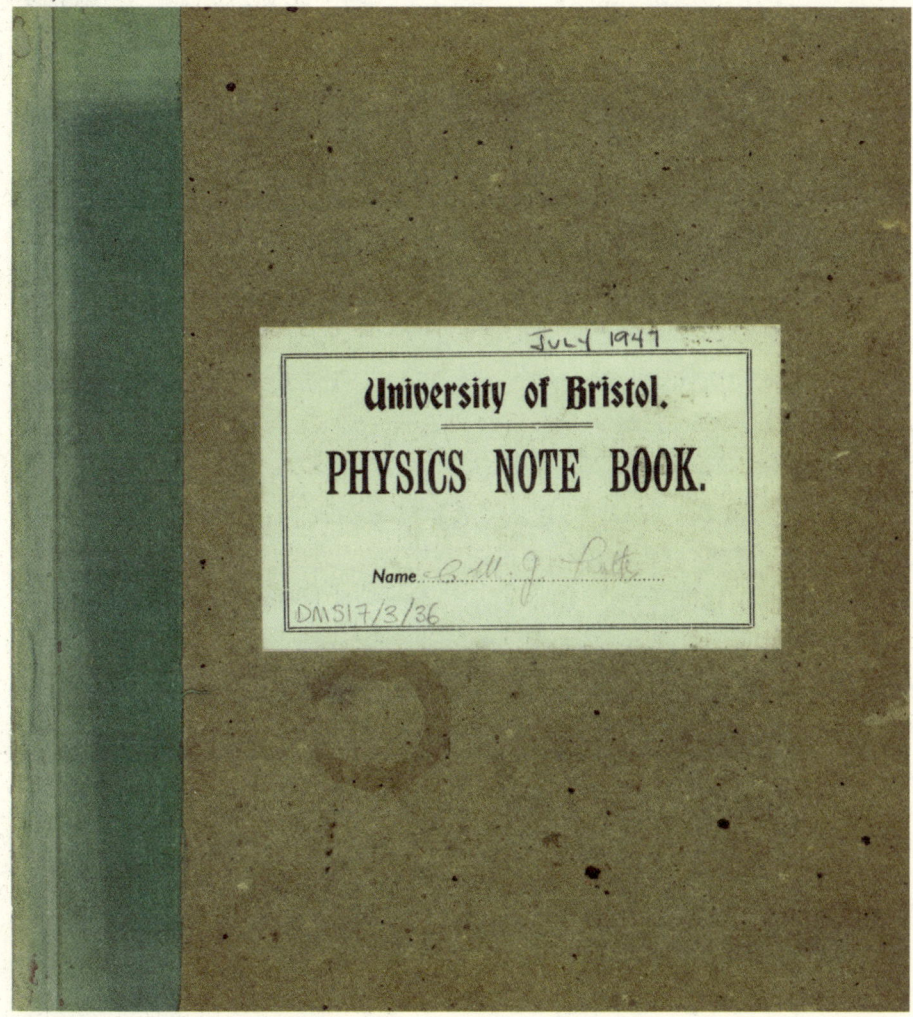

Caderno de laboratório de
Cesar Lattes no H. H. Wills na
Universidade de Bristol, 1947.

São Paulo
Bristol 3/7/44

Caro Leib:

— Cheguei ontem, depois de viagem bastante dura.

Aqui nada de novo. A turma dos chefes não fez nada nos últimos três meses, a não ser dar entrevistas aos jornais e fazer self-propaganda. O Camerini e o Fowler estão trabalhando duro; por enquanto estão medindo o scattering de raios deuterons por Oxigênio; logo passarão aos d-p.

No trabalho meu da academia há um erro nas figuras: a foto da Fig 3 pertence à fig 10 e vice-versa. Peço-lhe o favor de corrigir antes de enviar as separatas.

Junto duas separatas para você. O Farú levará para os outros.

Na próxima semana haverá uma conferência em Dublin. Não sei ainda se irei.

Escrever-lhe-ei logo que tenha novidades.

Tratarei do caso do Hervasio por estes dias. Esqueci o sobrenome dele; quer fazer o favor de escrever-me à respeito e mande dizer como ficou o caso com a possibilidade de um Minieu conceder a bolsa?

Não deixe de me informar do progresso de suas pesquizas e do Depto.

Um abraço
César.

Bristol 29/9/47

Tenho mais 6 duplos mesons para medir. Mandar-lhe-ei os resultados logo que os tenha.

Quanto ao resultado atual.

$$\frac{m_\gamma}{m_\mu} = 1.73 \pm .30$$

o erro $\pm .30$ parece se sobreestimado pois o standard deviation nas 6 medidas dá ± 0.17

Powell anda solto no continente. Copenhagen, Kracov, Suécia etc. Ele se encarrega do departamento de imprensa e propaganda, com grande prejuízo para mim. Você conhece a história das duas bolas de sabão

bola grande

bola pequena → canal de communicação.

A tensão superficial faz com que a menor diminue até desaparecer enquanto que a grande cresce às custas d'1°. Pois parece que colaboração é assim mesmo. Já estou farto de ler nos jornais inglêses (descobri que o sentimento nacionalista inglês toma parte importante nisso) as maravilhosas descobertas de Powell.

Se continua assim, quando eu voltar ao Brasil terei algum dia o prazer de me pedirem informações sobre as descobertas de Powell e me perguntarei se eu o conheci pessoalmente!

Bem estou hoje com o meu chero.

Um abraço
Cesar.

Cartas de Cesar Lattes a José Leite Lopes, Bristol, 3 de julho de 1947 (à esquerda) e 29 de setembro de 1947 (acima).

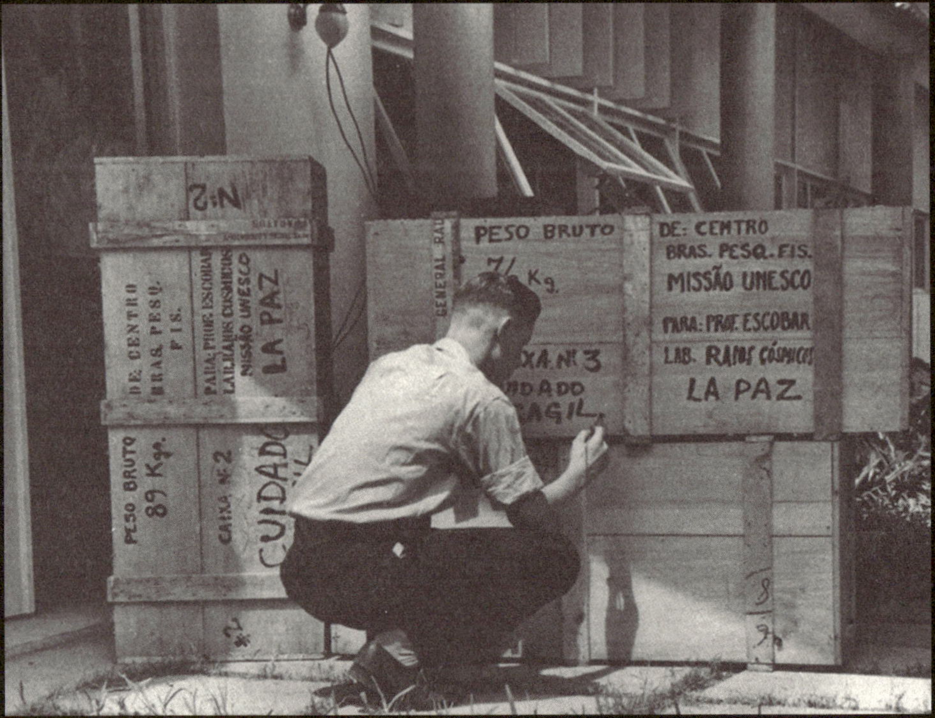

ACERVO CENTRO BRASILEIRO DE PESQUISAS FÍSICAS

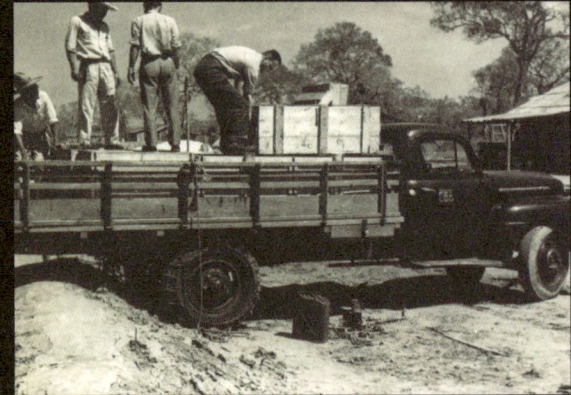

No Centro Brasileiro de Pesquisas Físicas (CBPF), Lattes e os preparativos finais para a primeira de muitas expedições a Chacaltaya nos Andes bolivianos no início dos anos 1950. Ao lado, Lattes coloca a mão na massa e ajuda a descarregar o caminhão já na Bolívia.

ACERVO FAMILIAR

Na página ao lado, imagens de Cesar Lattes no Observatório de Física Cósmica em Chacaltaya,

FOTOGRAFIAS
DO ACERVO FAMILIAR

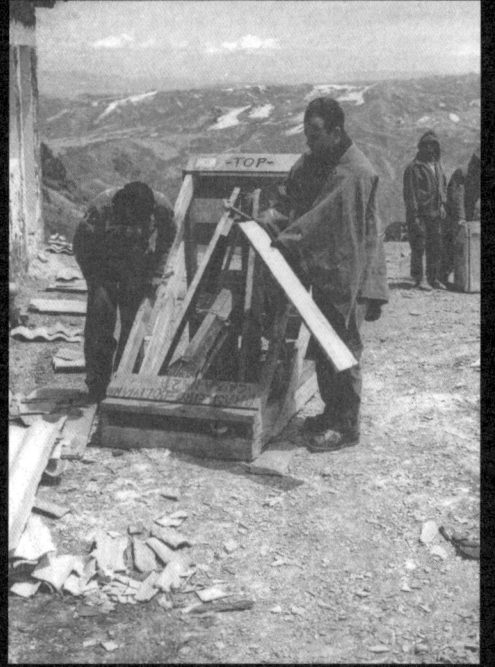

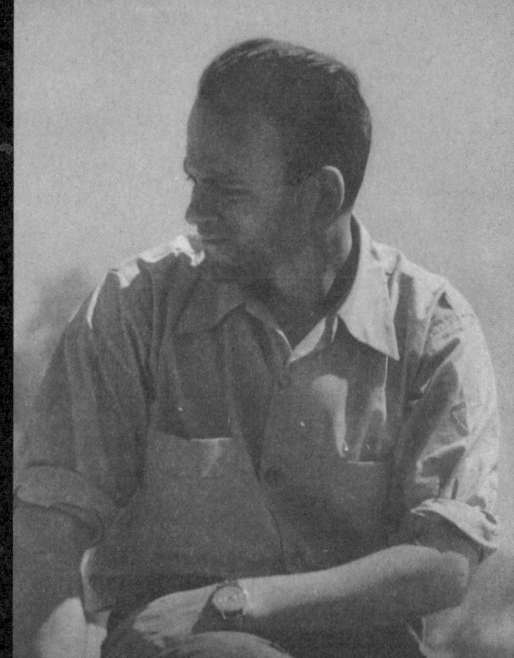

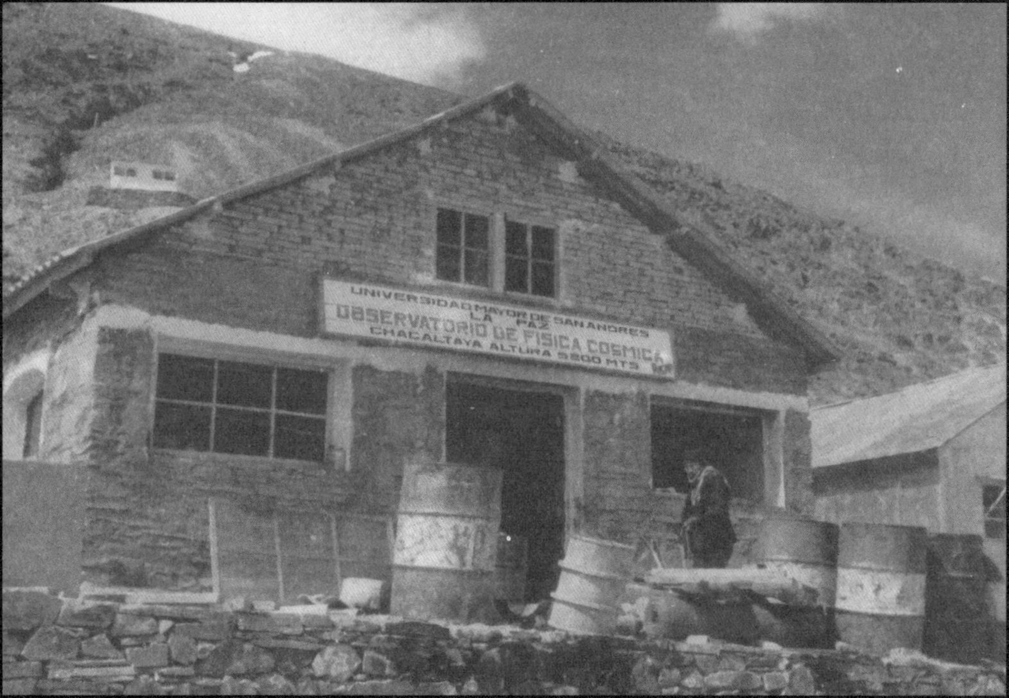

Lattes com colegas cientistas em laboratório da Universidade de Chicago, em 1956. Os anos em Chicago, Estados Unidos, não foram fáceis, mas Lattes enfrentou o período com altivez e coragem.

Martha Siqueira Netto Lattes, esposa de Cesar. Uma relação que começou nos estudos, evoluiu para a amizade e depois para o casamento.

Lattes junto ao Mercury 47,
o conversível que acompanhou
Cesar durante sua temporada
na Califórnia, Estados Unidos.
As histórias a seu respeito são
guardadas com carinho por
amigos e familiares.

Lattes, Martha
e uma amiga
do jovem casal.

SCIENCE HISTORY IMAGES/ALAMY STOCK PHOTO

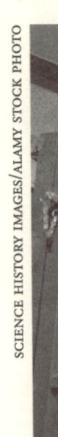

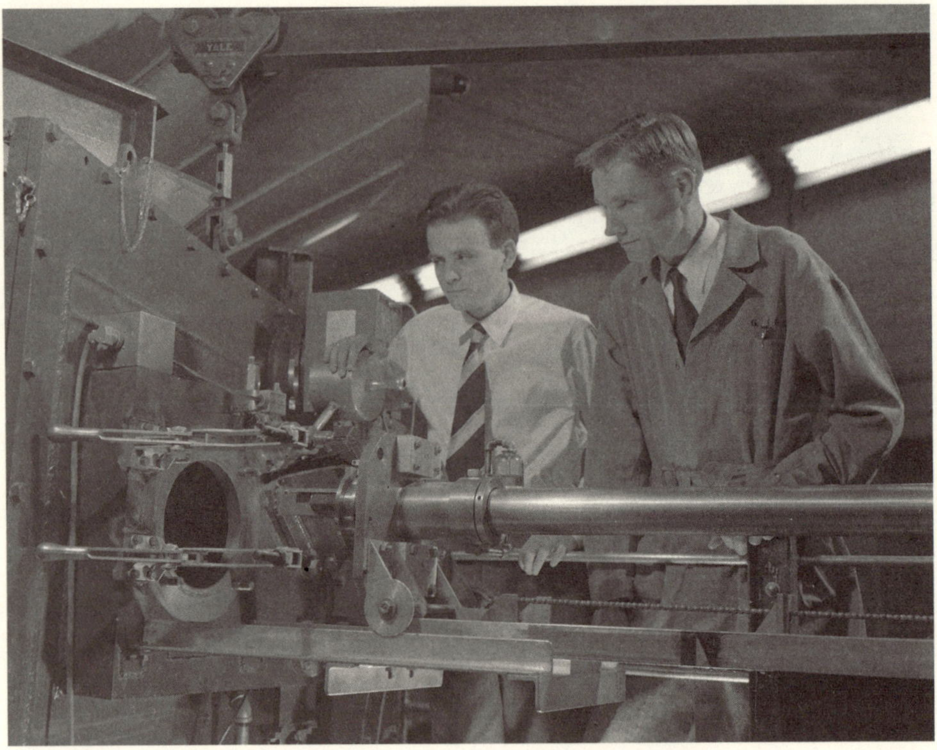

Os “fazedores de mésons”. Lattes e o físico americano Eugene Gardner no sincrocíclotron 184’ da Universidade da Califórnia, em Berkeley, 1948.

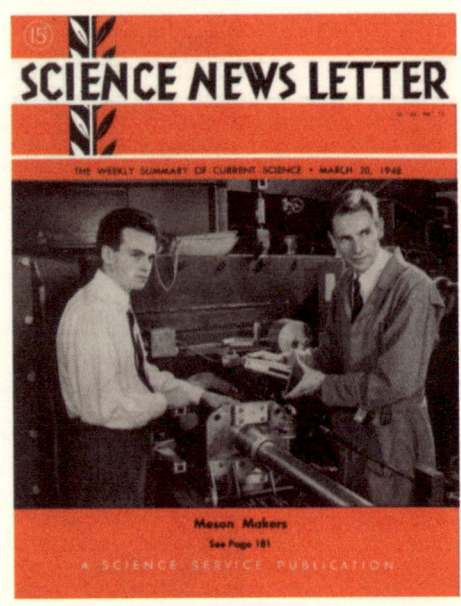

Cesar Lattes e Eugene Gardner na capa da respeitada *Science News Letter*, hoje *Science News*.

SCIENCE HISTORY IMAGES/ALAMY PHOTO

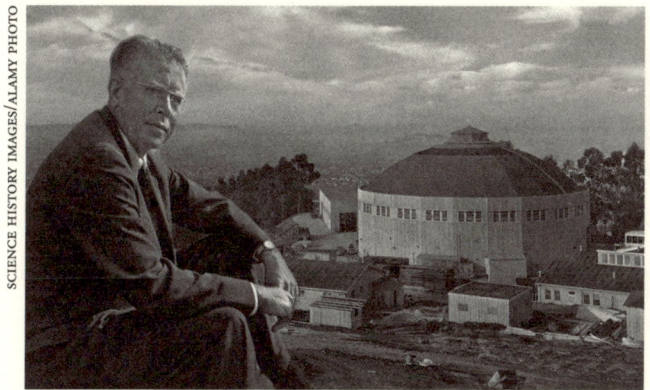

Ernest Lawrence e ao fundo o prédio que abrigava o sincrocíclotron da Universidade da Califórnia. Lawrence era um grande arrecadador de recursos para pesquisa.

NAT FARBMAN/THE LIFE PICTURE COLLECTION/SHUTTERSTOCK

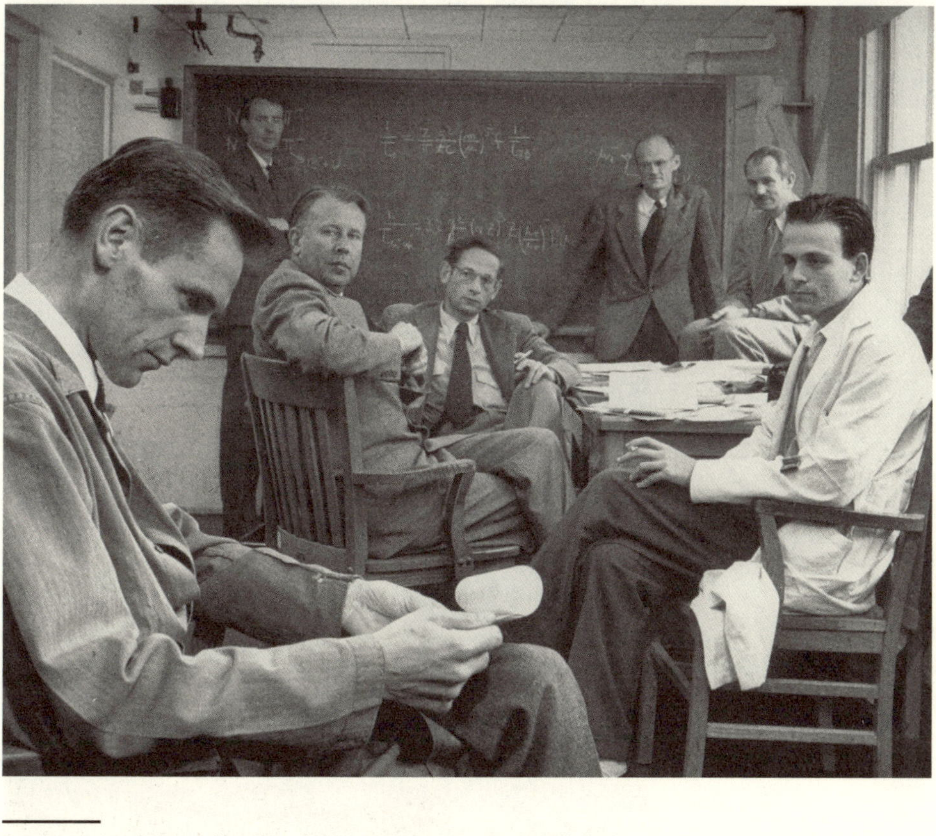

Lattes está à direita, de jaleco branco; Ernest Lawrence de lado, sentado na cadeira; Robert Serber encontra-se ao centro da foto; em primeiro plano está Eugene Gardner.

Cesar e Martha Lattes retornando dos Estados Unidos, em 1948.

Lattes e Martha no dia de seu casamento, em 1948. Anos mais tarde, Lattes, gaiato, rabiscou bigode e cavanhaque na fotografia.

Grandes nomes da física de partículas no Instituto de Estudos Avançados, em Princeton, Estados Unidos, 1949. Da esquerda para a direita: Cesar Lattes, Hideki Yukawa, Walter Schützer (de pé); Hervásio de Carvalho, José Leite Lopes e Jayme Tiomno (abaixados).

A estruturação da ciência
brasileira foi uma grande luta
de Lattes por toda sua vida.
Na foto, Lattes toma posse de
cargo no Conselho Nacional de
Desenvolvimento Científico e
Tecnológico (CNPq), em 1951.

Ao lado, a colagem de
reportagens a respeito
de Cesar Lattes dá uma
dimensão da popularidade
que tinha na imprensa
brasileira e mundial.

Da esquerda para a
direita: Roberto Salmeron,
Cesar Lattes, pessoa não
identificada, Henry British
Lins de Barros, pessoa não
identificada, José Leite
Lopes e Gabriel Fialho.

ACERVO CENTRO BRASILEIRO DE PESQUISAS FÍSICAS

...leiro Cesare Lattes no dominio atomico

Artificial Creation in Berkeley of Cosmic Beam Held Major Key to Atom's Mysteries

In Laboratory Pro

...CONSIDERADA O MAIOR ACONTECIMENTO CIENTIFICO DOS UL-TIMOS TEMPOS A PRODUÇÃO ARTIFICIAL DE "MESONS"

...DECLARAÇÕES DOS PROFS. WATAGHIN E SOUSA SANTOS

A produção ar dos meso

(Sobre uma descoberta de Ce

2 YOUNG SCIENTISTS' WORK

Research Means Determining of the Ultimate Particles of Matter, Why They Exist

...ta ESPERADO NO RIO O FISICO BRASILEIRO CESAR LATTES

A descoberta do c brasileiro Cesar

...e 9 dias de trabalho.

"A PRIMEIRA DESCOBERTA DE LATTES: O MESON PESADO

foi descoberta a produção artificial dos "

Um cientista brasileiro assombra o mundo

Em entrevista exclusiva para esta folha, o cientista Cesar Lattes refere-se aos trabalhos que o levaram á notável descoberta — Impressões de cien- tistas norte-americanos sobre o feito — Novas pesquisas

...s emoções do joven Cesar Mansueto Giulio Latten ao descobrir "mesons" pro- ...uzidos pelo ciclotron — Encontra-se nos Estados Unidos cumprindo o programa de uma bolsa de estudos de um ano — Prétende voltar para o Brasil

...TES PRODUZIU O "MESON" ...EM 9 DIAS DE TRABALHO

...jovem Cientista Brasileiro Abriu o Caminho Para ...ár — Uma Das Conquistas Mais Importantes da ...Perspectivas Ilimitadas — Fala ao DIARIO CA- ...ta Ribeiro, Catedratico da Nossa Escola de Filosofia

O POVO E OS ESTUDANTES RECEBERAM COM VIVAS O DESCOBRIDOR DO MESON

Nenhum representante do governo ou do Ministerio da Educação no desembarque de Cesar Lattes — As primeiras declarações á re- portagem — A ciencia a serviço da paz — Planos para o futuro

CESAR LATTES DE REGRESSO AO B

Esperado na segunda semana de dezembro o famoso cientista brasileiro

...SDAY, MARCH 9, 1948.

...rst Meson Cosmic Ray Is Put ...n Laboratory Production in West

A descoberta do cient

L'OCCHIO - Mercoledì 29 luglio 1981 - 9

8 • O PAIS   Sábado, 17| 5| 80   O GLOBO

Estudo de Lattes fixa a velocidade da Terra

Descoberta de um cientista brasileiro

TRATA-SE DO "MESON", IMPORTANTE COMPONENTE NUCLEAR

Back Afte

EU

HIG

TORNOU-SE O JOVEM BRASILEIRO UM DOS MAIORES NOMES DO MUNDO CIENTÍFICO

Achievements of Physicists in 1948

Dr. C. scientis ing in his Bristol, Eric America.

O grande Ciclotron de 4.000 toneladas onde Cesar M...

EINSTEIN vendicato da una VONGOLA

Serviço di FRANCO FAVA

CÉSAR LATTES, O E A CIÊNCIA NO

Reportagem de MÁRIO CAMARINHA DA SI

— 24 —

ESPERADO NO RIO O F BRASILEIRO CESAR

RIO, 6 (Meridional) — Está sendo esperado nestes proximos dias, o joven fisico Cesar Lattes alvo de diversas homenagens. Conforme informamos, o Conselho Universitario decidi- deira de Fisica Nuclear e Fisica Aplicada,

Organização da Ciência no Brasil

MANCHESTER GUARDIAN

...KLY, THURSDAY, APRIL 15, 1948.

A NEW PARTICLE: THE MESON

British Share in New Discoveries

From our Scientific Correspondent

CESAR LATTES DE REGRESSO AO BRASIL

FOLHA DA MANHÃ 11-3-1948 — 1.° ca

O ROMANCE DO "MESON"

Entrevista do Professor Robert Oppenhei- mer á imprensa paulista — Apos sua chegada a São Paulo, o Professor Robert Oppenheimer concedeu uma entrevista coletiva á imprensa. A proposito da posição do Brasil no conti-

Atribui-se excepcional importancia à descober

CESAR LATTES "O BRASILEIRO DO ANO"

fisico brasileiro Cesare Lattes no dominio at

Escolhido o jovem cientista brasileiro para patrono dos doutorandos da Escola Nacional de Química

Sua maior ambição é trabalhar na

O FISICO LAW

...anim que ...erta do jove ...xeneo, Prem ...director do B ...fortuna, deixou ...apareceu o e ...entro de Cesar ...ava entreg ...po internacional

SENSACIONAL DESCOBERTA DE UM CIENTISTA BRASILEIRO

Obtido experimentalmente pelo professor Cesar Lattes, assistente da Faculdade de Filosofia de São Paulo, o meson, particula atômica que sómente era conhecida pelas fotografias dos Raios Cósmicos — Anunciada pelo ilustre fisico norte-americano, Ernest Lawrence, essa descoberta, considerada como a mais importante já realizada em fisica atômica, consiste à desintegração do átomo — Quem é o professor Lattes, cujos estudos interessantissimos sôbre o meson A NOITE teve ocasião de divulgar — A descoberta de agora, realizada em colaboração com o Sr. Eugene Gardner, é a resultante dos trabalhos do jovem pesquisador patricio — (Amplo noticiário na nona pagina, primeira coluna)

CHEGOU ONTEM CES

A RECEPÇÃO, NO AEROPORTO SANTOS DUMONT, AO JOVEM CIENTIS DO MESON ARTIFICIAL NOS LABORATORIOS DA UNIVERSIDADE DA FUTURO — QUER DESENVOLVER NO BRASIL SUAS PESQUISAS NO

Diretor: GIL PEREIRA   EMPRESA A NOITE   Geren

ANO XXXVII   Rio de Janeiro — Terça-feira, 9 de março de 1948   N. 12.517

A NOITE

Diretor: GIL PEREIRA   Gerente: ALMEIRO RAMOS
Redator Chefe: CARVALHO NETTO   Número Avulso Cr$ 650

EMPRESA A NOITE

Uma catedra para Cesar Lates na Universi

Proposta pelo Departamento de Fisica da Faculdade Nacional de Filoso de Fisica Nuclear e de Fisica Aplicada, esse honroso e destacado c vada pela Congregação da Faculdade, essa proposta será submetida a a fim de ser encaminha- ...ao governo

QUERIAM DESTRUIR O "

Os amigos Joaquim da Costa
Ribeiro, Cesar Lattes e Giuseppe
Occhialini conversando no CNPq.

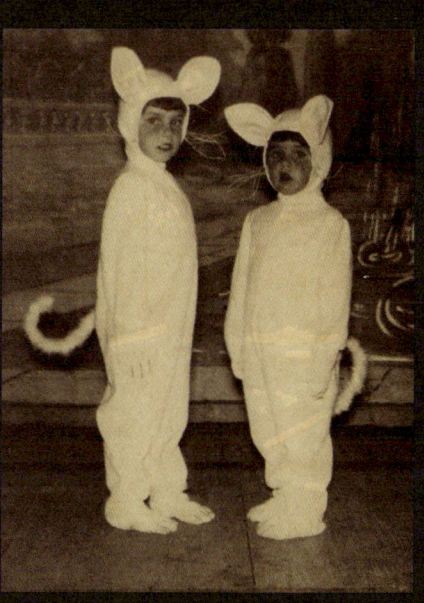

Maria Carolina e Maria Cristina no carnaval de 1957, no Recife. Esta é a foto que fez o coração de Lattes apertar de saudades e reforçou a vontade de voltar ao Brasil.

FOTOGRAFIAS
DO ACERVO FAMILIAR

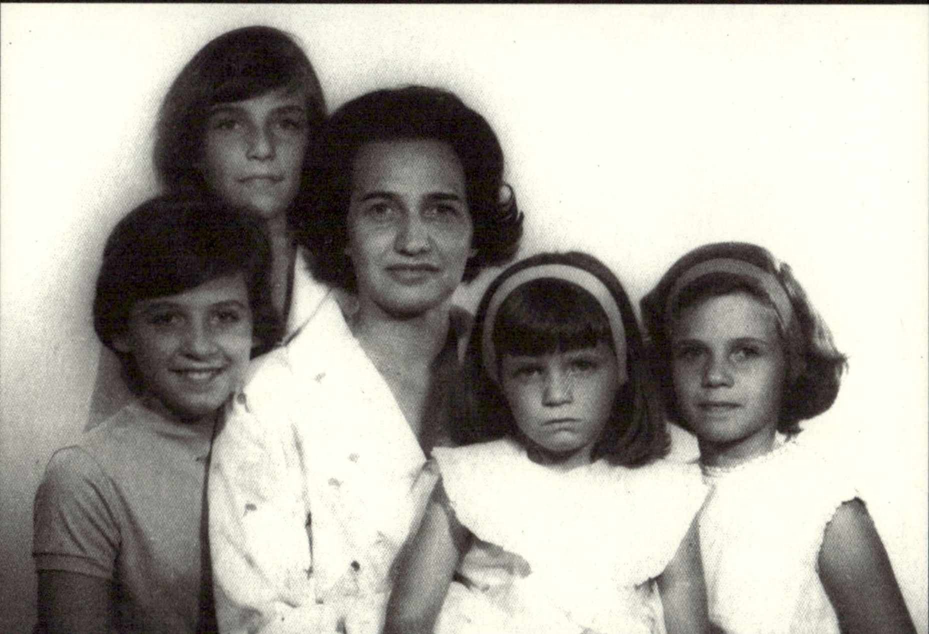

Martha e as quatro Marias (Cristina, Carolina, Teresa e Lúcia).

Junto do amigo físico argentino Juan Roederer, em passeio durante a
Conferência Internacional de Raios Cósmicos em Jaipur, Índia, em 1963.

Lattes era um professor a sua maneira. Como seu mestre Occhialini, não preparava aulas ortodoxas e sempre incentivava seus alunos a irem além por conta própria. Acima, com sua equipe do Departamento de Raios Cósmicos e Cronologia da Universidade Estadual de Campinas (Unicamp), em 1969.

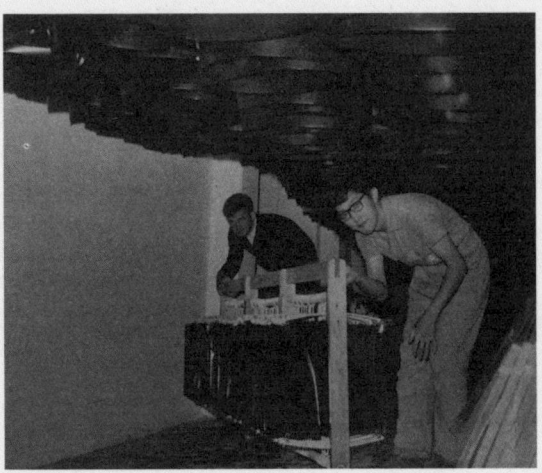

Na foto, tirada pelo professor Akinori Ohsawa, Edison Shibuya revela algumas chapas fotográficas junto ao professor Richard Landers.
O laboratório se encontrava no então prédio principal da Unicamp, na rua Culto à Ciência, Nº 177.

Shibuya é um dos "filhos" de Lattes, e um dos cientistas que mais tempo conviveu com o mestre em laboratório.

Cristina a justiceira

Querida filha:

Estou respondendo a sua cartinha de 16 de maio. Você diz que tem saudade mas leva 2 meses para escrever? Tá namorando demais e esquece o velho pae?

Trabalho e amigos vão bem.

Gostei da sua descrição da festa de seu aniversário. Você recebeu meu telegrama? Foram dois porque o primeiro foi parar em São Paulo!

Espero que a Tuiú esteja melhor e de tabinho novo e bonito.

Estou de volta da Suíça onde fui a um congresso de chronometria (relógios de precisão). Me ofereceram em emprestado para minhas experiências. Ele não atrasa nem adianta mais do que ___ 1 segundo por ano do tempo verdadeiro. Só 1.000.000 que o pessoal que fez o relógio não sabe qual é o tempo verdadeiro e seu pae sabe. Por isso eles queriam que eu fosse fazer um trabalho na fábrica deles, nos Estados Unidos e pagavam viagem, comida e moradia, ordenado e até me davam louras bonitas para eu trabalhar alegre. Eu preferi voltar para Pisa e eles vão mandar um relógio emprestado. Outro eles vão botar num satélite artificial que vai passar por cima de Pisa uma vez por dia e assim a gente compara os dois relógios através do rádio.

Por falar em relógio como vão os daí: O seu, de Caly, de Tuiú e de Tatá? Eu comprei na Suíça, baratinho, um relógio-isqueiro. Assim em vez de perder um relógio ou um isqueiro vou perder os dois ao mesmo tempo.

Aqui onde estou é uma cidadezinha nas montanhas da terra do vovô Pirio. Eu subia da Suíça para Milão mas o pessoal dos trens italianos está em

---

Carta de Lattes à filha Maria Cristina, datada de 1964. Apesar das viagens frequentes, o carinho e a saudade jamais esfriaram.

O perdigueiro Gaúcho foi um grande companheiro de
Lattes. Os colegas e alunos da Unicamp já sabiam que, se
avistassem Gaúcho pelos *campi*, Lattes estava por perto.
Fotografia de julho de 1973.

O reconhecimento de Cesar Lattes foi amplo durante sua vida, desde as manchetes em sua juventude às diversas homenagens que recebeu até o fim.

Na foto, Cesar assina alguns exemplares no lançamento do livro *Cesar Lattes: 70 anos – A nova física brasileira*, publicado pela Unicamp, em 1994.

Abaixo, o selo criado pelo Centro Brasileiro de Pesquisa Física para comemorar os 50 anos da descoberta do méson pi, em 1997.

Selo comemorativo dos Correios aos cientistas Cesar Lattes e Johanna Döbereiner, 2018.

ACERVO FAMILIAR/FOTOGRAFIA: FRANCO FAVA

Retrato de Cesar Lattes registrado em 1º de janeiro de 1977.

A família Lattes: três gerações
reunidas em Itatiaia.

No Departamento de Física Experimental, o ambiente fervilhante e a concentração de inteligência que se encontrava no CBPF não supriam, contudo, a falta de materiais e equipamentos. Numa assembleia extraordinária em agosto de 1950, Lattes comunicou a necessidade urgente de material científico e, em especial, de um gerador de alta tensão, que havia encomendado na Holanda à Philips Gloeilampenfabrieken. Tratava-se de um gerador Cockcroft-Walton, como o de Cambridge, que ele havia utilizado para calibrar as emulsões nucleares. Era um equipamento antiquado, em fim de linha, mas que se prestava a diversos tipos de estudos. O instrumento mais moderno, sobretudo depois dos resultados que ele e Gardner haviam obtido em Berkeley, eram os cíclotrons, incomparavelmente mais caros.

Se tivesse podido aproveitar o oferecimento de Lawrence de treinar um pequeno grupo para construir um acelerador de baixa energia, ele já estaria pronto. Segundo Lawrence, três pessoas dariam conta de construir uma máquina em três meses, além de se capacitarem para iniciativas futuras. Mas esse plano não se concretizara, e era urgente contar, pelo menos, com o gerador Cockcroft-Walton.

Uma vez que os repasses do governo federal e da prefeitura do Rio estavam atrasados, João Alberto autorizou um pedido de empréstimo ao Banco do Brasil, para saldar a encomenda e para que Lattes, acompanhado de Lauro Nepomuceno, viajasse à Holanda, a fim de acompanhar a montagem do aparelho e pesquisar inovações em laboratórios europeus. Os dois chegaram a visitar a Philips, em Eindhoven, mas o empréstimo não foi aprovado e Lattes voltou de mãos abanando. Eram dificuldades desse tipo que ele enfrentava na volta ao Brasil.

21 | O Nobel ficou com o chefe

O impacto de certas notícias tem o poder de imprimir na memória a circunstância em que as recebemos, com todos os seus detalhes. Uma lembrança que nada tem a ver com verbas e aceleradores ficou associada a essa viagem à Europa, e viria à tona 25 anos depois, em 1976, numa entrevista, quando o entrevistador perguntou, casualmente, em que ano Cecil Powell ganhara o Nobel.

"Nove meses antes da minha filha mais velha nascer", respondeu Lattes. E acrescentou: "Eu me lembro dos nove meses pelo seguinte: eu e minha mulher tínhamos estado na Holanda, Bélgica, Itália e França, e foi em Gênova [Itália], onde estávamos com o Occhialini. Fomos ao cinema. Na saída, vimos no jornal. Minha mulher e eu entramos no navio e, nove meses depois, nasceu minha filha. Foi em fins de 1950".

A lembrança, tão nítida muitos anos depois, faz pensar na importância do acontecimento para Lattes. Ele já fora indicado para o Nobel em 1949, junto com Eugene Gardner, quando o premiado foi Hideki Yukawa, mas, enquanto essa escolha parecia apenas confirmar a importância de Lattes, já que ele provara experimentalmente a descoberta que Yukawa sugerira como teoria, o Nobel de Powell o jogava num acabrunhante anonimato. Nem o prêmio – pelo desenvolvimento do método fotográfico e pela decorrente descoberta do méson – nem a apresentação da Real Academia Sueca de Ciências, nem o discurso do homenageado na cerimônia, nada fazia referência à sua contribuição naquele processo.

Que outro cientista recebesse o Nobel não lhe doeria. Mas que alguém fosse premiado por algo que ele havia feito ou, no mínimo, para cujo sucesso havia contribuído tão decisivamente, deve ter sido difícil de engolir.

Lattes foi o principal responsável pela calibração das emulsões nucleares, que tornou o instrumento utilizável. Sua ideia de acrescentar bórax à emulsão melhorou enormemente seu desempenho, ao prolongar a duração da imagem latente. Além disso, até que fossem reveladas as placas que, a pedido de Lattes, Occhialini havia exposto no Pic du Midi, o laboratório H. H. Wills usava as emulsões apenas para o estudo dos resultados de colisões entre partículas – ninguém ali estava pensando em mésons, especificamente. E, finalmente, fora sua iniciativa de expor as placas em Chacaltaya que garantira a detecção de eventos em número suficiente para uma comprovação cabal: havia duas partículas mesônicas e a segunda resultava do decaimento da primeira, tal como descreve o histórico artigo de maio de 1947 publicado na revista *Nature*, assinado por C. G. M. Lattes, H. Muirhead, G. P. S. Occhialini e C. F. Powell. Aliás, foi em publicação posterior dos mesmos autores, de outubro de 1947, que os nomes méson pi e méson mu foram empregados pela primeira vez, em lugar de méson primário, ou pesado, e méson secundário, ou leve, como eram referidos até então em cartas trocadas à época.

E, no entanto, não havia nada de errado com a premiação. Ou melhor: não havia nada mais errado do que de costume. Em seu artigo "Cesar Lattes e o Prêmio Nobel: a lógica do prestígio científico no século XX", os historiadores da ciência Climério Paulo da Silva Neto e Heráclio Duarte Carvalho ressaltam: "O Nobel foi, desde o início, uma celebração de indivíduos". Pelas suas regras, o prêmio era destinado, geralmente, ao chefe da equipe responsável pelo trabalho escolhido. O regulamento permitia que o júri premiasse até três cientistas no mesmo ano, mas essa era uma escolha, não uma obrigação.

Powell era um cientista respeitado, e, embora fosse pouco provável que seu laboratório tivesse a primazia daquelas descobertas sem o rumo e a velocidade que Lattes imprimiu aos trabalhos, ele oferecera contribuições importantes para o desenvolvimento do método fotográfico. Naquele ano, recebeu catorze indicações para o Nobel, e Lattes, nenhuma – as seis que teria depois viriam nos anos seguintes, até 1954.

Tudo transcorreu de acordo com o protocolo: a indicação dos nomes nessa categoria cabe a membros suecos e estrangeiros da classe de física da Real Academia Sueca de Ciências, a membros do Comitê Nobel de Física, a laureados com o Nobel de Física e de Química, a professores de universidades e institutos de tecnologia dos países escandinavos e do Instituto Karolinska (da Faculdade de Medicina de Estocolmo). Cabe ainda a professores titulares de física de pelo menos seis universidades de diversos países, selecionadas pela Real Academia Sueca de Ciências, além de outros cientistas convidados pela instituição. Os nomes são submetidos ao Comitê Nobel de Física e a especialistas convocados por seus integrantes, e uma lista final é levada aos físicos da Academia, que escolhem os premiados.

Desde que a Real Academia Sueca de Ciências abriu seus arquivos, em 1974, entretanto, e sobretudo depois que eles se tornaram acessíveis pela internet, em 1995, muitas pesquisas e análises examinaram a premiação sob diversos ângulos. Além de evidenciar quais realizações científicas eram valorizadas na primeira metade do século XX e quem eram os cientistas considerados importantes, esses trabalhos desvendaram as relações entre eles e evidenciaram as engrenagens de patronato científico. A ideia de que o Prêmio Nobel é um território neutro, baseado exclusivamente no mérito do pesquisador e na sua contribuição para o bem da humanidade, saiu bastante arranhada, assim como a crença no etos universalista da ciência.

Em seu conjunto, essa historiografia demonstra que, até a primeira metade do século XX, o Nobel não foi muito diferente do mundo à sua volta: os cientistas europeus e americanos, que têm mais visibilidade nas publicações científicas, são nomes mais conhecidos dos nomeadores e jurados. E os prêmios, assim como os recursos financeiros – e os olhares do público –, costumam fluir em direção aos mais ricos.

No artigo "O banco de dados do Nobel como indicador da internacionalização da ciência brasileira", José Eymard Homem Pittella, professor aposentado da Faculdade de Medicina da UFMG, refere-se ao "padrão cumulativo de reconhecimento nas ciências, pelo qual as redes hegemônicas se retroalimentam". Como aponta o pesquisador, são essas redes que definem o que "se considera uma contribuição científica relevante, ao mesmo tempo que possuem acesso privilegiado para alcançá-las e validá-las". A propósito, ele ressalta que, de 1901 a 1966, o único nomeador brasileiro do prêmio na categoria Física foi Carlos Chagas Filho.

Entre 1901 e 1953, dezessete brasileiros foram indicados ao Nobel – nas categorias de Fisiologia e Medicina, como Carlos Chagas e Adolfo Lutz; de Literatura, como Coelho Neto e Flávio de Carvalho; e da Paz, como o barão do Rio Branco, o marechal Rondon e o ativista contra a fome Josué de Castro. Um dos indicados ao Nobel da Paz, o chanceler Afrânio de Mello Franco, recebeu o número notável de 43 indicações, pela arbitragem dos conflitos de Chaco (1932–1935), entre a Bolívia e o Paraguai, e do porto de Letícia (1932), entre o Peru e a Colômbia.

Nenhum deles ganhou o prêmio.

O nome de Lattes despontou na lista em 1949, ao lado de Eugene Gardner, com duas indicações, feitas por Walter Scott Hill Rodriguez, expoente da história da física no Uruguai, e do americano James S. Bartlett, da Universidade de Illinois, pela produção dos primeiros mésons artificiais. Em 1951, ele foi o candidato sugerido por Gleb Wataghin. Em 1952, 1953 e 1954, foi indicado por Leopold Ružička, físico eslovaco naturalizado americano, Nobel de Química em 1930. Em 1952, recebeu também a indicação do físico Marcel Schein, da Universidade de Chicago. Todos os cientistas que o nomearam o conheciam pessoalmente, graças a algum contato profissional.

A existência de tantas barreiras para cientistas de países em desenvolvimento torna ainda mais valioso o lugar no olimpo dos premiados. Prêmios internacionais como o Nobel, o Oscar e a Copa do Mundo acenam com mais do que o reconhecimento de artistas, cientistas e atletas – eles significam, no imaginário coletivo, o reconhecimento do próprio país e do seu povo. É de se imaginar que um Nobel teria facilitado imensamente a gigantesca tarefa de lançar as bases para a pesquisa física no Brasil, assumida por Lattes. E talvez o protegesse dos efeitos corrosivos da política sobre a sua trajetória, que contribuíram para abalar sua segurança psíquica.

Ao longo dos anos, seus comentários sobre o prêmio variaram em distância e em temperatura. Aos 21, recém-chegado a Bristol, ele escreveu para Leite Lopes: "É muito mais interessante e difícil conseguir formar uma boa escola num ambiente precário do que ganhar o Prêmio Nobel trabalhando no melhor laboratório de física do mundo".

Aos 77, numa entrevista ao *Jornal da Unicamp*, protestou: "Em Chacaltaya, quando descobrimos o méson pi, se publicou: Lattes, Occhialini e Powell. E o Powell, malandro, pegou o Prêmio Nobel pra ele. Occhialini e eu entramos pelo cano". Atribuiu isso, contudo, ao fato de Powell ser mais conhecido do que ele e respeitado por seu trabalho de 1933 sobre produção de pósitrons.

Sobre ter sido indicado, nos anos seguintes, ao lado de Eugene Gardner, e mais uma vez preterido, explicou: "Gardner morreu pouco depois e não se dá o Prêmio Nobel para morto". Entre brincalhão e sarcástico, resumiu: "Me tungaram duas vezes".

Ao ser convidado para integrar a Accademia Nazionale dei Lincei, uma das mais antigas da Itália, fundada em 1603, e que teve entre seus membros Galileu Galilei, Lattes comentou com a família o quanto se sentia orgulhoso – "mais do que se tivesse ganho o Nobel". De todo modo, não lhe faltariam láureas, como as comendas Cavaleiro da Ordem do Rio Branco, do Estado brasileiro, e Andrès Bello, da nação venezuelana; o título de Cidadão Boliviano; e os prêmios Bernard Houssay, da Organização dos Estados Americanos, e o da então Academia de Ciências do Terceiro Mundo, hoje Academia Mundial das Ciências, pelo estímulo à ciência em países em desenvolvimento.

22 | Um guerreiro no front político

Alguns personagens foram fundamentais para fazer desaguar no CBPF o interesse dos setores oficiais pelo domínio da ciência nuclear. Nessa esfera, as maiores contribuições foram de João Alberto Lins de Barros e do almirante Álvaro Alberto da Motta e Silva. Um dos principais representantes da ala militar nacionalista, Álvaro Alberto era oficial de marinha, engenheiro químico e professor da Escola Naval. Desenvolveu alguns inventos, como o explosivo rupturita e uma tinta antiaderente para cascos de navio. Militou sempre pelo fortalecimento da capacidade científica do Brasil e presidiu a Academia Brasileira de Ciências. "O almirante Álvaro Alberto era um nome citado com tanta frequência na nossa casa, que demorei a descobrir que 'almirante' não era um nome próprio", conta a antropóloga Yvonne Maggie de Leers Costa Ribeiro, filha do físico Joaquim da Costa Ribeiro.

Como representante do Brasil na Comissão de Energia Atômica da ONU, Álvaro Alberto lutou por compensações específicas e garantias de acesso a tecnologias nucleares aos países detentores de minérios físseis. Uma emenda que introduziu no primeiro relatório da CEA-ONU impediu que as reservas de minérios radioativos de todos os países fossem compulsoriamente desapropriadas, como queriam os Estados Unidos, em nome do controle de armas atômicas. O título de almirante lhe foi dado em reconhecimento de sua atuação na Comissão de Energia Atômica da ONU.

Em 1947, Álvaro Alberto encaminhara ao presidente Eurico Gaspar Dutra sugestões destinadas a desenvolver o setor atômico. Uma delas era fundar um conselho de pesquisa para fomentar atividades técnicas e científicas. Em muitos outros países surgiam naquele momento agências de fomento semelhantes – nos Estados Unidos a National Science Foundation, na França o Centre National de la Recherche Scientifique, na Grã Bretanha discutia-se a criação de um Ministério da Ciência. "Levei um memorial, fazendo sentir à Sua Excelência os embaraços que senti como representante do Brasil na Comissão de Energia Atômica da ONU. Ele percebeu que o seu país querido, o Brasil, era o único que não dispunha de órgãos necessários para se colocar em idêntico nível de progresso cultural, econômico, à altura dos países civilizados", escreveu Álvaro Alberto.

No raiar da década de 1950, a ideia persistente de que o Brasil era um país de vocação agrícola e de que seu ensino superior deveria se limitar a formar os doutores de uma pequena elite parecia ultrapassada. Todo o arco político, do Partido Comunista à direita liberal reunida na UDN, mostrava-se entusiasmado com a ciência, e a energia nuclear passou a ser considerada a quintessência da modernidade. Também na esfera militar, tornara-se impossível pensar em soberania nacional sem o domínio da física atômica. Mas o empurrão final, também neste caso, veio do sucesso de Cesar Lattes na Europa e nos Estados Unidos.

A exposição de motivos do projeto de lei n. 260/1949, que dois anos depois iria dar no CNPq, afirmava: "[...] no domínio da física, ciência que não pode ser desprezada no momento em que vivemos, como alavanca de progresso industrial e econômico de uma nação e até como baluarte da defesa nacional Já possuímos um centro de investigação em São Paulo e outro no Rio, e da equipe moça e vigorosa que os constitui saiu o jovem Cesar Lattes, cuja recente descoberta provocou tão grande sensação nos meios científicos do mundo inteiro".

Tão logo voltou ao Brasil, em março de 1949, Lattes começou a participar das reuniões para a criação do CNPq, convocadas por Álvaro Alberto. Aos 25 anos, um rapazote naquele fórum de senhores sisudos, ele exprimiu em suas primeiras intervenções um otimismo quase cândido – defendeu que cada instituição de pesquisa contasse com seu próprio cíclotron, algo que, nas condições precárias do Brasil, como ele logo veria, soava quase como um delírio. Numa das reuniões, Lattes manifestou seu desagrado ante a interferência de interesses de Estado em questões científicas, e foi rapidamente neutralizado por Álvaro Alberto. Com o passar do tempo, sua participação naquelas sessões se limitou ao esclarecimento de dúvidas pontuais.

Oficializado nos últimos dias do governo do general Dutra, o CNPq foi apresentado pelo presidente como "o estado-maior da ciência, da indústria e da tecnologia". Álvaro Alberto, seu primeiro dirigente, indicado já na gestão de Getúlio Vargas, chamou-o de "Lei Áurea da ciência". Um conselho deliberativo orientava suas decisões. O estado-maior das Forças Armadas, alguns ministérios e a Academia Brasileira de Ciências indicavam representantes, assim como entidades corporativas da indústria e da administração pública. Os demais membros, no total de dezoito, eram escolhidos em universidades e instituições de ensino ou individualmente, entre cientistas técnicos e intelectuais "de notório saber, idoneidade moral e devotamento aos interesses nacionais". Um deles era, é claro, Cesar Lattes.

O Conselho Nacional de Pesquisas foi fundamental para a sobrevivência do CBPF. Por influência dos militares, a lei que o criou considerava que sua missão prioritária era promover uma rede nacional de energia atômica e a devida formação científica para isso. Tal escolha se refletiu na distribuição de recursos. Embora a maior parte das bolsas de estudo tenha sido concedida nas áreas de biologia e agronomia, os investimentos mais volumosos voltaram-se para as ciências físicas – 33% do total de recursos do CNPq, de 1951 a 1956.

Segundo Lattes, Getúlio Vargas agiu para isso nos bastidores. Lutero Vargas, o filho médico do presidente a quem Lattes fora apresentado disse ao físico que ele precisava falar com seu pai, e o levou até ele. Na véspera da posse dos conselheiros do Conselho Nacional de Pesquisas, o presidente estava à sua espera no Palácio Rio Negro, em Petrópolis. "Conversamos uma hora e meia, Alzirinha tomando notas", recordou Lattes, "Getúlio quis saber mais ou menos como era esse negócio de bomba atômica e tal. Depois disse: 'Do que é que você precisa lá para o seu centro particular?'". O presidente recomendou que o centro se mantivesse particular a fim de evitar problemas com o Departamento Administrativo do Serviço Público (DASP). "Se vocês o colocarem no governo, o DASP vai infernizar vocês", aconselhou. "Ele quis saber do que precisávamos e contei que estávamos vivendo de cem contos por mês da Confederação das Indústrias do Sesi. O Getúlio deve ter duplicado isso." Segundo Lattes, foi o que garantiu alguma estabilidade, e o arranjo funcionou bem até o suicídio do presidente. "Álvaro Alberto fez passar isso a muque, pois havia lá uns gaúchos que eram contra."

O CBPF, o CNPq, Álvaro Alberto e todo o esforço para impulsionar a ciência no Brasil dependiam do apoio do governo, e, pressionado em muitas frentes, ele começava a se fragilizar. A volta de Getúlio ao poder, eleito com maioria importante de votos, transformara os segmentos que durante o Estado Novo representavam as forças democráticas numa oposição rancorosa, empenhada em impedir Getúlio de governar e, em última instância, derrubá-lo, ainda que por meio de um golpe militar. O país cindiu em duas frentes: getulistas e antigetulistas.

A dinâmica se reproduziu nas Forças Armadas. Parte dos militares, identificada com o nacionalismo, fechava com as bandeiras de Getúlio – desenvolvimento sem submissão aos interesses dos Estados Unidos. A outra metade identificava-se com a plataforma liberal da UDN: adesão irrestrita às demandas americanas em temas como remessa de lucros, petróleo, minerais radioativos e acesso à tecnologia nuclear. Um dos expoentes da bancada udenista no parlamento, o deputado Aliomar Baleeiro, da Bahia, chegou a declarar que não era a favor de o Brasil abrir as portas ao capital estrangeiro, e sim de "escancarar" essas portas.

Em meio à estridência do debate político, as necessidades do nascente CBPF custavam a ser atendidas, dificultando enormemente a missão dos fundadores, a começar por Lattes. O centro ainda não havia completado dois anos e parecia consumi--lo em níveis não planejados. As demandas se acumulavam em todos os níveis – institucional, administrativo, científico – paralelamente às obrigações do Conselho Deliberativo do CNPq, do qual se tornara o mais jovem membro, aos 26 anos.

Em uma carta de janeiro de 1951, escrita em inglês em papel timbrado do CBPF, ele se abria ao antigo mestre e amigo Giuseppe Occhialini sobre as dificuldades em que se via mergulhado. Procurava desesperadamente uma maneira de trazê--lo para o Brasil.

Caro Beppo,

O prédio novo está pronto. Temos uma boa biblioteca e quinze pessoas dispostas a trabalhar pra valer.

Precisamos de lideranças – precisamos desesperadamente.

Estou afogado em física financeira e estou me sentindo um pouco desencorajado, agora que chegou a hora do trabalho real.

Precisamos muito de você e Connie. Espero que consigam vir. O quanto antes, melhor.

A Unesco concorda em lhe pagar 12 mil dólares (US$ 12.000,00) por 12 meses e a viagem tem que sair dessa quantia. O Centro Brasileiro de Pesquisas Físicas se encarrega de mobiliar suas acomodações.

Por favor aceite e me escreva logo.

(TELEGRAFE).[31]

Assinava a carta como Neno – um apelido carinhoso usado pela família, indicativo da intimidade entre os dois mesmo em assuntos institucionais. Com um posto no Centro de Física Nuclear da Universidade de Bruxelas, na Bélgica, Occhialini só poderia atender ao amigo no começo do ano seguinte.

Em abril de 1951, foi proposta na Câmara a abertura de um crédito de 20 milhões de cruzeiros para a compra de aparelhos e material de pesquisa em física nuclear. Na exposição de motivos, lia-se que "o país ficou sensibilizado com o regresso de Lattes sem o acelerador de partículas e não deverá ficar indiferente à decepção sofrida pelo cientista patrício". Lattes decidiu então pela compra de um acelerador de 72" a ser fabricado pela General Electric (GE), nos Estados Unidos.

Numa visita a Washington em outubro de 1951, Álvaro Alberto solicitou ao senador Brien McMahon, da comissão conjunta do Senado e da Câmara dos Estados Unidos na Comissão de Energia Atômica, urgência na liberação da encomenda, que, como tudo que se referia à energia atômica no país, necessitava do aval da comissão. Entretanto, convidado poucos meses depois a visitar o Instituto de Estudos Nucleares da Universidade de Chicago, Álvaro Alberto mudou de ideia. Aconselhado pelos físicos Isidor Rabi, John Marshall e Herbert Anderson, os dois últimos da equipe do sincrocíclotron em aperfeiçoamento naquela universidade, resolveu encomendar, em vez do acelerador de 72" da GE, escolhido por Lattes, outros dois: um pequeno, de 21", e um enorme, com 170", quase tão grande quanto o do Laboratório de Radiação de Berkeley. O modelo menor, uma versão reduzida do sincrocíclotron de 170" na proporção de um oitavo, serviria também para capacitar técnicos e pesquisadores para a construção do grande acelerador no Rio de Janeiro. Com a operação, o Instituto de Energia Atômica de Chicago colheria o benefício não explicitado no contrato de poder aperfeiçoar seu grande sincrocíclotron – ou cíclotron, à época os dois nomes eram usados sem diferenciação no Brasil – sem paralisá-lo, e sem maiores custos, usando o modelo de escala reduzida a ser instalado no Brasil.

Autorizada pelo presidente da República, a primeira etapa da negociação deu início à construção do cíclotron de 21" ao custo de 600 mil dólares. Na segunda, foi assinado um convênio pelo qual a Universidade de Chicago cedia o projeto de 3 milhões de dólares do acelerador de 170" e o CNPq se encarregava de financiar a fabricação do equipamento.

Os motivos de Álvaro Alberto para essa decisão são pouco claros. Futuro gestor do uso do cíclotron e declaradamente favorável a equipamentos de custo mais baixo, Cesar Lattes sequer foi consultado – estava envolvido com a instalação do laboratório para o estudo de radiação cósmica no monte Chacaltaya, na Bolívia, e a aquisição não estava relacionada a qualquer projeto em andamento. A mudança de rumo tampouco combinava com o estilo do almirante, tão cioso da independência do Brasil frente aos interesses americanos. As cláusulas do contrato a que ele deu aval desprotegiam perigosamente o contratante – o Instituto de Energia Atômica da Universidade de Chicago comprometia-se apenas a "empenhar seus melhores esforços" para o bom funcionamento do cíclotron. Nem sequer se responsabilizava por esse resultado.

A compra dos cíclotrons de Chicago já foi atribuída a um sonho de grandeza do almirante, que o teria impedido de avaliar as reais condições técnicas do nosso parque industrial para dar conta do empreendimento. Foi interpretada também como uma maneira de revitalizar o diálogo com o governo americano, que vinha se tornando cada vez mais tenso, num momento em que o governo Vargas carecia tremendamente de apoio.

Tanto o presidente Dwight Eisenhower, do Partido Democrata, quanto seu sucessor, o republicano Harry Truman, olhavam com desconfiança os rumos da política brasileira. Decisões como a fundação de uma empresa estatal de petróleo, a Petrobras, e a restrição à remessa de lucros ao exterior foram lidas em Washington como sinais da influência comunista no continente. Os financiamentos que o Brasil esperava, por ter participado do esforço dos Aliados, nunca aconteceram. Para piorar, os americanos queriam que o Brasil enviasse tropas para lutar a seu lado na Guerra da Coreia, e Getúlio se recusou. Neste cenário, qualquer assunto em que interesses brasileiros dependessem da simpatia dos americanos parecia espinhoso. As tão legítimas "compensações específicas" que Álvaro Alberto reivindicava não eram exceção e foram sacrificadas às urgências do momento. Milhares de toneladas de areias monazíticas continuaram a ser exportadas para os Estados Unidos sem nenhuma contrapartida. Um contrato para a compra dos cíclotrons americanos poderia funcionar como um contato solidário entre os dois governos.

23 | Um laboratório nos Andes

Enquanto Álvaro Alberto embarcava no sonho grandioso dos dois cíclotrons, Lattes abria em Chacaltaya uma nova frente de pesquisa em física nuclear e na física de partículas, que o recolocava em sua prática experimental, entre aceleradores e raios cósmicos.

Numa reunião em 3 de janeiro de 1952, ele apresentou à diretoria do Centro Brasileiro de Pesquisas Físicas a sugestão de um acordo com a Universidad Mayor de San Andrés, em La Paz, mediante o qual o centro instalaria no Laboratório de Física Cósmica de Chacaltaya uma câmara de Wilson automática, para estudos a serem realizados por ele, com assistentes de sua equipe e auxiliares bolivianos. Pelo acordo, o laboratório, instalado a 3.100 metros de altitude, no monte Chacaltaya – o posto meteorológico onde as placas de emulsões eram expostas aos raios cósmicos se situava a 5.800 metros –, tornava-se um departamento do CBPF.

O equipamento do laboratório foi quase todo construído nas oficinas do CBPF no Rio de Janeiro e levado para Chacaltaya: detectores Geiger-Müller, instrumentos eletrônicos para alimentação dos detectores e processamento dos impulsos, fontes de alimentação de baixa tensão (250 volts) e de alta tensão (2.500 volts) para os detectores, escalímetros, osciladores e amplificadores. A fabricação dos instrumentos permitia que estudantes brasileiros ingressassem na área experimental. O transporte, sempre que possível, era feito pelos aviões do Correio Aéreo Nacional, que reservava para o CBPF dois lugares para passageiros e 150 quilos de carga em seus voos para La Paz. O aeroporto da capital ficava a 4 mil metros de altitude, numa planície denominada El Alto, a que se chegava em voo visual, por uma espécie de cânion entre altíssimas montanhas nevadas, como o próprio monte Chacaltaya e o Huayna Potosí, de mais de 6 mil metros. Quando as condições meteorológicas eram adversas, o que acontecia com frequência, os aviões desciam em Corumbá ou em Santa Cruz de la Sierra e aguardavam indefinidamente autorização para concluir viagem.

Cargas demasiado volumosas ou pesadas para serem transportadas de avião exigiam verdadeiras expedições. Foi o caso da câmara de Wilson doada por Marcel Schein, da Universidade de Chicago, no âmbito do que ficou conhecido como a Missão Unesco. O transporte do equipamento até o laboratório dos Andes foi acompanhado pessoalmente por Lattes. Cargas desse tipo seguiam de trem até Bauru, onde eram transferidas para vagões da estrada de ferro Brasil-Bolívia, por onde seguiam até Corumbá e, sempre por estrada de ferro, até Roboré, no país vizinho, de onde eram transportadas de caminhão até Pozo del Tigre. Por uma picada na floresta conhecida como Camino Real, chegavam ao rio Grande, que atravessavam a vau em carros de boi. Dali, em viaturas de carabineiros, seguia-se até Santa Cruz de la Sierra, e depois, por estrada asfaltada, até Cochabamba e, finalmente, La Paz, aos pés de Chacaltaya.

Em uma descrição no livro *Cesar Lattes, 70 anos: a nova física brasileira*, Alfredo Marques, participante de uma das expedições, dá uma ideia dos desafios do percurso: "Cavadas nas encostas dos ígneos maciços, as estradas em certos trechos acomodavam apenas uma viatura de cada vez, embora trafegadas em mão dupla. No cruzamento entre duas viaturas, a preferência é de quem sobe a cordilheira, não importando o tipo de declive local. O carro não preferencial tem que recuar em marcha a ré ladeira acima, se preciso, até abrir espaço para o que tem a preferência. As estradas são pontilhadas de curvas fechadíssimas, e a altitude faz assentar aqui e ali espessas nuvens, que impedem completamente a visão, de modo que é comum ver pequenos caminhões [...] com uma das rodas completamente fora da estrada".

A vitalidade de Lattes no período pode ser observada no raro registro em filme do transporte do equipamento doado por Schein, em que Lattes é entrevisto em meio ao grupo que escolta a carga com entusiasmo em trens, caminhonetes e carros de bois. A câmera é generosa com a paisagem em transformação do vau na travessia do rio Grande às escarpas nevadas dos montes andinos. "No trajeto [Lattes] demonstrou intrepidez, coragem, total entrega e indiferença a riscos e desconfortos, no melhor estilo dos pioneiros da radiação cósmica", escreveu Alfredo Marques, em 2013, ao se lembrar do amigo em um de seus momentos solares à frente do CBPF.

O que um cientista convencional consideraria um obstáculo significava para Lattes parte de uma tradição da física experimental que ele aprendera com seu mestre Occhialini, um montanhista experimentado e espeleólogo diletante. Não por acaso, a história da descoberta do méson passa pelo Pic du Midi nos Pireneus, e pelo monte Chacaltaya, nos Andes. Além disso, depois de tantas batalhas burocráticas, peregrinações financeiras e embates políticos, tudo de que Lattes precisava naquele momento era da oportunidade de voltar a mergulhar no fascinante mundo da pesquisa.

Seu propósito agora era medir outras propriedades dos mésons pi e mu, além da massa que Lattes já tinha medido em Bristol e em Berkeley. Além dos estudos de Lattes, o laboratório andino possibilitava trabalhos de outros físicos, como Ugo Camerini, Roberto Salmeron, Georges Schwachheim e Andrea Wataghin, sobre temas como teoria e detecção de chuveiros atmosféricos extensos e dependência de chuveiros penetrantes em relação à altitude. Começava a se consolidar ali uma nova geração de físicos na área experimental.

Enquanto não se concretizava a tão esperada vinda de Giuseppe Occhialini, então no Instituto de Física da Universidade de Gênova, para o CBPF, prevista para fevereiro de

1952, Lattes discutia por carta, com o amigo, os progressos do trabalho em Chacaltaya e as providências a serem tomadas. "Vou para os Andes dentro de uma semana exatamente para tratar da energia elétrica", escreveu em 23 de outubro de 1951. "Traga as chapas que você achar mais conveniente e procure obter um meio rápido e seguro de mandá-las vir para o futuro. No momento o Camerini está planejando uma experiência com uma dúzia e meia de chapas de 6 × 6.400 para exposição sob várias espessuras de chumbo", avisava.

Lattes calculava suas estratégias: "Quanto aos *balloon flights*, penso que é um pouco cedo, pois temos pouca gente e não convém dispersar esforços em vários campos. Convém deixar o assunto para discussão quando você estiver aqui". E adiantava o que andavam articulando para o futuro: "O Conselho Nacional de Pesquisas está planejando uma estação no Brasil em Itatiaia ou Campos do Jordão. Podemos decidir o caso quando estiver aqui".

Numa carta a Herbert Anderson, engenheiro da Universidade de Chicago envolvido na construção do futuro acelerador do CBPF, ele parece satisfeito: "O trabalho em Chacaltaya está progredindo bem. A câmara de nuvem de Schein está instalada e começa a fornecer traços, o diesel (um novo, de 15 kW) está funcionando bem. Conseguimos um conjunto de medidas de decaimento píon-mu. Agora estamos melhorando os eletrônicos para discriminar melhor coincidências demoradas, devidas a pi-mu, de grandes estrelas (únicas)".

É bem verdade que a câmara de Wilson nunca chegou a funcionar perfeitamente. Logo começou a apresentar defeitos insolúveis, que absorviam um tempo enorme da equipe. Mas esse era o tipo de problema que Lattes enfrentava com tranquilidade. Além disso, Chacaltaya representava para ele uma espécie de segundo lar, um ambiente no qual ele se conectava com seus grandes interesses e com sua potência criativa. Desde a fundação do CBPF, Lattes se empenhava pessoalmente na melhoria das condições de trabalho em Chacaltaya, dividindo seu tempo e energia entre o Rio e La Paz. Seus experimentos iam aos poucos revitalizando as instalações no alto da montanha e capacitando os laboratórios do CBPF na Praia Vermelha, responsáveis pela fabricação dos contadores e circuitos de alto poder de discriminação utilizados no projeto.

Em meados de 1953, Cesar e Martha tinham comprado um apartamento no Rio de Janeiro, próximo a uma encosta da Lagoa Rodrigo de Freitas, mas, como ele passava mais tempo em Chacaltaya do que no Rio, decidiu se mudar com a família para La Paz. A essa altura, já tinham duas filhas, Maria Carolina, então com dois anos, e Maria Cristina, de poucos meses. Maria Carolina, a Carol, fora muito esperada. Cerca de dois anos depois de casados, quando começavam a se perguntar se havia alguma coisa errada com eles, Martha finalmente engravidou. A segunda gravidez aconteceu pouco mais de um ano depois. "Eles diziam que fui planejada", lembra Maria Cristina. "Contavam que tinham encomendado outro bebê porque Carol precisava de uma irmãzinha para brincar com ela."

A temporada de La Paz, que não durou mais do que um ano, perpetuou-se na memória das filhas por uma ou outra menção de Martha e de Cesar à casa, à cidade e à Felissa, uma moça que ajudava com as crianças e que seguiu depois com eles para o Brasil. Pelo tom das recordações, deduzem as filhas, foi um tempo feliz, que o manteve conectado com o que possuía de mais potente e brilhante.

Em contrapartida ao entusiasmo que Chacaltaya lhe proporcionava, a realidade brasileira era uma fonte inesgotável de preocupação. O acelerador pequeno, segundo previa o contrato com a Universidade de Chicago, deveria chegar quase pronto e demandaria apenas testes e ajustes, mas as dificuldades começaram por ele.

A Universidade do Brasil não autorizou a instalação do equipamento no campus, junto ao Pavilhão Mário de Almeida. O reitor, Pedro Calmon, preferiu esperar a chegada de consultores da Universidade de Chicago, alegando que estavam lidando com um "meio muito sensível a determinados aspectos psicológicos, porque muita gente confunde até cíclotron com reator, bomba atômica etc.".

Foi decidido então que o equipamento ficaria num terreno em Niterói doado pelo estado do Rio. Para isso, foi necessário transferir para lá as unidades do CBPF envolvidas no funcionamento dos cíclotrons, departamento técnico, oficina mecânica, serviço de eletricidade e eletrônica, parte do serviço de alto vácuo e química. Unidades que não tinham a ver com o cíclotron, mas que também dependiam do apoio desses serviços, tiveram que se mudar, elas também, para Niterói, o que esvaziou ainda mais orçamentos já exíguos, além de consumir tempo e energia. A ponte Rio-Niterói só seria construída dali a mais de uma década. A maneira mais rápida de ir do Rio a Niterói eram as velhas barcas, que cruzavam a baía de Guanabara. De carro, via Magé, o percurso levava mais de uma hora.

A instalação do pequeno cíclotron apresentava demandas numerosas e complicadas, como um compartimento blindado, já que liberava radiação; sala dentro da blindagem para pesquisas ligadas ao cíclotron; salas de circuitos e de aparelhos auxiliares, sala para as máquinas e espaço externo para subestação e casa de bombas. Montar em Niterói um cíclotron projetado na Universidade de Chicago revelou-se uma epopeia desanimadora. Faltava espaço para executar os trabalhos e armazenar os materiais. Os serviços encomendados ao Arsenal de Marinha e ao Escritório Técnico da Universidade do Brasil se arrastavam, e até providências solicitadas ao CNPq atrasavam. Henry British Lins de Barros, coordenador técnico da empreitada, desabafou num relatório do CBPF: "Tudo isso faz com que o moral do pessoal se desgaste, dando nascimento a um certo descontentamento íntimo, solapando, assim, a fé no êxito do projeto".

O CNPq criou um departamento chamado Serviços de Projeto e Construção do Sincrocíclotron, dirigido por Álvaro Difini, professor da Universidade Federal do Rio Grande do Sul. Para responder às novas demandas administrativas e agilizar as operações, Álvaro Alberto, vice-presidente em exercício do CBPF, nomeou Difini para substituir Hervásio de Carvalho e Gabriel Fialho, diretor-executivo e diretor-tesoureiro do CBPF. A acumulação de cargos no CBPF e no CNPq por Difini deu início a uma crise que prejudicaria a história das duas instituições.

A equipe local precisava de treinamento numa infinidade de técnicas envolvidas na fabricação de um cíclotron, e o parque industrial brasileiro não dispunha de capacidade para fabricar um eletroímã, ou magneto, daquele tamanho. Em janeiro de 1953, Herbert Anderson, da Universidade de Chicago, enviou um telegrama curto e grosso a Álvaro Alberto: ele iria virar uma piada no mundo científico se insistisse em fabricar o magneto na usina de Volta Redonda. Era preciso encomendá-lo, o quanto antes, a uma indústria estrangeira.

O preço da peça encomendada no exterior chegava a 5 milhões de dólares. Para tornar tudo mais complicado, a economia brasileira tinha encolhido: a balança comercial do ano anterior fechara com um déficit de 3,5 bilhões de dólares. Em busca de uma solução para baixar o custo da peça, cogitou-se até de mandar para o fabricante americano, de navio, 40 mil toneladas de minério de ferro brasileiro, mas a proposta não foi aceita.

As dificuldades técnicas e financeiras contaminaram as relações entre as instituições envolvidas, a ponto de Lattes decidir retirar o aval técnico do CBPF ao projeto. O sincrocíclotron de 170", anunciado sob trombetas pouco mais de um ano antes, foi cancelado discretamente, com uma desculpa técnica: alegou-se que chegara ao mercado um cíclotron melhor e mais barato, que se apresentava como alternativa mais apropriada.

As energias se concentraram, a partir daí, na conclusão do cíclotron de 21", que ajudaria a manter as aparências. Mas, ao contrário do que afirmava o contrato, não apenas ele não estava quase pronto, como apresentou defeitos técnicos que impuseram sucessivos adiamentos. Em dezembro de 1953, a pressão do prazo já era tão crítica que Andersen, da equipe de Chicago, propôs embarcar o equipamento no estado em que se achava e vir consertá-lo na fase de montagem, em Niterói.

Com o naufrágio da construção do cíclotron de 170", muitos técnicos e engenheiros tomaram outros rumos, deixando a descoberto as demandas do cíclotron de 21". Entre eles, o diretor científico e técnico, Leroy Schwarcz, e Henry British Lins de Barros, coordenador técnico. Lattes foi chamado às pressas em

Chacaltaya para assumir interinamente a direção do projeto, acumulando-a com a direção científica do CBPF. Não demorou a perceber que havia algo estranho com as prestações de contas nas duas frentes.

24 | Furacão de ódios políticos

A atmosfera política no país era de pré-conflagração. Atacado pela direita liberal, que acusava de comunistas suas medidas nacionalistas, como o monopólio estatal do petróleo e da energia elétrica, concretizados pela Petrobras e pela Eletrobras, e a restrição à remessa de lucros ao exterior, Getúlio tampouco encontrava apoio à esquerda. A radicalização do movimento sindical insuflada pelo Partido Comunista pressionava por benefícios trabalhistas muito mais amplos do que o governo era capaz de oferecer.

Em fevereiro, rumores de inquietação nos quartéis, enfaticamente negados pelo ministro da Guerra, Ciro do Espírito Santo Cardoso, confirmaram-se com a divulgação de um memorial dos coronéis. O documento responsabilizava o governo por uma crise de autoridade que deixava a classe militar "inerme às manobras divisionistas dos eternos promotores da desordem e usufrutuários da intranquilidade pública". Antecipando os temas típicos do discurso governamental da década seguinte, o memorial denunciava atos de subversão, corrupção e "comunismo solerte". O aumento do salário mínimo, que passaria a valer mais do que o soldo de tenentes, era denunciado como "aberrante subversão de todos os valores profissionais". Assinavam o manifesto 82 coronéis, cujos nomes também se tornariam familiares no Brasil dos anos 1960, já então promovidos à patente de generais. Entre eles, Golbery do Couto e Silva, Sylvio Couto Coelho da Frota e Amaury Kruel.

Em paralelo à estrutura oficial do Estado, Getúlio montara, no Palácio do Catete, uma assessoria informal, ligada à Secretaria da Presidência, que reunia eminentes engenheiros, economistas e técnicos. Entre eles encontrava-se Rômulo de Almeida, da Confederação das Indústrias; Jesus Pereira Soares, que ajudou a dar forma à Petrobras; Cleanto de Paiva Leite, que presidiu o recém-criado BNDE, e o almirante Álvaro Alberto, que, embora não fosse formalmente ligado a essa assessoria, tinha o aval do presidente para desenvolver projetos.

A oposição agia em uníssono com a imprensa, capitaneada por jornais impressos – *O Globo*, *Jornal do Brasil*, *Correio da Manhã*, *Tribuna da Imprensa* e *Diário de Notícias*, no Rio; *O Estado de S. Paulo*, *Folha de S.Paulo* e *Diário da Noite*, em São Paulo. O único jornal governista, *A Última Hora*, de Samuel Wainer, seria alvo da fábrica de escândalos da oposição a Getúlio. Tudo era pretexto para acusações: o financiamento do Banco do Brasil à *Última Hora*, o comparecimento da primeira-dama a uma festa em Paris ou um discurso do presidente argentino Juan Domingo Perón propondo um eixo sul-americano que, supostamente, tornaria o Brasil vassalo da Argentina.

A ala mais estridente da oposição no Congresso era a chamada banda de música da UDN, composta por parlamentares como Affonso Arinos de Mello Franco, Adauto Lúcio Cardoso, Olavo Bilac Pereira Pinto, José Bonifácio Lafayette de Andrada, Aliomar Baleeiro e o mais carismático deles, Carlos Lacerda. Armado de retórica certeira e do poder de proprietário de um jornal, a *Tribuna da Imprensa*, ele era o mais virulento opositor de Getúlio Vargas.

Na noite de 5 de agosto de 1954, Lacerda sofreu um atentado na porta do prédio onde morava, na rua Toneleros, em Copacabana. Um homem escondido atrás de um carro desferiu seis tiros contra ele, um dos quais lhe acertou o pé, e dois outros mataram um integrante de sua escolta, o major

Rubens Vaz. A investigação comprovaria, em poucos dias, que a ordem para atirar em Lacerda partira do prepotente Gregório Fortunato, chefe da guarda pessoal de Getúlio. Nem Lacerda nem a imprensa aguardaram o desenrolar das investigações para proferir seu veredicto. "Perante Deus, acuso um só homem como responsável por esse crime. É o protetor dos ladrões, cuja impunidade lhes dá audácia para atos como o dessa noite. Este homem se chama Getúlio Vargas", escreveu Lacerda na *Tribuna da Imprensa*, no dia seguinte ao ataque. No *Diário Carioca*, José Eduardo Macedo Soares também garantiu: "O país já sabe quem responde pelo crime. É o Sr. Getúlio Vargas, presidente da República".

As investigações revelaram também negócios escusos de Fortunato, que, a despeito do salário modesto que correspondia à sua função, enriquecera o suficiente para comprar uma fazenda no Rio Grande do Sul. E a propriedade pertencia a ninguém menos que o filho caçula do presidente, Manoel Vargas, o Maneco. Foi a revelação dos negócios suspeitos nas suas barbas que fez Getúlio usar a expressão "mar de lama", eternizada no vocabulário político. Getúlio se queixou a Lourival Fontes, seu secretário de Comunicação, de que seu pior inimigo não poderia ter armado um golpe tão nefasto contra ele quanto o atentado contra Lacerda. "Esses tiros me feriram pelas costas", lamentou. Mas talvez nem fosse preciso um acontecimento daquele porte. Seu governo já estava por um fio.

Esse era o clima que se respirava no Brasil no período em que Lattes tentava compreender o que estava acontecendo com os recursos destinados pelo CNPq para a compra dos cíclotrons. Os discursos dos políticos, as manchetes dos jornais, os programas de rádio, a televisão e as conversas – tudo à sua volta trovejava acusações de roubalheira, desonra, covardia, corrupção, inquérito, impunidade, sordidez e podridão.

Lattes fora tratado, sempre, como um herói, motivo de orgulho para todos os brasileiros. Seu lugar no mundo era o território admirável da ciência, para o qual se olhava com reverência e respeito. Em julho de 1953, quando visitou o Brasil, a convite do CNPq, Robert Oppenheimer, o físico mais famoso do mundo naquele momento, por sua participação na produção da bomba atômica, comentou a importância de Lattes: "É um grande homem e um grande patriota. Conheço-o há muitos anos, e as descobertas que fez e as que sem dúvida fará futuramente o colocam em posição privilegiada no mundo da pesquisa nuclear. É um moço que honra o Brasil e está fazendo muito por sua pátria. Poderia estar trabalhando em qualquer país do mundo, mas, às muitas ofertas que recebeu, preferiu ficar em sua terra e treinar um grupo de cientistas para que o Brasil, em futuro próximo, tenha as reservas humanas necessárias para seu progresso no campo da pesquisa nuclear".

A decisão de voltar para o Brasil, depois da consagração nos Estados Unidos, movido pelo desejo de criar condições para a ciência e assim contribuir para o desenvolvimento do país, iria cobrar um preço demasiadamente alto. Empossado como diretor científico do CBPF, Lattes jamais conseguiu se desvencilhar das funções burocráticas em que se viu enredado para se dedicar ao que sabia fazer de melhor – os projetos de pesquisa que, em última instância, alavancaram a fundação do CBPF.

Encontrava-se agora num terreno movediço, mais próximo dos meandros do poder do que dos raios cósmicos e das partículas atômicas. Deixara de ser imune às suspeitas e acusações que convulsionavam o país e que culminariam no suicídio de Vargas. Lamentavelmente, um ano após a visita ao Brasil, Oppenheimer também seria derrubado de seu pedestal de herói, engolido pelo turbilhão da política americana, na caça às bruxas desencadeada pelo macarthismo.

Ao chegar ao CBPF na manhã de 14 de setembro, ainda imerso no trauma nacional que fora a morte de Vargas, Lattes encontrou um bilhete sobre a mesa: Álvaro Difini confessava que havia "lançado mão" de 2.617.161,00 cruzeiros das verbas destinadas à construção do cíclotron e de 5.079.951,00 transferidos para a manutenção e despesas do CBPF. Embora fosse uma instituição particular, o CBPF recebia recursos do CNPq, órgão de Estado diretamente ligado à Presidência da República. Calcula-se que tenham desaparecido nas mãos de Difini cerca de 25% do total de recursos enviados pelo CNPq ao

CBPF e ao Serviço de Projeto e Construção do Sincrocíclotron, de 1952 a 1954.

Seria preciso provar que o dinheiro desaparecido jamais tinha chegado ao caixa do CBPF, e a contabilidade da operação, como tudo mais na esfera de Difini, era caótica. A respeitabilidade do CBPF e a dele, como membro da diretoria, poderiam ser atingidas.

Álvaro Alberto e muitos conselheiros das duas instituições queriam, acima de tudo, evitar o escândalo. Um evento daquela gravidade atingiria não apenas o prestígio de ambas, tornando ainda mais difícil o acesso a recursos, como deixaria Álvaro Alberto desprotegido. Àquela altura, o governo americano manifestava seu desagrado pela insistência do almirante em dificultar o acesso dos Estados Unidos às nossas reservas minerais, em especial de materiais radioativos. Os conselheiros do CNPq tentavam blindar Álvaro Alberto, sobretudo agora que Getúlio Vargas tinha morrido e o presidente era Café Filho, seu vice, que se unira à oposição para derrubá-lo.

A solução que eles defendiam era aceitar o oferecimento da família Difini, que aparentemente possuía suficientes recursos: cobrir o rombo em troca de uma solução discreta para o caso. Entretanto, Lattes temia que, caso os Difini não cumprissem o prometido, a responsabilidade poderia recair sobre a diretoria do CBPF, e, consequentemente, sobre ele. Propôs que a questão fosse investigada apenas no âmbito do CNPq, mas Álvaro Alberto argumentou que o Serviço de Projeto e Construção do Sincrocíclotron – assim como o próprio sincrocíclotron – destinava-se unicamente a servir ao CBPF e ao próprio Lattes, e que uma investigação incluiria obrigatoriamente o CBPF.

Álvaro Alberto tentou o que podia para demover Lattes de uma ação ruidosa. "Ou o centro fica com o dinheiro ou fica com o escândalo", insistiu. Ele conhecia o apreço de Lattes pela instituição e sua batalha para erguê-la. Achou que seria sensível ao temor de prejudicá-la, mas, contrariando a opinião de muitas pessoas que respeitava, Lattes foi inflexível. Não estava interessado numa solução discreta, e sim no esclarecimento total das responsabilidades. Afirmou que preferia o escândalo à omissão.

Convocado para dar explicações ao general Juarez Távora, chefe do gabinete militar de Café Filho, Álvaro Alberto informou que já abrira um inquérito, mas Távora lhe anunciou que a Presidência da República criaria mais uma frente de investigação, que miraria também o CNPq. Álvaro Alberto colocou o cargo de presidente do órgão à disposição, mas naquele momento o oferecimento foi recusado.

À medida que os meses se passavam sem que se chegasse a um veredicto sobre as responsabilidades pelo desfalque, a angústia de Lattes aumentava. Ele decidiu procurar o general Juarez Távora. Num depoimento sobre o caso, anos mais tarde, Távora diria que, nessa visita, Lattes se mostrara "nervoso, em visível estado de excitação". Apontava que o inquérito não ia dar em nada e exigia que os responsáveis fossem punidos. Távora teria garantido que nenhuma culpa deixaria de ser apurada e, segundo seu relato, dispensou o visitante com uma recomendação: "Volte à sua repartição e aguarde a ocasião oportuna para mostrar essa documentação a quem de direito". Chamado de "repartição", o CBPF tinha começado a perder sua aura.

A simples ideia de que pudesse pairar alguma dúvida sobre sua lisura era insuportável para Lattes. Em janeiro de 1955, ele decidiu tornar o caso público, e, por motivos que despertam muitas perguntas – e apontam, sobretudo, para o seu estado psíquico –, escolheu para isso o veículo mais contaminado pelos ódios políticos que culminaram no suicídio de Vargas. Entregou uma carta com documentos e o relato do caso a Carlos Lacerda.

Em 18 de janeiro de 1955, a *Tribuna da Imprensa* estampou na capa uma notícia assinada por Lacerda. O título: "Cesar Lattes denuncia". Em seu desabafo, o cientista afirmava que, a despeito das providências que tomara, encaminhando documentos às autoridades competentes, e da abertura de quatro inquéritos, nenhuma medida concreta havia sido tomada. "Num país em que tais crimes fiquem impunes, não desejo viver, trabalhar ou votar", declarava Lattes. Nesse tom dramático, afirmou: "Muitos, como eu, terão sofrido campanhas de intimidação, 'chantagem' ou suborno, e terão, talvez, cedido, por covardia, conveniência ou mesmo por descrença na ação da justiça. É preciso dar um exemplo, e é meu dever dar o exemplo". Ele exprimiu também sua mágoa pelas amizades rompidas. "Pessoas que sempre considerei amigas voltaram-se contra mim. Indivíduos cuja honestidade e objetividade sempre respeitei tomaram atitudes dúbias ou definitivamente erradas, outros preferiram escolher uma interpretação errônea de amizade ou gratidão, menosprezando o dever e, acima de tudo, a justiça."

A matéria da *Tribuna da Imprensa* lançava dúvidas sobre a conduta do almirante Álvaro Alberto, que, pouco depois, foi "aconselhado" pelo governo a se afastar do cargo. Juarez Távora, seu companheiro na Coluna Prestes e na Revolução de 1930, declarou que embora o almirante fosse um grande brasileiro, de honorabilidade inquestionável, "revelara-se um mau administrador". Até então, o apoio da ala nacionalista das Forças Armadas fora suficiente para manter Álvaro Alberto à frente do CNPq mesmo após o suicídio de Getúlio, mas o escândalo do desvio de verbas foi o pretexto que faltava a seus oponentes.

A determinação de Lattes de levar o caso a público o colocou em conflito com muitos de seus amigos e companheiros, e o CBPF, que nascera de uma união de vontades em torno de um objetivo comum, rachou em grupos discordantes.

Em 1956, no primeiro ano do governo Juscelino Kubitschek, formou-se uma CPI na Câmara dos Deputados para investigar o "problema da energia atômica no Brasil". Os trabalhos da comissão evidenciaram as condições lesivas ao Brasil dos acordos firmados com o governo americano, no final do último período Vargas e na gestão de Café Filho. Documentos apresentados pelo deputado Renato Archer mostraram que minutas de alguns desses acordos haviam sido redigidas na embaixada dos Estados Unidos com a colaboração de Juarez Távora. Um bilhete manuscrito do general comprovava sua participação. A CPI mostraria também os esforços do governo dos Estados Unidos para destituir o almirante Álvaro Alberto do CNPq, uma vez que sua presença em negociações era vista como um obstáculo aos interesses americanos.

Muitos anos depois, Lattes comentaria que não tinha nenhuma simpatia política por Lacerda, e que havia feito algo contrário à própria índole, mas porque a situação ficara confusa demais. "Já havia notícias de que em Minas diziam que eu estava tomando cocaína; no Recife diziam que eu roubava automóvel etc. e tal. [...] Eu não tinha mais paz. Achei que a coisa estava num ponto tal que tinha que botar a faca no tumor", disse em 1996, numa entrevista à revista *Ciência Hoje*. As intervenções de Lattes sobre a transcrição da entrevista, antes da publicação, sugerem que a suspeita que mais o ferira dizia respeito à lisura com as finanças. Com riscos de caneta esferográfica, eliminou todo parágrafo que a mencionava e teve o cuidado de reforçá-los sobre a palavra "roubado". Para alguém como ele, filho e neto de banqueiros, ser acusado de roubar dinheiro era uma humilhação insuportável.

Leite Lopes e Jayme Tiomno, do núcleo duro do projeto, opuseram-se à atitude do amigo, mas não o atacaram. "Achávamos que, em primeiro lugar, deveria haver um inquérito administrativo, policial, e que apenas depois, como acontece com qualquer desfalque num banco ou numa casa, fossem tomadas as medidas consequentes, só isso", recordou Leite Lopes num depoimento de 1976. "Transformar isso num problema político, porém, era grave, porque a opinião pública e os políticos [...] pensariam que era uma corrupção da pesquisa científica ou uma coisa grave que estava se passando dentro da pesquisa científica do CBPF e no país, quando foi um tipo [Difini] que desviou dinheiro para fazer apostas em corridas de cavalo ou o que seja."

O temor provou-se mais do que justificado. Uma avalanche de acusações atingiu o CBPF e o CNPq e tentou desqualificar até a contribuição de seus integrantes à ciência. Álvaro Alberto foi descrito como "farsa científica", e Cesar Lattes, que renunciou ao posto de diretor da instituição que havia fundado, em meio às providências administrativas para a investigação, foi alvo de cobranças não apenas de inimigos, como de antigos companheiros. O decano Joaquim da Costa Ribeiro afirmou que, desde sua fundação, em 1951, o CNPq repassara ao CBPF cerca de 75% de toda a verba reservada à pesquisa de física no Brasil sem que Lattes tivesse correspondido à altura a esse apoio institucional, apresentando como argumento o fato de Lattes, que em 1946 e 1947 assinara doze artigos, não ter publicado nenhum trabalho desde 1948. Como se fosse possível dedicar-se como antes à pesquisa, enquanto dava conta da tarefa monumental de fundar no Brasil uma instituição como o CBPF.

Ao comentar, em 1970, em depoimento ao núcleo de história oral do Centro de Pesquisa e Documentação da FGV, o longo período sem publicações, ele argumentou com a calma que lhe faltou à época da crise: "É extremamente difícil nessas condições, onde você tem responsabilidades não só administrativas, mas de toda a sobrevivência de um troço que está nascendo".

Ainda assim, ao contrário do que alardearam seus opositores, também no terreno da ciência Lattes trabalhou febrilmente naqueles anos. Graças à colaboração que costurou com os representantes da Universidad Mayor de San Andrés, em 1952, o Laboratório de Física Cósmica em Chacaltaya transformou-se em um ativíssimo departamento do CBPF em terras bolivianas. O acordo era um reflexo das boas relações institucionais que Lattes soubera manter com seu diretor, Ismael Escobar, desde que o então chefe do serviço meteorológico boliviano lá o recebera, ainda um calouro, em 1946. Com os recursos do recém-fundado CNPq e a subvenção da Unesco a programas para a promoção da ciência na América Latina, a chamada Missão Unesco, Chacaltaya viveria a partir de então um de seus períodos mais fecundos, recebendo delegações dos Estados Unidos, União Soviética, Índia, Japão, Itália, Inglaterra e Argentina, entre outros países com pesquisas na área, fora as atividades permanentes do CBPF.

A crise impactou o fôlego financeiro do centro. O CNPq interrompeu temporariamente os repasses, o Sesi suspendeu em definitivo a contribuição que fazia e a Unesco encerrou seu apoio logístico e de pessoal. Não bastassem tantos infortúnios, João Alberto Lins de Barros, o primeiro patrono do CBPF, falecera em janeiro de 1955.

Na opinião de Leite Lopes, Lattes foi explorado, e os cientistas do CBPF e do CNPq "eram figuras de um tabuleiro de xadrez maior", no qual se enfrentavam a UDN e o governo de Getúlio Vargas; o nacionalismo que produzira a Petrobras e a

Eletrobras e o liberalismo que propunha a adesão às políticas dos Estados Unidos.

"Moralmente, o Lattes tinha toda a razão", comentou Tiomno anos depois num depoimento ao CPDOC, o centro de documentação e história oral da Fundação Getulio Vargas. "Porém nós sabemos que no Brasil as coisas não se passam nitidamente desse modo. No Brasil, quando há condições de recuperar um desfalque, a primeira coisa a fazer é recuperar esse desfalque, e depois, naturalmente, tomar outras providências, para que o indivíduo que tenha causado esse desfalque não continue a ter mobilidade dentro do meio em que funcionava."

Tiomno admitiu contudo que era ingenuidade deles acreditar que a família de Difini honraria seu compromisso de cobrir o rombo. O dinheiro que foi restituído quase dez anos depois já não valia nem a metade do que fora desviado. Do ponto de vista do interesse do Brasil, defendia Tiomno, era mais importante manter Álvaro Alberto no Conselho Nacional de Pesquisas do que acusá-lo de ter feito pressão para que o centro aceitasse Difini como seu diretor.

Mas naquele momento Lattes não tinha serenidade para enxergar todos os aspectos da questão. Depois de atuar com desespero, tentando marcar distância dos setores que a imprensa tratava como criminosos e desprezíveis, bradando seu horror à mentira e à desonestidade, mergulhou no abismo que por tanto tempo conseguira evitar. Caiu numa depressão tão aguda que precisou se afastar de tudo e ir embora do Brasil. Tinha trinta anos, e fora indicado ao Nobel pela sétima e última vez.

SEGUNDA PARTE

O abismo

25 | Longe dos holofotes

Em articulação com as aflições de Martha e dos amigos, os contatos internacionais de Lattes o socorreram. Ao saber dos acontecimentos no Rio de Janeiro, o consultor do projeto dos sincrocíclotrons, Herbert Anderson, fez um convite ao físico brasileiro. Propôs-lhe encarregar-se das aulas e seminários que o cientista Enrico Fermi, falecido havia pouco, conduzia no Instituto de Pesquisas Nucleares que levava seu nome na Universidade de Chicago.

Pouco se sabe sobre os dias que antecederam a partida para os Estados Unidos e sobre as providências que o conduziram ao trabalho no Instituto de Física da Universidade de Chicago, mas uma das decisões tomadas na ocasião dá ideia da agonia daquele momento e da absoluta urgência de partir. A terceira filha dos Lattes, Maria Lucia, então com quatro meses, foi deixada com os avós maternos, os Siqueira Netto, no Recife. Cesar e Martha embarcaram em julho com as duas maiores, Maria Carolina e Maria Cristina, e só voltariam a ver a caçula dois anos depois.

Maria Lucia pensou sobre o ocorrido incontáveis vezes, ao longo da vida. "Eu só tinha a versão oficial sobre como foi tomada a decisão de me deixar para trás, um bebê de quatro meses, algo que deixaria Freud espantado", diz. "Eu tinha vergonha de perguntar à minha mãe, para não a constranger. O que se dizia na família era que papai era uma espécie de Ayrton Senna, um ídolo, e que, quando caiu em depressão profunda, foi aconselhado a se tratar nos Estados Unidos. Só fui ficar estarrecida aos 24 anos, quando nasceu meu primeiro filho. Aí, fiquei em estado de choque."

À luz de sua maturidade e da experiência como psicóloga, ela enxergou no acontecimento a dinâmica de uma família em que o pai era o centro das atenções e o casal seu círculo mais importante. "Minha mãe era alucinada por ele, nós éramos coadjuvantes", situa. "Eu brincava que, quando meu pai chegava do trabalho, ela devia dizer 'ave, Cesar!'."

Maria Lucia acredita que, no meio do furacão daquele momento, Martha não conseguiu pensar em mais nada, testemunhar o sofrimento de uma pessoa querida é um teste de resistência. Com três filhas pequenas, uma delas recém-nascida, Martha viu o parceiro, que considerava um herói, despojar-se de seu brilho, de sua potência e até de sua lucidez, devorado pela depressão. Acompanhara sua ascensão espetacular e agora presenciava uma queda assustadora. Tinha pressa em tirá-lo dos holofotes.

Referências à vida da família em Chicago apareciam com frequência nas conversas entre Cesar e Martha. Eles costumavam lembrar o dia em que Maria Cristina, então com pouco mais de dois anos, horrorizou os adultos ao arrancar as roupas e, cruzando correndo a porta de entrada, atirou-se na neve. Mencionavam também passeios em parques e piqueniques com amigos. Num desses passeios, Maria Cristina se demorou olhando os peixinhos no lago e se perdeu do grupo. Levaram algum tempo para reencontrá-la, e os guardas fecharam os portões do parque até que ela fosse localizada.

Entre os colegas desse grupo mais próximo estava o japonês Masatoshi Koshiba, laureado em 2002 com o Nobel de Física pelas contribuições pioneiras à astrofísica. Recém-doutorado em Rochester, ele chegara a Chicago em 1955 para se juntar à equipe de Marcel Schein como pesquisador associado. "Os americanos o trouxeram por seu *know-how* com as pesquisas no Japão, mas ele chegou com uma bolsa irrisória", conta o físico Edison Hiroyuki Shibuya, doutorado na Unicamp sob a orientação de Lattes, nos anos 1970, e desde então um de seus colaboradores mais próximos até o final da vida. "Entre os bicos que fazia para melhorar a renda, Koshiba foi motorista de Cesar e ajudou os Lattes cuidando de sua filha mais velha. Ele costumava brincar com Maria Carolina: 'Olha, são raras as pessoas no mundo que tiveram babá com Prêmio Nobel'."

Pesquisador associado da Universidade de Chicago entre 1953 e 1956, encarregado por Álvaro Alberto da supervisão dos trabalhos de construção dos sincrocíclotrons, Hervásio de Carvalho esteve com Cesar em pelo menos uma festiva recepção oferecida aos amigos e colegas na cidade. Guardou boas lembranças "da alegria reinante na cordial e calorosa reunião dada na casa dos Lattes, tendo como atração gastronômica pratos tropicais em homenagem à celebrada pesquisadora Maria Goeppert-Mayer pelos sucessos alcançados com o seu modelo nuclear de camadas", como registrado em publicação comemorativa aos setenta anos de Lattes, em 1994.

Uma tia-avó de Martha, Bisa, transportou-se do Recife para Chicago, a fim de ajudar a sobrinha-neta, e lá permaneceu por uma temporada, até que as meninas foram mandadas de volta ao Brasil. Foram ficar, como a irmã caçula, aos cuidados dos avós, em Pernambuco, enquanto Martha seguia com Cesar para a Universidade de Minneapolis, onde ele estenderia sua temporada como pesquisador associado.

Em relatos da época encontram-se referências ao fato de Lattes ter sofrido "um problema de saúde" e aproveitado a temporada de intercâmbio como pesquisador associado para se tratar nos Estados Unidos. Uma reportagem de *O Cruzeiro*, feita quando ele voltou ao Brasil, no final de 1957, mencionava o "desgaste causado pelo escândalo do cíclotron do CNPq/CBPF", e relatava: "Sua fuga nos dias de abatimento físico e mental era pescar nos lagos de Minneapolis; ou, então, ler Carlos Drummond de Andrade e Manuel Bandeira. 'A leitura de Drummond tem me salvo diversas vezes'", confessou o físico. Um de seus poemas preferidos era "A mesa", do livro *Claro enigma*: "E não gostavas de festa.../ Ó velho, que festa grande/ hoje te faria a gente./ E teus filhos que não bebem/ e o que gosta de beber...".

É uma versão suavizada do que ele vivia naquele momento. Ao contrário do que aconteceria no século XXI, quando palavras como ansiedade, depressão, compulsão e TOC (Transtorno Obsessivo-Compulsivo) passaram a fazer parte do repertório cotidiano, problemas psíquicos eram fortemente estigmatizantes. Segredava-se, polidamente, que uma pessoa "sofria dos nervos", e todo e qualquer sinal de desequilíbrio era tachado de loucura.

O transtorno bipolar, atribuído a Lattes, conhecido à época como psicose maníaco-depressiva (PMD), consiste na alternância de períodos de excitação, que podem trazer euforia, irritabilidade e agressividade – mania na linguagem médica –, e períodos de depressão, como era mais comum no caso de Lattes. Tanto a mania quanto a depressão variam em intensidade e na forma, em cada paciente. Há relatos em que o transtorno manifesta estados maníacos brandos que podem atuar positivamente, proporcionando aumento da energia e da consciência perceptiva, animação e aumento do desejo sexual. Mas, para a maioria dos pacientes, há oscilação e sofrimento altamente incapacitante. Não raro, a condição pode ser insuportável, e até levar ao suicídio. Pacientes que manifestam apenas a mania são tratados como bipolares, ao contrário daqueles que relatam só depressão, que são tratados como deprimidos. Alguns, ainda, padecem dos dois estados simultaneamente – mania e depressão.

Um diagnóstico de bipolaridade requer muito tempo de observação, e o sofrimento de Lattes tinha apenas começado a se manifestar, mas, ainda que já soubessem a razão de suas aflições, não havia o que fazer para evitá-las. Não existiam drogas que temos hoje para tratar o sofrimento mental. Usavam-se medicamentos, como barbitúricos, que sedavam o paciente, mas não tratavam a causa. Em 1950, no I Congresso Mundial de Psiquiatria, realizado em Paris, as principais terapias em debate ainda eram eletroconvulsoterapia – ECT, ou eletrochoques –, coma insulínico e cardiazolterapia (convulsões provocadas com cardiazol). Chegava-se até a inocular no paciente o plasmódio da malária para provocar febre alta, que supostamente trazia efeitos benéficos ao comportamento.

A primeira notícia sobre uma substância que não apenas tinha efeito antimaníaco como estabilizava o humor apareceu em 1949, quando o psiquiatra australiano John Kate pesquisou o uso do lítio. Mas ele só seria adotado a partir de 1970, já que a dose eficaz, muito próxima da dose tóxica, dificulta sua administração.

As clínicas para onde se encaminhavam os casos mais graves usavam rotineiramente eletrochoques. Para escrever sobre sua experiência dilacerante numa clínica dos Estados Unidos em 1953, a escritora americana Sylvia Plath, diagnosticada com psicose maníaco-depressiva, recorreu a um personagem de ficção, em seu romance *A redoma de vidro*. "Então alguma coisa dobrou-se sobre mim e me sacudiu como se o mundo estivesse acabando. [...] e a cada novo clarão algo me agitava e moía e eu achava que meus ossos se quebrariam e a seiva jorraria de mim como de uma planta partida ao meio." A terapia eletroconvulsiva ainda é empregada em casos extremos, embora com voltagens mais baixas do que as prescritas no passado e atenuada por anestésicos e relaxantes musculares.

A psiquiatria e a psicanálise concordam na descrição, mas apresentam abordagens diferentes quanto às causas do transtorno bipolar. A psiquiatria, sobretudo nos Estados Unidos, tem maior apego aos dados estatísticos e aos indícios materiais das relações bioquímicas, como a dos neurotransmissores e dos impulsos elétricos do cérebro. Já a psicanálise aborda o transtorno como parte inseparável da história afetiva do paciente. Os episódios são entendidos a partir de expectativas inalcançáveis do paciente, que produzem frustrações agudas e que, por sua vez, desembocam em expectativas inalcançáveis. A maioria dos psiquiatras e psicanalistas concorda, hoje, que os melhores resultados no tratamento são obtidos pela combinação de medicamentos e psicoterapias. O transtorno é considerado incurável, mas pode ser substancialmente amenizado.

Em 1980, pela falta de uma causa conhecida, de um padrão de sintomas e de uma evolução previsível, o *Manual diagnóstico e estatístico* da Associação Americana de Psiquiatria deixou de classificar a psicose maníaco-depressiva como doença para considerá-la um distúrbio psiquiátrico. No Brasil, é chamado desde então de transtorno bipolar. Calcula-se que ocorra em 1% da população adulta, parcela que pode chegar a 6%, se incluir os indivíduos que manifestam apenas alguns dos sintomas e se enquadram no chamado espectro bipolar.

Num mundo tão pouco acolhedor para as dores psíquicas, Lattes se protegeu usando um tom jocoso ao se referir aos tratamentos disponíveis e, por conseguinte, ao fato de padecer de um distúrbio. Na entrevista a Jesus de Paula Assis, em 2001, ironizou: "Passei por todos esses métodos para antidepressão, desde o antidepressor químico até a psicanálise, psicanálise existencial, psico não sei o quê, eletrochoque, insulina, cardiazol, todas estas porcarias, até que me enchi e disse: não vou mais atrás de médico, eu vou cuidar de mim mesmo". Sarcástico, brincava que a única transferência que conheceu em suas sessões de psicanálise nos Estados Unidos foi a "da minha conta bancária para a do psicanalista".

Os estudos indicam que a medicação correta e o acompanhamento psicoterápico não apenas atenuam os sintomas como tornam mais espaçadas as crises. Lattes sofreu mais do que seria necessário e, como ele, toda a família.

Ele mostrou a mesma rebeldia em relação aos medicamentos, que não tomava com a necessária disciplina. Nos anos 1990, quando o pai já era idoso, Maria Lucia pediu a um médico que organizasse os remédios que ele devia tomar rotineiramente, e que andava embaralhando. "Na casa deles tinha uma cesta marajoara que era o self-service dos remédios", ela ironiza. "O médico tirou todos os frascos, botou em cima da mesa e começou: 'Professor, esse remédio é seu?'. Ele falou: 'Não, não é meu, mas eu gostei e de vez em quando eu tomo'."

Martha tampouco era disciplinada, e lhe faltava força para obrigar o marido a seguir as prescrições médicas. Maria Lucia justifica: "É difícil enquadrar o seu ídolo". Ela lembra que, morando perto dos pais no bairro de Barão Geraldo, em Campinas, costumava receber telefonemas da mãe nas noites de domingo: "'Minha filha, você está indo pra cidade?' Eu dizia:

'Não, mãe, não estou. Por quê? Está precisando de alguma coisa?'. E ela: 'O remédio do seu pai acabou faz um mês'. Era uma desorganização que eu nunca entendi".

Ao chegar de volta aos Estados Unidos, precisando atender às exigências de um novo trabalho, num dos centros de pesquisa mais avançados do mundo, Lattes se encontrava, pela primeira vez, esvaziado de sua força.

Suas recordações da época são esparsas e apáticas. Apesar de conviver com "gente muito simpática", como Leó Szilárd – "o único com quem conversei sobre física" – e Marcel Schein, que doara a câmara de Wilson ao laboratório de Chacaltaya, Lattes não se ambientou no campus, descrito como "um lugar muito ruim". O abatimento o dominava por mais que se esforçasse para se envolver nas atividades do instituto: "Eu chegava no laboratório e me trancava fora da sala. Era uma dessas portas automáticas; eu deixava a chave do lado de dentro e trancava". Sua curiosidade científica, entretanto, não estava completamente adormecida: "A única coisa interessante para mim foi um aluno dessa turma que estudava a chamada não conservação da paridade [um dos muitos aspectos da interação entre partículas em processos de decaimento, como píon-múon], de Tsung-Dao Lee e Chen Ning Yang. Foi minha única interação em Chicago".

E, no entanto, ele trabalhou. Sua afirmação omite a análise de emulsões nucleares expostas à radiação cósmica em voos de balão, com o grupo de Chicago, em colaboração com o professor Herbert Anderson, em 1956 e 1957. O artigo seria publicado em 1957 na revista italiana *Il Nuovo Cimento*: "Search for the Electronic Decay of the Positive Pion", assinado por H. L. Anderson e C. M. G. Lattes. A curiosidade científica que o nutria ajudou a mantê-lo de pé.

E, no entanto, ele trabalhou. Ao longo de seu período nas Universidades de Chicago e de Minnesota, em Minneapolis, Lattes demonstrou seu interesse pelo trabalho de Lee e Yang, laureados com o Nobel de Física em 1957, através de colaborações de pesquisa. De acordo com eventos observados pela dupla, a interação fraca, que determina as trocas radioativas entre partículas subatômicas, nem sempre se manifesta da mesma maneira em processos de decaimento. A distribuição angular e o *spin* (rotação) das partículas resultantes de colisões não aconteciam sempre na mesma direção – em rosca para a direita ou para a esquerda, como ele simplificaria em declarações à imprensa.

A afirmação de que sua única interação em Chicago foi com a dupla chinesa omite tanto a análise de emulsões nucleares expostas à radiação cósmica em voos de balão em meados de 1956 – tratada em artigo de 1957, assinado com quatro colaboradores – quanto a dos dados de experimentos que realizou com Herbert Anderson, além do apoio de vários estudantes. No trabalho com Anderson, publicado na revista italiana *Il Nuovo Cimento* – "Search for the Electronic Decay of the Positive Pion" –, foi realizada uma ampla investigação do decaimento do píon, observando-se não só para a bibliografia a respeito, mas usando, também, dados de um espectrômetro magnético como detector para as partículas produzidas pelo cíclotron da Universidade de Chicago. Embora o fenômeno estudado fosse o mesmo, verificou-se uma grande discrepância nos resultados.

Ao ser indagado se não lhe parecia estranho que houvesse na natureza um mesmo méson a se comportar de maneiras diferentes, Lattes reafirmou sua maneira de praticar a física experimental: "Não sei, mas a resposta deve ser buscada na radiação cósmica e nos aceleradores e não na cabeça da gente".

26 | Lattes está voltando

Juscelino Kubitschek, eleito em 1955, assumira a presidência depois de derrotar Juarez Távora, entre outros candidatos – e de acalmar militares hostis, que tentaram impedir sua posse. Seu slogan era "50 anos em 5". A temática desses tempos era, em linhas gerais, a modernização contra o atraso, o desenvolvimento contra o subdesenvolvimento. O Brasil vivia o período que mais tarde seria conhecido como os Anos Dourados – pleno de esperança e decidido a valorizar a identidade brasileira. Os físicos fundadores do CBPF foram precursores desse desejo coletivo de um Brasil orgulhoso de si mesmo, que produziria a bossa nova, a arquitetura moderna brasileira e o Cinema Novo. Entretanto, expostos aos solavancos da política e à falta de tradição de investimento em ciência, viam balançar o projeto que os trouxera de volta ao país.

A tecnologia nuclear era uma das prioridades do programa de governo de Juscelino, o Plano de Metas, mas passara a ser atribuição da recém-criada Comissão de Energia Atômica, ligada à Presidência da República. Em consequência disso, o CNPq fora consideravelmente esvaziado, e suas verbas, que haviam sido a principal fonte de recursos do CBPF, tinham minguado. Além disso, tanto o empresariado quanto os militares que inicialmente apoiaram o centro começavam a compreender que o foco de suas pesquisas era em ciência, e não em tecnologia para aplicação imediata na indústria. Sem esse apoio, a sobrevivência do CBPF passou a depender, exclusivamente, de recursos federais, como emendas parlamentares e subvenções.

Em Minneapolis, separados das filhas, Martha e Cesar receberam fotografias das meninas fantasiadas de gatinho, no carnaval do Recife. "Papai contava que, quando viu nossas carinhas na foto, percebeu que estava na hora de voltar para o Brasil", conta Maria Cristina.

Maria Teresa, a caçula dos Lattes, nasceu pouco depois da volta de Martha e Cesar, no dia 20 de janeiro de 1958, quando faziam dez anos de casados. Cesar se permitia um comentário brincalhão: dizia que, ao sonhar em viver cercado de mulheres, não imaginava que elas seriam a esposa e quatro filhas. Brincava também, com um humor aceito com naturalidade à época, que tinha feito "quatro tentativas de ter um filho homem". As filhas nunca acharam, contudo, que ser pai de um menino fosse uma questão importante para ele.

Cesar não se recuperara inteiramente, e tão logo a família se reuniu, as crianças perceberam as tensões à sua volta. Maria Cristina se agarrava às pernas do pai para impedir que ele saísse para o trabalho. "Geralmente é quando a mãe vai sair que as crianças fazem essas choradeiras, mas acho que era porque já tínhamos ficado muito tempo separadas dele", supõe. Ou ela talvez pressentisse que novas separações estavam prestes a acontecer.

Sobre essa época, Cesar recordaria: "Voltei para o Rio, mas não estava bem de saúde. O CBPF não estava bem e queriam fechá-lo. Praticamente a única coisa que fiz foi contratar o Jacques Danon, que também era acusado de comunismo".

O comentário traz à tona a atmosfera de caça às bruxas que se vivia. Danon, formado pela Escola Nacional de Química do Rio de Janeiro e especializado na França – no Instituto do Rádio, de Irène Joliot-Curie, filha de Pierre e Marie Curie –, deu contribuições importantes em áreas tão diversas quanto a estrutura hiperfina do núcleo atômico e a datação arqueológica.

O trânsito internacional da nova geração de físicos e seu acesso a verbas e bolsas provocava o ressentimento nas elites universitárias tradicionais, que envenenavam com denúncias o ambiente acadêmico, onde atuavam muitos dos pesquisadores do CBPF. Um docente da FNFi acusou, em 1960: "Professores subversivos são geralmente recrutados nos setores curriculares da matemática pura, da física e da química, ramos científicos que sofrem grandes avanços e que empolgam os sovietes".

Um desastre veio complicar ainda mais o cenário já desafiador. Na madrugada de 23 de maio de 1959, Cesar foi despertado por um telefonema do vigia do CBPF, que pedia socorro: o prédio estava em chamas. Boa parte da biblioteca e quase toda a Divisão de Emulsões Nucleares foram consumidas pelo incêndio. As perdas, avaliadas em 50 milhões na moeda da época, envolviam não apenas os microscópios e outros equipamentos de trabalho, mas também as placas de emulsões nucleares em análise encomendada por diversos acordos de cooperação. Nos dias seguintes, manifestações de solidariedade e apoio ao centro, com contribuições oficiais e particulares para a reposição do acervo bibliográfico e a compra de novos microscópios, vieram em seu socorro. A USP enviou telegrama lamentando o acidente e pondo à disposição os recursos de seu Departamento de Física. Os trabalhos de análise de emulsões nucleares no Rio tinham ficado inviáveis.

No dia 26 de maio, uma manchete no jornal *O Estado de S. Paulo* reabriu uma velha disputa: "Lattes convidado a vir para São Paulo". Mario Schenberg o tinha convidado para assumir a cadeira de física superior da USP e criar um laboratório para o estudo de emulsões nucleares. O convite produziu mal-estar na comunidade física carioca. "Se esperava da direção daquela universidade uma manifestação de solidariedade, não uma tentativa de desfalque do pessoal da instituição sinistrada", dizia nota enviada pela sucursal do Rio no dia seguinte.

Por um lado, o convite era um gesto de socorro a Lattes. Schenberg estava provavelmente entre os poucos amigos inteirados do contexto que o levara a Chicago e a Minneapolis. E chegou a se indispor com colegas do departamento e até com o governador Jânio Quadros nas negociações para abrir a vaga, ainda que temporária, para acolher Lattes na USP. Mas se tratava também de uma medida em benefício do departamento, que, enredado numa disputa velada entre físicos formados em seu período mais produtivo, nos anos 1940, perdera o papel de destaque no cenário científico.

Schenberg chefiava a área desde 1953, período em que Marcello Damy e Oscar Sala promoveram avanços nos aceleradores. Os dois haviam se desenvolvido em física nuclear nos Estados Unidos, com bolsas da Fundação Rockefeller. Sem sinais de uma articulação mais clara entre eles, Damy se envolvera na aquisição de um betatron, um tipo de acelerador de partículas, posto a funcionar em 1950, e Sala, na operação de um Van de Graaff, acelerador de partículas eletrostático, construído na USP entre 1948 e 1954. Apesar da transferência de tecnologia na qualificação da equipe que participou da instalação dos equipamentos, os aceleradores nasceram quase obsoletos, sem alcançar a energia necessária para pesquisas relevantes. A volta de Lattes a São Paulo representava a possibilidade de a USP recuperar o prestígio de outros tempos. Além de trazer sua experiência em radiação cósmica, ele emprestaria, como fizera tantas vezes, o peso de seu prestígio internacional.

Fontes ligadas a Lattes diziam que ele declinaria do convite, mas, afastado da direção científica do CBPF, ele o aceitou antes mesmo de a vaga ser oficialmente criada pelo governador Carvalho Pinto. Ainda que sem a estabilidade garantida, "era o único lugar na época com prédio, equipamento e verbas", comentaria. "O salário do CBPF era baixo, atrasava e podia terminar."

Com o afastamento de Álvaro Alberto após a crise de 1954, a presidência do CBPF fora assumida pelo general Edmundo Macedo Soares, e a vice-presidência por Henry British Lins de Barros. O professor Francisco de Oliveira Castro, grande amigo de Lattes, substituíra-o na direção científica. A nova diretoria alinhava-se aos propósitos dos fundadores, mas isso não solucionava as questões urgentes da sobrevivência, e até a afinidade com o grupo fundador estava prestes a desaparecer.

Várias soluções foram aventadas. Alguns pesquisadores enxergaram uma saída para o CBPF na perspectiva da fundação, em 1961, da Universidade de Brasília (UnB). Diante da importância que ela daria à pesquisa e à pós-graduação, eles imaginaram que o Centro poderia servir como base para o seu Instituto de Física, para onde seriam transferidos equipamentos, a biblioteca e os próprios pesquisadores, mas isso nunca chegou a se concretizar.

Enquanto isso, na USP, havia muito que fazer: instalar o mais rápido possível o laboratório de emulsões nucleares, preparar as aulas teóricas de física superior e montar o novo laboratório didático na Cidade Universitária, que substituiria o antigo, no casarão na avenida Brigadeiro Luís Antônio.

O conselho técnico e científico do CBPF concordou que Lattes dividisse seu tempo com a USP, e ele se licenciou de seu cargo na Faculdade Nacional de Filosofia, como faria muitas outras vezes.

A notícia de que Cesar Lattes estava chegando e procurava interessados em fazer parte de sua equipe correu rápido pelos corredores da Faculdade de Física da USP. Emico Okuno, então aluna do terceiro ano, estava entre os candidatos que se apresentaram. "Eu já estava encarregada de algumas aulas no departamento, mas fiquei tão nervosa na entrevista com Cesar Lattes que disse a ele: 'Não me pergunta nada de nada, porque eu não sei nada de nada!'", ela recordaria, mais de sessenta anos depois. "Ele riu e me perguntou: 'Você sabe fazer café?', eu respondi que sim e ele falou: 'Então já está bom'." Selecionada, Okuno se juntou a Celso Orsini, Marília Teixeira da Cruz, Igor Pacca e Teresa Borello, formação inicial do grupo de assistentes do novo Departamento de Física Superior, instalado numa ala do térreo e do primeiro andar do Edifício Adma Jafet, na Cidade Universitária.

A operação mal se iniciara quando Marcel Schein, da Universidade de Chicago, propôs a Lattes participar do projeto International Cooperative Emulsion Flight (ICEF). Schein coordenava desde 1958 um projeto para a exposição de emulsões em balões, entre 18 e 30 quilômetros de altura, para a observação de fenômenos de altíssimas energias. Com o objetivo de padronizar as verificações e acelerar o trabalho de análise, organizou uma rede de 22 laboratórios em vinte países, cabendo a Lattes e à USP cerca de 20% das placas distribuídas.

A análise dos primeiros resultados mostrou a Lattes que, para medidas mais confiáveis, seria preciso buscar formas complementares de observação. Ele concluiu que não conseguiriam avançar sem que o material sensível fosse exposto por maiores intervalos de tempo, em condições mais bem controladas – dos dois voos alçados pelo ICEF no mar do Caribe, em janeiro de 1960, um acabaria se perdendo, desviado para latitudes não programadas, e o outro garantiria apenas 32 horas de exposição à máxima altitude. A partir da experiência acumulada em Chacaltaya, Lattes considerou estender as atividades de sua nova equipe ao laboratório andino, onde começara a trabalhar – e a enfrentar problemas que se mostrariam insolúveis – com a grande câmara de emulsão nuclear da Missão Unesco.

A ideia daria sequência às conversações que ele vinha mantendo com seus pares no Japão, que possuíam tradição em experimentos em montanhas, adquirida nos montes Fuji e Norikura. Os laços científicos foram reforçados pelas comemorações do cinquentenário da imigração japonesa ao Brasil, em 1958, quando Hideki Yukawa foi recebido em São Paulo no Instituto de Física Teórica, dirigido à época pelo jovem Mituo Taketani.

Um ano depois, em abril de 1959, Yukawa escreveria a Lattes propondo que ele e os físicos do Japanese Emulsion Group trabalhassem juntos na Bolívia: "Eles já entraram em contato com o professor I. Escobar V., da Bolívia, e me pediram para apresentar o plano a você, pois acharam que sua ajuda seria um apoio decisivo ao projeto, com o que eu concordo plenamente. Seria muito bom se esse plano deles realmente se transformasse em um projeto de colaboração de escala internacional". Lattes respondeu a Yukawa com um aceno positivo à colaboração internacional com uma câmara de emulsões em tamanho gigante a ser exposta na Bolívia, mas pediu tempo para organizar os próximos passos e ultimar os detalhes da cooperação, que só aconteceria dois anos depois.

Paralelamente aos trabalhos no Rio e em São Paulo, Lattes exigiu muito de si também em viagens institucionais, representando o Brasil em congressos, conferências e consultas científicas no exterior. As fichas da Faculdade Nacional de Filosofia, com os registros de sua movimentação funcional no período, documentam "autorização para ausentar-se de suas funções" por quarenta dias em 1959, para viagens à Rússia, à Polônia, à Romênia e à Hungria, e por dois meses e meio em 1960, entre junho e setembro, para reuniões do ICEF, nos Estados Unidos e na Inglaterra, para a Conferência Internacional sobre Física de Partículas, de volta aos Estados Unidos, e para o Encontro da Assembleia Geral da União Internacional de Física Pura e Aplicada, no Canadá.

27 | Dor e amizade

Martha não se mudou para São Paulo. "Eu ia e voltava para o Rio, e isso foi um problema muito sério, pois ficamos separados uns quatro ou cinco anos, mas a única maneira de ter dinheiro suficiente para criar nossas filhas era o salário de São Paulo", justificou Lattes. Ele não chegou a ter um endereço próprio nos primeiros tempos da volta à USP. Vivia entre a casa dos pais e a edícula da casa de Voanerges Brites, um funcionário da USP que se tornaria "o seu faz-tudo, um mágico na vida dele", nas palavras de Emico. Entre as muitas funções que desempenhava, da pequena marcenaria à organização mais pesada do espaço de trabalho, Brites dirigia para Lattes uma das Kombis fornecidas ao departamento como parte do acordo negociado para trazê-lo de volta à USP. Era Brites quem o transportava para onde fosse preciso e atendia suas demandas do cotidiano, como levar comida e o que mais ele precisasse ao laboratório, no horário em que se fizesse necessário.

As pressões se acumulavam: responsabilidades científicas do ICEF, demandas da cadeira de física superior e a organização do departamento, no qual se sentia desconfortável – "o Schenberg estava muito administrativo, me usando para conseguir verbas", queixou-se. Além de tudo, na visão de sua colaboradora Emico, dar aulas o deixava extremamente nervoso. "Eu me perguntava: 'Como pode um gênio como ele ficar tenso desse jeito, a ponto de transpirar?'", ela recorda.

Longe da família, Lattes trabalhava em ritmo frenético, descontroladamente. Entre outras dezenas de tarefas, se encarregou de treinar pessoalmente as microscopistas e de conseguir microscópios emprestados. "Ele virava as noites no laboratório, às vezes se alimentando só de bananas." Depois de algum tempo, Lattes sofreu um esgotamento. Ao contar o episódio, descreveria: "Pifei".

Mais tarde se saberia que algumas de suas ausências em São Paulo não se deviam apenas a compromissos no Rio de Janeiro – e vice-versa –, mas à necessidade de sair de cena para reencontrar a serenidade. Ao par da situação, Schenberg vinha acompanhando de perto o desenvolvimento de sua equipe e as atividades do ICEF no recém-criado laboratório. Lattes pediu-lhe que acionasse uma rede de apoio para garantir o bom andamento do trabalho. Mesmo distante, na Itália, Occhialini era um amigo com quem ambos podiam contar, como se vê nas breves linhas que Schenberg lhe encaminhou em 14 de dezembro de 1960.

> Caro Beppo,
>
> Há aqui uma situação muito séria. Lattes teve um ataque de depressão e foi internado. Terá que fazer um tratamento de alguns meses e não há ninguém bem treinado para levar adiante o trabalho do ICEF. Lattes pediu que você auxiliasse na medida do possível. Precisamos urgentemente de uma ou duas pessoas capazes.
> Jean Meyer poderá lhe dar maiores explicações.
> Recomendações a Connie e um grande abraço do
> Mario[1]

Schenberg encarregara Meyer, que naquele momento trabalhava no Centro de Pesquisas Nucleares de Saclay, na França, de se comunicar com Occhialini, no Instituto de Física da Universidade de Milão, para lhe traçar um panorama mais claro da situação a ser equacionada. Meyer, seu aluno na USP nos anos 1940 e 1950, um dos físicos de sua confiança, entrou rapidamente no circuito, em busca de alguém que pudesse resolver a situação em São Paulo.

Foi uma crise aguda. O irmão, Davi, foi chamado, Cesar foi internado em camisa de força e os jornais noticiaram. Mais tarde, como de costume, ele ironizaria: "Disseram que eu quebrei coisas, mas não é verdade", minimizou. "Apenas joguei pela janela um paletó de pijama de tecido sintético, que eu detestava, e virei um biombo de cabeça para baixo."

Essa versão quase brincalhona escondia, é claro, a dor que o atravessava. Os sentimentos daqueles dias viriam à tona meses depois em uma carta ao amigo e protetor Occhialini, em papel timbrado da Faculdade de Filosofia, Ciências e Letras. Ela constitui um raro momento em que Lattes fala sem rodeios do problema que o aflige.

São Paulo, 29 de março de 1961.

Caro Beppo,

Mario vem insistindo para que eu te escreva sobre a possibilidade de conseguir um físico competente interessado em JETS [conglomerado de partículas de altas energias], que venha orientar o trabalho do ICEF em São Paulo.

Como você sabe, estou impossibilitado de trabalhar seriamente. Em fins de novembro, tive de me internar em um sanatório para doenças nervosas. Fiz sonoterapia durante um mês e fiquei mais um mês internado, em observação. Depois que saí, vim a São Paulo. Tentei ir ao laboratório, mas não consegui aguentar. Estou há dois meses na casa do meu irmão. Não consigo fazer nada de útil e até a vida vegetativa é um esforço. Fico alternando entre depressão e angústia e toco para diante à custa de remédios: "energizantes psíquicos" durante o dia e calmantes, tranquilizantes, etc. para a noite.

Mario tem vindo constantemente me ver e fala dos problemas do laboratório. Eu não consigo me interessar. Estou por demais preocupado com meus problemas pessoais: ter paz de espírito, sobreviver e uma garantia de um ordenado, caso não consiga mais trabalhar. E a verdade é que trabalhar seriamente, o que sempre foi difícil para mim, mesmo em Bristol e na Califórnia, é coisa que há muito tempo não consigo fazer. Para pôr em marcha o Centro de Pesquisas do Rio gastei as poucas energias que aparentemente tinha. Depois do caso do desfalque do Difini, nunca mais consegui me equilibrar – e meu equilíbrio já era precário antes. Nos dois anos que passei em Chicago, embora me esforçasse para ir ao laboratório, nada consegui fazer: não conseguia ler as revistas, acompanhar os seminários ou me engrenar em um grupo de pesquisa. Em Minneapolis, graças ao ambiente fraternal do grupo do Ney, consegui pelo menos ajudar um pouco. Depois que voltei ao Brasil, passei 58 e 59 no Rio sem conseguir levar adiante nenhum plano de trabalho. Em fins de 58, estive pela primeira vez em sanatório e fiz a primeira sonoterapia. [...]

No ano passado aceitei um contrato para reger a cadeira de física superior em São Paulo. Organizei um grupo de emulsões e aceitei colaborar no I.C.E.F. Não aguentei a tensão nervosa interna, mais os problemas com o Rio, com Martha, com a política do Departamento de Física aqui. Acho que estou liquidado.

De qualquer forma, o grupo de chapas existe e o programa rotineiro do ICEF está em dia. Existe gente boa: Igor Pacca, Celso Orsini, Emico; são três físicos formados. Três quartanistas estão colaborando. Temos dez Leitz-Ortholux, sendo um para *scattering* [observação da dispersão de partículas nas chapas]. Sete microscopistas bem treinadas; espaço, verbas suficientes.

O que é preciso é que venha alguém de fora para orientar o grupo. Do contrário, ficará na rotina e o grupo perderá o interesse.

Peço-lhe encarecidamente que você ofereça ou ao físico que você indicou de Bruxelas, ou a Fumiaki Fujita, do grupo japonês, atualmente em Padova (?), em meu nome e em nome do Mario, um contrato para vir orientar o grupo daqui. Não há condições rígidas para o contrato. O salário será o que for necessário para obter a pessoa em questão. Um ano seria um período mínimo razoável. Viagens ao estrangeiro poderão ser feitas com auxílio do Conselho Nacional de Pesquisas. O Mario se encarrega da parte administrativa na minha ausência.

Esperando notícias suas dentro de breve, um abraço do Cesar

Quaisquer sugestões suas serão bem vindas.
"*Love*" para Constanza e Conipú.
I still think our best buy would be the dobradinha Beppo-
-Connie.[2]

A franqueza de Lattes sobre um assunto tão delicado e a presteza de Occhialini em socorrê-lo não deixam dúvida sobre o afeto que os unia. Embora Lattes tenha encontrado ao longo da carreira figuras protetoras, a começar por Gleb Wataghin e, sobretudo naquele momento, Mario Schenberg, nenhuma delas se pareceu tanto com um pai quanto Giuseppe Occhialini. O fato de que tenha guardado por toda a vida entre seus papéis pessoais o desabafo do amigo apenas confirma seu cuidado paternal. Conhecera Lattes na flor da idade e testemunhara o desabrochar de seu talento. Queria vê-lo refazer-se.

Mas é sobre o caráter de Lattes, principalmente, que a carta constitui um documento fundamental, ao mostrar que a consciência aguda de suas dificuldades psíquicas em nenhum momento diminuiu sua responsabilidade sobre o andamento do trabalho. À falta de indícios sobre o que se passava em seu íntimo até a eclosão da primeira crise conhecida, em 1954, acreditava-se que estivera até então a salvo das armadilhas de seu humor. A carta a Occhialini revela que vinha travando uma batalha constante – "desde Bristol e da Califórnia".

E, no entanto, seguira em frente, sem nunca se dar por vencido.

Quando a carta de Lattes chegou, Occhialini já sabia, por um telegrama de Schenberg, que ele estava melhor. Antes de encaminhar sua resposta, fez, como lhe pediam, uma série de consultas a físicos que pudessem viajar ao Brasil. Para além dos problemas práticos, referentes ao laboratório, preocupou-se com o sofrimento do amigo.

Milão, 3/5/1961.

Caro Cesare,

Empenhei-me ao máximo em conseguir físicos, precisamente junto a Muchnick em Roma, Fujita em Pádua, Sacton em Bruxelas, e com o grupo de Turim, e enviei dois longos telegramas ao grupo de Varsóvia. A resposta do primeiro foi negativa, o Grupo de Varsóvia ainda não respondeu, e, portanto, decidimos informá-lo sobre a situação. É possível que nas próximas horas a situação mude, e, nesse caso, eu o informarei por telegrama.

Na época, em 7 de fevereiro, escrevi a Mario uma longa carta que ficou sem resposta. Nela, comuniquei meu desejo de ir ao Brasil e as dificuldades de fazê-lo sem um convite para apresentar às autoridades da universidade para obter uma licença.

[...]

Sua carta é triste, mas não vejo motivo para abatimento. Acho que a questão do ICEF ainda pode ser resolvida, mas o importante é que você encontre energia para um certo número de coisas. Que são, em ordem, o abandono das atividades científicas e organizacionais; armistício completo com todos aqueles com quem está brigando; possivelmente um período de descanso em um ambiente amigável do tipo Minnesota. Eu recomendaria, eventualmente, uma mudança completa de atividade científica; foi isso que tive de fazer para voltar a ter interesse no trabalho, e escolhi a física espacial. Isso explica por que, apesar de todo o desejo de ajudar, nem Connie nem eu poderemos ir. [...]

Uma possibilidade seria que você viesse à Itália o mais rápido possível para discutir a hipótese com Wataghin e comigo. Não vejo motivo para "desânimo", pois você ainda é o maior físico do Brasil.

Se estiver interessado, o pretexto para vir à Itália pode ser a Escola de Varenna organizada por Peters, que começa em 23 de maio. Estou indo como estudante e acho que valeria a pena.

Aguardo uma nota telegráfica em resposta a esta carta, pois não posso enviar cartas o tempo todo sem saber se elas estão chegando.

Com muito carinho,
Beppo.[3]

Ao mesmo tempo que tentava animar Lattes, Occhialini trocava ideias com Schenberg sobre o laboratório e o ambiente de atritos do departamento.

4/5/1961.

Caro Mario

[...] Estou muito angustiado com a situação, como expliquei em uma carta anterior que não foi respondida.

Seria impossível me mudar sem um motivo oficial, e mesmo vir ao Brasil sem garantia de sucesso seria desastroso para todos nós.

Infelizmente, os motivos de toda essa situação não estão relacionados apenas a situações locais, mas fundamentalmente a questões de caráter. Os rumores de divisões internas em São Paulo e a impossibilidade de se chegar a um acordo entre os vários grupos são persistentes e até mesmo os jovens brasileiros de fora têm medo de vir para um ambiente em que os grandes chefes não se entendem. Em minha passagem pelo Brasil, fiz tentativas de conciliar Cesar e Damy. Isso foi impossível devido à atitude resoluta de Cesar e Martha. Mesmo assim, acredito que, a menos que uma convivência amigável possa ser alcançada com enormes sacrifícios por parte dos responsáveis, a situação levará anos para ser curada.

No final das contas, Cesar está, acho, de certa forma diminuído na História do Brasil, e a História terá que julgá-lo corretamente. Um dos erros foi querer dar a ele um cargo de professor em São Paulo, o qual ele possivelmente não estava em condições de aceitar, e não fazer com que ele aceitasse, como eu sugeria, um cargo de pesquisador associado.

Como você pode ver na carta, proponho que ele venha para a Itália imediatamente, com o propósito de que fique aqui por um tempo. Até mesmo essa solução me assusta, apesar do fato de eu ter certeza de que ele precisa começar a carreira do zero, como você e eu fizemos em algum momento de nossas vidas.

Um dos aspectos mais preocupantes é a tendência dele de não se deixar substituir, e querer ele mesmo representar o Brasil [no exterior]. Gostaria por exemplo que você exercesse a sua influência no sentido de convencê-lo amigavelmente a não ir a Kyoto [para a Conferência Internacional de Raios Cósmicos] este ano. Seus traumas sempre se revelaram em congressos em que ele se deparava com pessoas ansiosas por mostrar sua pontualidade chegando na hora certa, o que ele não conseguia fazer. Entrava por isso em um estado de infelicidade que o levava a uma atitude de aparente extrema autoconfiança e arrogância que angustiava seus amigos.

A carta para o Lattes já foi enviada, portanto, não quero que ela chegue tarde demais.

[...]

Afetuosamente,
G. O.[4]

Os conselhos de Occhialini, agora discutidos com Schenberg, calariam fundo nas aflições de Lattes, reanimando-o, e no futuro influiriam em decisões de sua carreira. Contrariamente ao que os amigos recomendavam, contudo, ele não deixou de ir a Kyoto, quatro meses depois, para a Conferência Internacional de Raios Cósmicos, no Japão. A possibilidade de cooperação com o grupo japonês, tratada por carta com Yukawa dois anos antes, fazia sentido agora diante das preocupações apontadas de que seu grupo, envolvido no ICEF, pudesse "cair na rotina e perder o interesse" à falta de uma orientação mais segura.

Os temores quanto à ansiedade de Lattes não se concretizaram, e durante a conferência, com a participação do próprio Yukawa e de um vigilante Occhialini, ele conversou com os representantes do que era então conhecido como Grupo Cooperativo de Emulsão do Japão. "Nos reunimos numa mesa o Occhialini, o [Yoichi] Fujimoto, o professor [e ex-diretor do Instituto de Física Teórica em São Paulo, Mituo] Taketani, o papa da física teórica japonesa, e arrumamos para fazer a Colaboração Brasil–Japão sobre raios cósmicos [...]. É um acordo que funciona muito bem, mas nada está por escrito, nada é preto no branco", lembrou Lattes nos anos 2000, quando eventualmente ainda havia dados em análise, mas nenhum novo experimento em curso.

Os termos do acordo foram estabelecidos sem que qualquer outro documento precisasse ser firmado. Bastaram as cartas trocadas por Yukawa e Lattes. O prestígio dos proponentes bastou para garantir o financiamento do CNPq, da Comissão de Energia Atômica e da recém-criada Fapesp e de seus equivalentes japoneses. Complementar aos estudos do ICEF, o foco da Colaboração Brasil–Japão (CBJ) eram os eventos de altíssimas energias, inalcançáveis ainda hoje pelos aceleradores, com os quais os físicos japoneses já vinham trabalhando mais consistentemente desde 1958 no monte Norikura, a pouco mais da metade da altitude (2.800 metros) do laboratório de Chacaltaya. O acordo básico previa que o Japão fornecesse o material fotossensível e que o Brasil se responsabilizasse pelo chumbo essencial à montagem das grandes câmaras de emulsão, algumas com dezenas de metros quadrados de área, e pelas passagens e hospedagem dos japoneses.

Os trabalhos começaram quase que imediatamente. Entre 1962 e 1965 seriam realizadas nove expedições à Bolívia, com a exposição de onze câmaras de emulsões fotográficas-chumbo (CENCs de 1 a 11) por períodos de cinquenta dias a cerca de um ano. Todo o material produzido, em sua maioria de ajustes do processo, foi processado quimicamente e analisado nos laboratórios de revelação e microscopia no andar térreo da ala do departamento.

O clima não era dos melhores. Marcel Schein, admirador de Lattes e um dos cientistas que o indicaram para o Nobel, falecera, vitimado por um ataque cardíaco, pouco depois de alçado o primeiro voo de balão. A equipe vinha do impasse que levara ao final precoce das atividades do ICEF, conduzidas desde então pelo japonês Masatoshi Koshiba. A ideia da colaboração impusera dificuldades adicionais às análises ao recortar as chapas para distribuição – muitos dos traços começavam num bloco em poder de determinado grupo e terminavam em outro, em posse de outro laboratório. "Era preciso controlar as microscopistas, porque lá pelas tantas elas terminavam por inventar dados", conta Emico Okuno. "Muitas vezes, não tínhamos condições de contar os grãos." Ela passou três meses na Universidade de Chicago para compartilhar resultados com colegas estrangeiros. "Depois o projeto acabou e aí começou a Colaboração Brasil–Japão."

A chegada à USP de Yoichi Fujimoto e Kei Yokoi, em abril de 1962, na fase de instalação das câmaras de teste em Chacaltaya, agravou ainda mais o mal-estar com a equipe. Lattes nunca se sentiu completamente à vontade com os assistentes herdados no departamento, aos quais se referia como "o monólito", por considerá-los um grupo muito fechado, com uma dinâmica e um relacionamento estabelecidos antes de sua chegada. "Lattes precisava ter sempre o controle na mão, era de seu temperamento", avalia a física Marta Mantovani, que se juntaria ao grupo em 1967. "A minha impressão é que ele tinha medo de que pudesse haver um relacionamento mais pessoal entre o pessoal do laboratório e o grupo do Japão. E provavelmente encontrou indícios de um relacionamento do tipo."

Filha de italianos emigrados ao Brasil no final da Segunda Guerra, Mantovani mal conhecia Lattes quando iniciou o curso na USP em 1962. Sabia o que todo aluno sabia até que seu nome aparecesse à mesa do jantar. Dono de uma indústria de tecidos, seu pai, como muitos imigrantes em São Paulo, tinha conta no Banco Francês-Italiano, em que Giuseppe era gerente-geral. "Como eram italianos, eles contavam histórias, falavam dos filhos, e por coincidência fiquei sabendo do Lattes", lembra ela. A relação entre os dois se estenderia por muitos anos, tornando-a, mais do que uma discípula, uma amiga próxima da família.

28 | Há tanques nas ruas

Como fizera em outros momentos de aflição, Martha mandou uma parte da família para a casa dos pais, no Recife. Desta vez, as maiores é que viajaram para lá, e a caçula foi com ela para São Paulo. Ficava com a filha na edícula da casa de Voanerges Brites, na Vila Mariana.

A lembrança mais remota de Maria Teresa, a Tete, se passa no cenário de uma clínica de repouso onde visitava o pai. "Era um lugar com uma grande área verde, cheia de eucaliptos, aquela coisa meio de filme… As pessoas caminhando, ou sentadas, conversando." Um atestado médico para o afastamento de seis meses do trabalho na USP, de maio de 1962, indica que se tratou na Casa de Saúde Santana, no bairro paulistano homônimo. Era ali que os membros de sua equipe no Laboratório de Emulsões o visitavam. "Nós lhe dizíamos o quanto ele nos fazia falta, pedíamos que voltasse logo", conta a colaboradora Emico. "'Primeiro preciso consertar minha cabeça', ele respondia."

A vida se complicou ainda mais quando a mãe de Martha, Aurora, teve um AVC – um derrame, como se dizia à época. Com a família impactada pelo acontecimento, Martha precisou buscar as filhas.

As ausências de Cesar se confundem na memória das filhas – algumas se deviam a viagens de trabalho, outras a internações, e outras, ainda, a períodos de separação dos pais. "Ele não era mulherengo, mas era bonito e sedutor, tinha muito charme e chovia mulher em cima dele", afirma Maria Cristina. "Isso foi um martírio na vida da minha mãe."

Sua colaboradora Emico foi testemunha do fascínio que ele exercia sobre as mulheres. "Era muito mais do que a beleza física que contava; era a inteligência, o conhecimento", descreve. Também contribuía para isso sua aura naqueles anos. "O nome dele abria todas as portas. Se você precisasse de algum material de pesquisa e dissesse que era para o Lattes, conseguia imediatamente, às vezes até de presente", recorda Emico. "Quando ele anunciava que ia dar um seminário, aparecia jornalista do país inteiro."

Nas épocas em que estava separado de Martha, Cesar passeava com uma filha de cada vez. Maria Cristina se lembra de ter ido com ele a Curitiba. Hospedaram-se na casa do tio-avô Primo Lattes, irmão de Giuseppe, e visitaram Tranquila, a antiga babá de Cesar e Davi. Ela lembra também de um passeio no Rio de Janeiro, em 1961, que teve um desdobramento curioso. Maria Cristina pediu ao pai que a levasse ao cinema, para assistir ao filme *O trapézio*, com Tony Curtis, um dos sucessos da temporada. "Como era proibido até dez anos e eu tinha nove, achei que indo com papai eu poderia entrar", conta. Mas Cesar tinha outros planos para aquela tarde. Convenceu-a a trocar o cinema por uma visita a um amigo pintor, que perguntou se podia fazer seu retrato. "Como ele me pareceu um velhinho, e naquela época não ousávamos discordar dos mais velhos, aceitei", ela relata. Teve que posar duas ou três vezes. Gostava da hora do cafezinho, quando ofereciam também a ela uma xícara, mesmo sendo criança. Mais tarde ela avaliaria com olhos mais compreensivos o convite do pai. O pintor era Candido Portinari, seu amigo, o artista plástico mais consagrado da arte moderna brasileira, e a tela, presenteada por ele, ficou na casa dos avós Lattes, em São Paulo, até a família se mudar para Campinas. Cesar dizia às outras filhas que Portinari iria retratar todas, mas ele faleceu antes de poder cumprir a promessa.

Lattes e Portinari foram próximos o suficiente para que uma história da infância do físico fosse tema de um desenho do pintor, em grafite sobre papel, *O menino e o fuzil*, com o qual presenteou o amigo. Giuseppe Lattes gostava de caçar e possuía armas. Os filhos perguntaram, um dia, se uma espingarda estava carregada, e ele, que era famoso pelo zelo com as armas, respondeu que não. "O irmão mais velho de Cesar teria erguido a espingarda, que disparou, fazendo com que levassem um grande susto", descreve um texto sobre a obra no acervo do pintor. Guardado ali também se encontra um bilhete de 7 de novembro de 1958:

> Caro Portinari,
>
> As folhas anexas vieram por engano no meu bolso, depois de minha visita no domingo.
> Um abraço e meus agradecimentos a você e senhora por uma tarde agradável.
> Cesar Lattes[5]

Não há registros precisos de quando Lattes se voltou para a área da geocronologia, que o levaria à Itália nos anos seguintes e o mobilizaria cientificamente até o final da carreira, mas sabe-se que o movimento foi feito no tumultuado período em que se montaram as primeiras câmaras de emulsão da Colaboração Brasil–Japão na Bolívia.

No memorial que se veria obrigado a apresentar à USP, em 1966, no processo de regularização da vaga que vinha ocupando precariamente, ele menciona, na seção dedicada às atividades de pesquisa: "Trabalho teórico buscando relacionar as constantes fundamentais da física com dados observacionais cosmológicos e geofísicos". Na seção de trabalhos apresentados, aponta: "'On a possible relation between the fundamental constants of Physics and Cosmology' [Sobre uma possível relação entre as constantes fundamentais da física e da cosmologia] – C. M. G. Lattes – Comunicação preliminar: ao V Congresso Latino-americano de

Radiação Cósmica e Física do Espaço – junho, 1962 – La Paz, Bolívia". Não é improvável que Lattes já estivesse reagindo aos conselhos de Occhialini sobre uma eventual "mudança completa de atividade científica" para reavivar seu interesse num momento de grande depressão.

O Brasil vivia os últimos meses do governo João Goulart, iniciado em agosto de 1961, quando Jânio Quadros, eleito para o período 1961–1965, renunciou, alegando pressões de "forças ocultas", após uma tentativa fracassada de fechar o Congresso. A substituição do udenista Jânio por seu vice, herdeiro político de Getúlio Vargas, horrorizou a direita e provocou nervosismo nos quartéis. Só uma complicada manobra para transformar o presidencialismo em parlamentarismo garantiu a posse de Jango. A velha tensão entre forças que poderiam se chamar, numa simplificação, direita liberal e esquerda desenvolvimentista, que vinha se aguçando desde o suicídio de Getúlio, aproximava-se do ponto de ruptura.

O panorama político conturbado ecoava no CBPF, somando-se a velhas competições do mundo acadêmico. Em fevereiro de 1964, um professor de história antiga e medieval da FNFi, ex-diretor da faculdade, denunciou a existência de uma pretensa célula comunista, formada por alunos, professores e funcionários. Constavam da sua lista de "subversivos" diversos membros do CBPF, como Leite Lopes, Jayme Tiomno, Elisa Frota Pessoa e Alfredo Marques. Naquele momento, o prestígio científico do centro, que deveria protegê-lo, parecia uma razão a mais para que fosse descrito pelos adversários como um "antro de comunistas".

Autorizado pela Faculdade Nacional de Filosofia, no Rio, a ausentar-se para um estágio no Laboratório de Geologia Nuclear de Pisa, Lattes passou praticamente todo o ano de 1964 na Itália. No dia 1º de abril estava a caminho do aeroporto do Galeão e cruzou com tanques do Exército nas ruas do Rio de Janeiro. Eram as primeiras movimentações explícitas do golpe civil-militar. Contava que perguntou aos soldados de um veículo de que lado eles estavam. "Ainda não sabemos", teriam respondido. "Foi um custo convencer meus colegas italianos de que não era um refugiado político."

Uma cena desse dia se associa na memória de Maria Cristina a um forte sentimento de angústia: uma caminhonete se afastando, pela rua sem saída onde moravam, no Rio de Janeiro, com coisas do pai na caçamba. Ela acreditou por muito tempo que a partida teria acontecido "num dia de muito terror, porque Schenberg tinha sido preso e Leite Lopes estava sendo procurado". Deu-se conta mais tarde de que a perseguição aos dois – e a tantos outros cientistas e intelectuais – ainda não tinha começado. Schenberg seria preso dali a sete dias, e Leite Lopes dentro de quatro meses. Sua angústia, contudo, era justificável: dessa vez, o pai demoraria muito tempo para voltar.

Da Itália, Lattes viu a UnB ser enquadrada pelo golpe e ouviu o boato de que, considerado um refúgio de comunistas, o CBPF também seria ocupado. Junto com Occhialini e Cecil Powell, ele ajudou a mobilizar cientistas europeus e americanos para um abaixo-assinado exigindo a libertação Schenberg.

Ao ver amigos de Cesar serem perseguidos, Davi Lattes, àquela altura um empresário bem-sucedido, preocupou-se com a sorte do irmão, e usou seu bom trânsito junto ao governo militar para procurar um conhecido, o ministro da Justiça, Luís Antônio da Gama e Silva, mais tarde redator do Ato Institucional número 5. "Gama e Silva tranquilizou meu pai. Disse que meu tio era muito famoso e que os militares não iam querer mexer com ele", conta José Lattes, o primogênito de Davi.

Ao contrário de muitos de seus amigos, Lattes não era um homem de esquerda. Vinha de um ambiente conservador, o que talvez tenha agudizado seu sofrimento quando, no escândalo Difini, viu-se colocado como adversário por aqueles que acusavam o governo Vargas de corrupto e comunista. Mas isso não o impediu de aplaudir as medidas progressistas de Vargas, nem de reconhecer sua importância para o projeto de abrir espaço para a ciência, que o trouxe de volta ao Brasil. Poucas vezes se manifestou politicamente. (Em uma delas, dali a muitos anos, em 1980, referendou com sua assinatura, ao lado de 220 personalidades brasileiras, um Comitê de Defesa das Liberdades Democráticas).

A fim de abrir um canal com os militares e garantir a continuidade do CBPF, integrantes muito visados como José

Leite Lopes e Jayme Tiomno demitiram-se, e o conselho elegeu para a presidência um político conservador, Lopo Coelho, e para vice-presidente um almirante, Otacílio Cunha, ex-presidente do CNPq e da CNEN, visto como um desenvolvimentista nacionalista, na linha de Álvaro Alberto. Com bom trânsito entre os militares, Hervásio de Carvalho foi nomeado diretor científico.

Pouco depois, Lopo Coelho foi mandado para a Suíça como representante do país na Organização Internacional do Trabalho. Ao substituí-lo na presidência, Otacílio Cunha revelou sua índole autoritária, implantando um clima de expurgos e perseguições. Ele escreveu num relatório que o CBPF vinha sendo dominado por um grupo "nitidamente de esquerda", mas que a Revolução de 1964 havia posto fim àquela situação. "O que sobrou da diretoria marxista renunciou", apontou o almirante.

Leite Lopes foi preso ao buscar seu passaporte na Polícia Federal e, tão logo foi solto, exilou-se na França. Jayme Tiomno e Elisa Frota Pessoa aceitaram convite de Roberto Salmeron para criar o Instituto de Física da UnB. Meses depois, deixaram seus cargos em protesto pela exoneração de 223 professores da universidade e voltaram para o CBPF, mas foram boicotados e se candidatariam a vagas na USP. Também rejeitado pelo CBPF ao deixar a UnB, Salmeron seguiu para o Conselho Europeu para Pesquisas Nucleares (CERN), em Genebra. Guido Beck voltou para a Argentina. Do grupo inicial que pusera de pé o CBPF, apenas Hervásio de Carvalho e Francisco de Oliveira Castro permaneciam – além de Lattes, com o contrato em convênio com a USP.

Otacílio Cunha voltaria também contra Lattes sua disposição hostil. Ele propusera ao CBPF, em 1965, a formação de um grupo de pesquisas sobre a aplicação da física nuclear à geologia, e pedira ajuda da instituição para trazer ao Brasil o físico italiano Adriano Gozzini, com quem trabalhava em Pisa em pesquisas na área. Estava interessado nos métodos de datação de minerais no estudo da hipótese de Paul Dirac "de as leis da física [...] mudarem com a passagem do tempo universal", explicou em entrevista nos anos 2000.

A resposta de Cunha, em 29 de junho 1965, expõe, sob a polidez gélida do jargão corporativo, a hostilidade que os novos dirigentes do CBPF reservavam ao seu fundador:

> [...]
> Tenho a honra de informá-lo de que os assuntos constantes da mesma mereceram da diretoria da CBPF a devida atenção, apresentando até o momento os seguintes resultados:
> Com relação ao grupo de pesquisa [...] foi feita consulta individual a todos os membros do conselho científico que no momento trabalham no CBPF e nenhum deles se mostrou interessado nesses estudos. Entre esses foram consultados os quatro oficiais do Exército que também se mostraram desinteressados.
> Com relação à vinda do professor Gozzini a convite do Centro, não dispondo o CBPF das condições materiais indispensáveis à formalização do convite, resolveu a diretoria consultar o Instituto de Química da Universidade do Brasil sobre a possibilidade de o mesmo colaborar nesse propósito. [...][6]

No último item da correspondência, Cunha se supera:

> Com relação à sua situação como professor titular do CBPF, cabe-me, lamentavelmente, informar que encontramos a respeito ação na Justiça do Trabalho para rescisão de seu contrato de trabalho por abandono de emprego. A despeito dessa situação, tão logo Vossa Senhoria se encontre em condições de assumir plenamente suas funções, o CBPF reexaminará a posição daquela ação.[7]

Como Lattes se dividira entre o Rio e São Paulo com o beneplácito da antiga diretoria e, àquela altura, estava impossibilitado de assumir plenamente suas funções, seria difícil para o almirante comprovar sua acusação. E, dado o prestígio do cientista, ele também não poderia fazer mais do que acusações.

29 | Felicidade por um fio

Naquele ano, Lattes voltou à Itália para uma breve temporada, e Maria Lucia, então com dez anos, viajou com ele. Foi encarregada de dar seus remédios. "Eu tinha uma bolsinha azul onde guardava os frascos", conta. Ficaram um mês em Pisa e depois foram a Fávaro, encontrar dois tios solteiros, irmãos de Checca. De lá seguiram para uma estação de águas, Montecatini. "Um dia eu percebi que meu pai estava deprimido. Peguei a caderneta de telefones dele e, com a dificuldade de uma criança numa língua que não era a minha, falei com a Giuliana [Berti], uma grande amiga dele, médica: 'Giuliana, meu pai está ficando meio triste. Eu acho que não consigo voltar pra Pisa sozinha com ele'." Giuliana foi buscá-los.

Outra grande amiga de Cesar em Pisa, Lavínia Trevisan, a Lala, levou Maria Lucia para sua casa, enquanto Giuliana e o físico Adriano Gozzini, seu companheiro de trabalho no ICEF, cuidavam dele. "Lala era paleontóloga, especializada em pólen fossilizado. Me levava com ela para o museu e eu passava horas vendo-a montar fragmentos de fóssil. Era uma criatura incrível", recorda.

Uma tensão pairava no cotidiano, quando ele estava por perto. "A gente nunca sabia o que nos aguardava", descreve

Maria Cristina. "Você ia dormir deixando tudo bem e na manhã seguinte tudo tinha mudado". Em busca de um mínimo de previsibilidade, elas aprenderam a identificar o perigo em pequenos sinais: o som dos passos do pai no corredor, que mudava quando ele entrava em crise, ou o tom de sua voz falando com a mãe, na sala ao lado. Por eles, ficavam sabendo que uma nova crise ia começar.

O pior pesadelo era a fase da mania. Cesar nunca foi violento fisicamente, nunca insultou a mulher nem as filhas, mas se tornava hostil, sarcástico, injusto. Nesses momentos, toda a sua inteligência ficava a serviço da agressividade, e suas palavras viravam armas contundentes. "Eu sentia um medo absurdo dele, ficava paralisada. Se eu pudesse viraria uma minhoca para poder sumir da frente dele", lembra Maria Teresa.

"Seu pai é uma pessoa doente", explicava Martha, uma frase que repetia exaustivamente, semanas a fio. Mas não havia, por exemplo, um braço quebrado, uma cicatriz, um vestígio concreto de algo que uma criança identificasse como doença. "Então, eu achava que ele estava só sendo malvado", diz Maria Teresa.

A fase de mania durava cerca de três meses e seguia-se uma longa depressão, antes que ele conseguisse, finalmente, recuperar o bem-estar. "Era muito triste, porque ele chorava muito", recorda Maria Teresa. "Eu era pequena, não sabia o que dizer, só sentava ao lado e ficava segurando a mão dele, esperando a hora de poder me afastar dali." Em dias assim ele costumava pedir à mulher: "Martha, minha filha, me conta uma notícia boa".

Já adolescentes ou adultas, quando não se sentiam mais tão vulneráveis aos humores do pai, elas tinham medo das situações constrangedoras que ele poderia causar – e causava – a si mesmo, em público: ofender alguém respeitável ou dar declarações inconvenientes, que seriam reproduzidas nos jornais. Havia, contudo, um padrão nesses destemperos públicos: não visavam ninguém mais frágil do que ele na escala social. Em tudo mais, era incontrolável.

Na velhice, iria se abrir mais com as filhas: "Estou angustiado", suspirava. E se dispunha a conversar. "Então eu imaginava o tamanho da angústia que a cabeça dele era capaz de produzir", relata Maria Lucia.

A extensão do sofrimento do pai é um cálculo que elas nunca deixaram de fazer. A admiração que sentem por ele cresceu à medida que enfrentaram suas próprias dores e se perguntaram como ele conseguiu, apesar de tudo, seguir trabalhando e educar quatro filhas.

Os Lattes tinham televisão, mas ela era quase um objeto de decoração na casa. Cesar detestava os programas exibidos na época. Também não admitiria fotonovelas nem livrinhos de bolso e romances de banca de jornal. No Rio de Janeiro tranquilo dos anos 1950 e 1960, as meninas brincavam na rua com as crianças da vizinhança. Moravam perto da Lagoa Rodrigo de Freitas, numa rua sem saída chamada Ildefonso Simões Lopes. Além de algumas casas, erguiam-se naquele quarteirão apenas quatro prédios de poucos andares, formando quase uma vila, por onde só circulavam, habitualmente, os poucos carros dos moradores. As crianças podiam correr por ali em segurança. Os vizinhos eram praticamente as únicas pessoas com quem conviviam de maneira assídua no Rio de Janeiro.

Os moradores da rua sem saída contribuíram com algo tão ou mais precioso quanto companhia para as brincadeiras das meninas. Garantiram a Martha acolhimento e apoio, em períodos em que ela estava sozinha e vivia todo tipo de dificuldade. Depois da grande crise provocada pelo desfalque no CBPF, os amigos de Cesar se afastaram. "Por longos períodos, não me lembro de ter convivido com nenhum amigo dele." Enquanto separados "mamãe não teve apoio de ninguém", diz Maria Cristina. Ela acredita que o isolamento dos amigos nessa época, talvez, possa ter acontecido devido às questões políticas envolvidas no caso do CBPF, às viagens a Itália e ao comportamento do pai nas fases de exaltação. "Era difícil conviver com ele", admite.

Ora por exigências do trabalho, ora pelas dificuldades psíquicas, ora pelos conflitos conjugais que viviam, Cesar estava sempre ausente. Martha se viu sozinha com as filhas, a milhares de quilômetros de sua família paterna, numa cidade onde só conhecia o círculo profissional do marido – que se desfizera.

Não se sabe exatamente qual foi a gota d'água, depois de tantas as situações difíceis vividas desde a grande crise de Cesar, em 1954, mas em meados dos anos 1960, num momento situado, provavelmente, num período em que ele estava em Pisa, Martha ruiu. Ao voltar da escola, uma tarde, as meninas perceberam que alguma coisa grave tinha acontecido. Vizinhos que estavam no apartamento para recebê-las contaram que a mãe não estava bem, e que os tios estavam vindo do Recife para buscá-las. Martha tinha sido levada para a casa do médico que morava ao lado, enquanto a família não chegava para encaminhar a situação. "Lembro de ter chorado muito e de dizer que não queria ir mais uma vez para o Recife", lembra Maria Cristina. Mas não havia outra escolha, e poucos dias depois o tio Amaury chegou em seu carro para levá-las. Depois de uma viagem interminável, em que as paradas para fazer xixi demoravam infinitamente, elas estavam de volta a Recife, agora na casa de tia Maria Lucia. Ficaram por lá por um tempo que não sabem mais calcular quanto durou, a tia querida cuidou delas com infinita paciência e carinho até que Martha se recuperasse do esgotamento nervoso.

Poucos amigos deixaram algum vestígio no ambiente social rarefeito vivido pela família durante a infância das filhas. Um deles era o matemático Francisco de Oliveira Castro, padrinho de Cristina. Cesar e ele ficaram amigos durante a fundação do CBPF, quando Castro se juntou ao grupo de físicos. Castro era 23 anos mais velho que ele, mas isso era irrelevante, porque, nas palavras de Cesar, o amigo tinha "coração de menino". Ex-catedrático da Escola Politécnica da Universidade do Rio de Janeiro e professor da UDF, ele havia colaborado como matemático em pesquisas de contemporâneos como Bernard Gross e Joaquim da Costa Ribeiro, e com a geração mais jovem, de Lattes. "Em depoimento a uma publicação em sua homenagem, em 1993, logo depois de seu falecimento, Cesar escreveu: "Toda vez que me defrontava com a matemática cabeluda, ia ao Castro, que apresentava soluções claras, simples e elegantes, e com aquela letrinha bonita que manteve até o fim". As filhas de Lattes lembram-se de visitá-lo com o pai no Hotel Paysandu, no Catete, onde ele passou a morar depois que ficou viúvo. "Papai o achava genial", assinala Maria Lucia.

Outra amizade que sobreviveu a todos os percalços ligava-o a Mario Schenberg, outrora seu mestre e mais tarde responsável por levá-lo de volta à USP. Ao contrário de Lattes, Schenberg era muito ativo politicamente, tendo sido eleito duas vezes deputado estadual: em 1946, pelo Partido Comunista Brasileiro, para a Assembleia Constituinte do Estado de São Paulo; em 1962, pelo Partido Trabalhista Brasileiro. A identificação, embora nos termos da lei, com o Partido Comunista o fez ser tratado pelas autoridades com desconfiança e hostilidade por toda a vida. Além da física e da política, Schenberg dedicou-se às artes plásticas, com uma obra crítica de peso.

Maria Cristina guardou os resquícios de uma conversa entre eles, que testemunhou sentada nos joelhos de Schenberg, entre baforadas de charuto: "Maria Cristina é mais comunista que eu", brincou Schenberg. "Sim, Mario, mas ela é uma criança!", ironizou Cesar.

Mais tarde, a partir da adolescência das meninas, o amigo mais próximo da família seria o físico Alfredo Marques, que no final dos anos 1970 foi trabalhar na Unicamp, ao lado de Lattes na chefia do departamento.

As irmãs lembram os presentes que o pai trazia das viagens: pequenos livros sobre grandes pintores, bonecas russas, caixinhas de música, canetas hidrocor, que acabavam de ser inventadas, e miniaturas de perfumes, que as comissárias de bordo vendiam em voos internacionais (ainda não existiam *free shops*).

O amor pelas filhas fica evidente nas cartas que escrevia a elas. Uma, que enviou a Maria Cristina pouco depois de um de seus aniversários, mostra que, nos lugares distantes por onde andava, pensava nelas a todo momento. Queria compartilhar não só os belos cenários que via, mas também os temas intrincados que o fascinavam. Sob o tom brincalhão, percebe-se uma enorme ternura.

Cristina, a Justiceira:
Querida filha,

Estou respondendo a sua cartinha de 16 de maio. Você diz que tem saudade, mas leva dois meses para escrever? Tá namorando demais e esquecendo o velho pai?

Trabalho e amigos vão bem.

Gostei muito da descrição da festa de seu aniversário. Você recebeu meu telegrama? Foram dois, porque o primeiro foi parar em São Paulo!

Espero que a Tuisa esteja melhor e de tubinho novo e bonito.

Estou de volta à Suíça, onde fui a um congresso de cronometria (relógios de precisão). Me ofereceram um emprestado para minhas experiências. Ele não atrasa nem adianta mais do que 1/1.000.000 de segundo por ano do tempo verdadeiro. Só que o pessoal que fez o relógio não sabe qual é o tempo verdadeiro, e seu pai sabe. Por isso eles queriam que eu fosse fazer um trabalho na fábrica deles, nos Estados Unidos, e pagavam viagem, comida, [...] ordenado, e até me davam loiras bonitas para eu trabalhar alegre. Eu preferi voltar para Pisa e eles vão mandar um relógio emprestado. Outro, eles vão botar num satélite artificial que vai passar por cima de Pisa uma vez por dia e assim a gente compara os dois relógios através do rádio.

Por falar em relógio, como vão os daí: o seu, de Calu, de Lulu e de Tete? Eu comprei na Suíça, baratinho, um relógio-isqueiro. Assim, em vez de perder um relógio e um isqueiro, vou perder os dois ao mesmo tempo.

Aqui onde estou é uma cidadezinha nas montanhas da terra do vovô Pino. Eu vinha da Suíça para Milão, mas o pessoal dos trens italianos está em greve e os suíços nos deixaram na fronteira, depois de atravessar o túnel de Simplon, que é o mais comprido do mundo, uns 20 quilômetros.

Estou num hotel nas montanhas. No fundo do meu quarto tem um riacho que faz um barulho bom para dormir e uma cachoeira de uns 30 metros.

Tem montanhas com neve por todo lado. Tem muitas flores selvagens e framboesas. Hoje fui dar um passeio. Aqui é 1.000 metros de altura. Subi até 1.500 e colhi umas cem espécies diferentes de flores. Juntei algumas para você e suas irmãs. Divida com generosidade.

É mais bonito do que Itatiaia e vou trazer vocês aqui para passar férias. O pessoal aqui fala o dialeto que é metade o da vovó Checca e metade o do vovô Pino – aprendam.

Estou num hotel muito bom e barato, tem uns cem quartos e uns dez salões, mas eu sou o único hóspede, porque o hotel abriu hoje – eles só abrem no verão. Tem um garçom chefe, um garçom ajudante, uma camareira, um camareiro, um porteiro chefe, um ajudante porteiro, um barista etc., só para mim!

Maria Lucia não escreve.

Não quer vir ver a neve?

Se ela não me escrever, o pai não pode responder.

Beijos do papai

Um beijo e uma flor para mamãe

P. S. Maria Teresa recebeu minha carta?

Beijos para ela.

E para Maria Lucia escritora de meia tigela.[8]

Foi esse pai amoroso das fases de tranquilidade que prevaleceu na memória das filhas como o verdadeiro pai. Elas se comovem ao pensar na vida que poderiam ter vivido se o distúrbio não viesse roubá-lo a todo instante. Era doído perdê-lo.

245

30 | Implicâncias da burocracia

Quando lhe ofereceu a vaga na USP, em caráter precário, Mario Schenberg garantiu que no futuro ela seria automaticamente efetivada. Até onde lhe fora dito, o processo não passaria de uma formalidade. E, de repente, para sua contrariedade e irritação, impuseram-lhe a exigência de prestar concurso.

Por não ter o título de livre-docente, como exigido dos postulantes, viu-se obrigado pelo regulamento da congregação a apresentar, além de "uma tese original e ainda não divulgada", como de praxe, um extenso memorial que apresentasse "atividade científica comprovada, relativamente à cátedra do concurso", exigência que, em se tratando de alguém como ele, responsável por descobertas de repercussão mundial, soava como uma picuinha.

Diante de sua recusa inicial em participar do exame, a equipe de assistentes do laboratório em São Paulo se mobilizou para organizar o material em que vinha trabalhando havia pelo menos quatro anos e escrever a necessária tese de cátedra. "A gente achava que se o Lattes não se inscrevesse, e entrasse outro catedrático, perderíamos o cargo", conta Emico Okuno, que foi a intérprete para a participação de I. Mito, o físico teórico da CBJ em visita ao Brasil naquele ano. "A gente tinha que tentar."

Revisado por Lattes bem à sua maneira, com a inclusão do faz-tudo Voanerges Brites entre os colaboradores e um lamento pelo "desinteresse que, durante vinte anos, a física brasileira demonstrou" pelas descobertas de Wataghin, Damy, Pompeia e Schenberg, o trabalho sobre eventos de altíssimas energias da CBJ foi inscrito, junto com setenta cópias de seu memorial, abrindo o processo de constituição da banca avaliadora.

Schenberg já não era mais o diretor do departamento quando o Conselho Técnico-Administrativo da FFCL abriu o concurso, no primeiro semestre de 1966. Para surpresa de Lattes, outros dois candidatos se apresentaram: Jayme Tiomno, egresso do militarizado CBPF, e Ernest Hamburger, que desistiria da disputa pouco antes das provas e defesa de tese.

A seleção começou em 3 de agosto de 1966, e se arrastou por mais de um ano. Na véspera da data marcada para o exame – adiado por um dia, para 8 de agosto de 1967, pela impossibilidade de comparecimento de um dos membros da comissão –, Lattes cancelou seu comparecimento. Seu telegrama, enviado às dez e meia da noite de 7 de agosto de 1967 ao secretário da FFCL, Eduardo Ayrosa, dizia: "Não podendo estar presente à rua Maria Antônia 294 às 9 horas do dia 8/8/67, solicito informe constituição da banca examinadora concurso catedrático cadeira física superior e horário realização das provas – Cesar Lattes". "A gente já sabia que ele não iria", diz Emico. "Emocionalmente, Lattes não enfrentava esse tipo de coisa."

Em 10 de agosto, a comissão julgadora do "concurso para provimento efetivo da cadeira de física superior" comunicou o resultado das provas realizadas de 8 a 10 de agosto: "Dos três candidatos inscritos, professores doutores Cesare Mansueto Giulio Lattes, Ernest Wolfgang Hamburger e Jayme Tiomno, o primeiro não compareceu e o segundo desistiu". Sorteado o ponto para a prova didática no dia 9 – "Noções sobre a teoria da relatividade cinemática relativística" – e defendida a tese "Contribuições à Física das Partículas Elementares" no dia 10, "verificou-se que o candidato Professor Doutor Jayme Tiomno foi habilitado e indicado unanimemente" para a vaga.

Lattes considerou o concurso uma "palhaçada" e recebeu com desconforto a composição da banca examinadora. "Cesar não gostou da inclusão do professor Gerhard Jacob, que tinha sido examinado por Tiomno anteriormente", relata Shibuya. Tiomno fizera parte, como professor do CBPF, da banca que aprovou Gerhard Jacob em concurso para catedrático na Universidade Federal do Rio Grande do Sul, em 1964. "Cesar falou: 'Poxa, isso é uma seleção ou uma troca de favores?'."

Embora não tenha responsabilizado Tiomno pela situação, as relações entre os dois jamais voltaram a ser como nos bons tempos, no final dos anos 1940, quando o casal Lattes o convidou para ser seu padrinho de casamento. Respeitaram-se publicamente ao longo de suas carreiras. Pouco mais de um ano depois, Tiomno seria aposentado compulsoriamente pelo AI-5, transferindo-se para a PUC do Rio de Janeiro.

O desgaste do concurso ao longo de todo o ano de 1966 afetaria decisivamente o trabalho da equipe do laboratório na CBJ. Lattes e os físicos japoneses viviam a expectativa dos primeiros resultados de uma nova configuração para as câmaras de emulsão nuclear e chumbo (CENCs 12 e 13), desenvolvida no ano anterior com o objetivo de detectar eventos com energias jamais alcançadas. Montadas com duas camadas de material fotossensível intercaladas por uma camada "desaceleradora" de piche, as centenas de chapas de emulsão e filmes de raio X produzidas pela câmara 12 começaram a ser reveladas e analisadas em São Paulo, enquanto a câmara 13 era instalada para um ano de exposição em Chacaltaya.

Às voltas com as demandas da CBJ, com os primeiros ensaios na área de geocronologia, por ora inviabilizados no CBPF, e com a ansiedade provocada pelo concurso, que representava uma ameaça a seu emprego, Lattes teve uma das crises contra as quais vinha lutando desde que voltara da Itália "batendo pino" – "fiquei entre 1965–1966 quase que só em casa", lembrou em depoimento nos anos 1990. Os episódios de insônia, que o faziam trocar o dia pela noite, começavam a se tornar cada vez mais frequentes.

Incorporada ao laboratório ao longo da análise do material da câmara 12, Marta Mantovani relembra o momento em que sua equipe começou a ser desfeita, ao final de 1966. Lattes reapareceu no departamento em companhia do professor Yoichi Fujimoto, circulando pelas salas, batendo em portas fechadas, perguntando pelo conteúdo de gaveteiros. Bolsas de iniciação científica tiveram seus rumos alterados, documentos foram revistos. "Não transcorreram mais de três dias da aparição do professor Cesar Lattes para que os comentários nos corredores do Instituto convergissem ao mesmo assunto: 'O professor Lattes dispensou toda a equipe'", lembra Mantovani em depoimento sobre o período.

"O ambiente para a ciência estava destruído", diz Edison Shibuya, à época orientando de Schenberg em sua bolsa de iniciação científica. Reabilitado como professor no curso de mecânica quântica depois de sua prisão em 1964, Schenberg fora ouvido se queixando de que o departamento estava virando "um pau de galinheiro". Shibuya ainda não havia se graduado, em 1967, quando Lattes o convocou para se juntar aos trabalhos de revelação dos filmes da câmara 12. "A hostilidade nas relações com a equipe se agravou a tal ponto que uma placa de um evento importante, mais energético, apareceu raspada por gilete", conta Shibuya. Ele não testemunhou o episódio, mas viu o material inutilizado. "Por essa e outras, Cesar decidiu deixar a USP e se mudar para Campinas."

31 | Enfim reunidos

Ao Excelentíssimo senhor
Prof. Dr. Zeferino Vaz
Magnífico Reitor da Universidade de Campinas

São Paulo, 19 de maio de 1967.

Magnífico Reitor,

Tenho a honra de submeter à elevada consideração de Vossa Excelência a contratação do Prof. Dr. Cesare Mansueto Giulio Lattes para o Instituto de Física desta Universidade.

[...] O Professor Cesar Lattes é sem favor o mais eminente físico brasileiro e um dos expoentes da física mundial; na nossa universidade irá ele encontrar o clima de apoio e de estímulo que necessita para a realização do seu plano de pesquisas, cujas consequências, para o próprio desenvolvimento das nossas teorias atuais, são quase imprevisíveis [...].

Na minha opinião, [...] constitui motivo do mais alto júbilo que a Universidade de Campinas, criada e organizada com o intuito de revolucionar o nosso ensino superior, possa iniciar suas atividades no setor da Física com a orientação de tão eminentes mestres.

Prof. Marcello Damy de Souza Santos

Coordenador do Instituto de Física[9]

Com a anotação "urgente" no alto da página, o ofício encaminhado por Damy a Zeferino Vaz quase três meses antes do desfecho do concurso para a efetivação de Lattes na USP indica que os antigos alunos de Wataghin tinham pressa. A comunicação era acompanhada de um detalhado plano de trabalho, sugerindo que as conversas entre Lattes e Damy já vinham acontecendo havia algum tempo. Graças, talvez, aos conselhos conciliadores de Occhialini, os resmungos recorrentes contra Damy, presentes em cartas de diversas épocas, foram finalmente substituídos por uma oportuna disposição cordial. Além da contribuição científica desde o período pioneiro da USP, Damy teve papel importante em diversos momentos da carreira de Lattes, e mostrou-se, por toda a vida, um amigo.

Livre dos impasses no laboratório de emulsões nucleares da USP, Lattes voltou a Pisa para consolidar sua desejada nova linha de pesquisa na área da geocronologia, rechaçada no CBPF e frustrada em São Paulo, onde chegou a orientar alguns alunos.

Momentaneamente revigorado, negociou com Damy trazer para a Unicamp o trabalho em curso no âmbito da Colaboração Brasil–Japão e iniciar estudos com os métodos conhecidos de datação mineral por traços fósseis resultantes da fissão de urânio em micas e cristais. "Os resultados permitirão, ao menos em princípio, obter uma verificação empírica da existência de possíveis variações de constantes fundamentais da física com a idade do universo, conforme previsto por Dirac em 1938 e até hoje não sujeito a qualquer confirmação experimental, pelas enormes dificuldades inerentes a tais determinações", escreveu ele no plano de trabalho submetido. Em acordo com Damy, Lattes propôs ainda a vinda por um ano do professor Adriano Gozzini, seu orientador na temporada no Instituto de Física da Universidade de Pisa, iniciando uma longa colaboração e intercâmbio entre as universidades durante os anos 1970 e 1980.

Lattes estava de volta a uma área de fronteira, ligada aos grandes temas da física em que as respostas da natureza ainda eram incertas e sujeitas a disputa. E se propunha outra vez a um trabalho gigante. A nova universidade estadual, a Unicamp, ainda não havia completado dois anos desde que Zeferino Vaz fora nomeado presidente de sua nova comissão organizadora e primeiro reitor.

Vaz era catedrático de zoologia médica e parasitologia na Faculdade de Medicina Veterinária nos primeiros anos da USP e diretor-fundador da Faculdade de Medicina de Ribeirão Preto entre 1951 e 1964, um nome importante, ligado à formulação de políticas públicas no setor da educação e saúde em São Paulo. Amigo do presidente Humberto Castello Branco, ele chegara à nova comissão de criação da Unicamp em 1965, depois de dezesseis meses como interventor do governo militar à frente da Universidade de Brasília, no período dos expurgos que afastaram dezenas de professores acusados de comunismo.

Com bom trânsito entre os generais, Vaz alinharia os rumos da nova universidade ao projeto desenvolvimentista de então, com a missão de repatriar os cérebros evadidos pelas incertezas a rondar as universidades e os centros de pesquisa nacionais nos anos anteriores. Um levantamento organizado pela embaixada brasileira em Washington, em 1967, apontava que, na última década, a cada ano cerca de cem cientistas brasileiros haviam emigrado para os Estados Unidos.

Incorporado à Unicamp como referência em física nuclear, por ter liderado a fundação do Instituto de Energia Atômica (atual IPEN) na década anterior, Damy concordou com Vaz em abrir mão de investimento em sua área para que o foco do instituto se voltasse à promissora física do estado sólido, dedicada ao desenvolvimento de semicondutores – e aos interesses da indústria, sobretudo a de telecomunicações. À frente da Colaboração Brasil–Japão e da radiação cósmica, área que, como na época da fundação da USP, não exigia altos investimentos, Lattes iria novamente emprestar sua credibilidade científica à obtenção de recursos para outras áreas em desenvolvimento.

Ao receber Lattes, em 1967, a Unicamp se constituía apenas de sua Faculdade de Medicina, fundada cinco anos antes na primeira versão de seu projeto, ainda como Universidade Estadual de Campinas. O campus de Barão Geraldo "era um canavial, com uma estradinha de terra até o barraquinho do vigia, que estava recebendo material para a construção" de sua planejada Cidade Universitária, lembrou em depoimento nos anos 1990. Em obras havia um ano, o prédio do Instituto de Física só ficaria parcialmente pronto em 1970.

A chegada de Lattes a Campinas, que contava então com pouco mais de 70 mil habitantes, foi uma sensação – aos 43 anos, ele era ainda uma celebridade. Uma reportagem sobre o assunto, com direito a fotografia, saiu na primeira página do *Correio Popular*, um dos jornais da cidade. Carol tinha dezesseis anos, Cristina, catorze, Maria Lucia, doze, e Tete, nove. "Eu ainda era criança, mas minhas irmãs fizeram o maior sucesso no colégio", relata a caçula. "Éramos as cariocas, as filhas do Lattes."

As mais velhas não estavam exatamente felizes de trocar o Rio de Janeiro por Campinas em plena adolescência, mas o pai explicou que não podia perder aquela oportunidade – tinha quatro filhas para criar. E depois de tantos anos em endereços distantes, separados por exigências de trabalho e desentendimentos conjugais, era bom se verem novamente juntos. "Clareou quando a gente veio para Campinas e a família voltou a se reunir", resume Maria Lucia.

Eles passaram uma breve temporada no Hotel Fonte São Paulo, hoje demolido, um dos poucos na cidade que aceitavam cachorros – tinham levado o vira-lata Tupi. Logo se instalaram numa casa alugada na rua Barão de Itapura, no bairro Guanabara. Quando o proprietário a pediu de volta, mudaram-se para outra na mesma rua, alguns metros adiante.

Campinas fez bem à família. "Ficamos mais independentes, podíamos sair sozinhas, o colégio era ótimo e logo fizemos amigos", recorda Maria Lucia. Não lhe passou despercebido que alguns professores achavam graça demais nela, por ser filha de Cesar Lattes, mas isso não chegou a incomodá-la. "Eu era uma criatura bem contente. Levava minha vida, tinha bons amigos."

Pela primeira vez, foram olhadas também como "as filhas de Martha", que se tornou uma professora conhecida em Campinas.

Aos 44 anos, Martha tinha um porte elegante e se vestia com apuro. Trazia o cabelo sempre arrumado e tingido – Cesar não admitia vê-la grisalha. Geralmente, era ela quem dirigia – primeiro o inacreditável rabo de peixe cinza e verde, que Cesar adquirira em Campinas, e que horrorizava as filhas adolescentes, e depois um discreto Fusca branco.

Correspondem aos primeiros anos em Campinas, nos períodos em que o pai estava bem, as lembranças mais risonhas que as filhas guardam de Martha. Ela gostava de receber os amigos e às vezes alguém providenciava um violão e todos cantavam – Vinicius, Caymmi, bossa nova. Os violonistas mais frequentes eram Carol e o físico Alfredo Marques, o amigo mais constante, assim como a mulher, Lelé.

Tal como a Faculdade de Medicina, provisoriamente instalada na Maternidade de Campinas, as atividades do Laboratório de Raios Cósmicos e Geocronologia começaram a funcionar em um espaço provisório, no prédio do antigo Ginásio Industrial Bento Querino, na rua Culto à Ciência.

Lattes se instalou no porão, onde havia um banheiro e três pequenas salas, uma ocupada por ele – "a antiga sala de exames médicos" –, outra a ser transformada em câmara escura, para processamento químico e revelações, e uma terceira para a equipe que se formava, com bancada para os microscópios, espaço para as discussões de grupo e um canto para os trabalhos de secretaria. Voanerges fez de tudo para amenizar o clima de improviso, das estantes e móveis básicos às mesas de luz para a análise dos filmes de raios X.

Pelo acordo de transferência, Lattes chegou à Unicamp com boa parte do material produzido pela câmara 12 já revelado na USP, precisando capacitar rapidamente um grupo de microscopistas. Havia pressa para melhorar equipe e instalações, porque a câmara 13 havia sido desmontada em Chacaltaya em agosto, e as emulsões e filmes de raios X encaminhados para processamento químico no Rio de Janeiro e em São Paulo. Como parte da operação da CBJ continuou ainda por um tempo na USP, Lattes deixou para trás os microscópios, a fim de cessar uma disputa sobre sua posse, logo, era urgente que chegassem novos equipamentos.

As atividades da CBJ ganharam fôlego antes mesmo da mudança definitiva dos laboratórios para as instalações iniciais do Instituto de Física Gleb Wataghin, na Cidade Universitária da Unicamp, no final de 1970. Recebido o material da câmara 13 de São Paulo e concluída a revelação das câmaras 14 e 15 já em Campinas, Lattes anunciaria o primeiro trabalho importante da física na Unicamp. As análises dos resultados das câmaras 12 e 13, realizadas no Brasil e no Japão, apontaram para o registro de um evento incomum, tão efêmero e energético no exato instante que antecede a colisão de raios cósmicos com núcleos atômicos na atmosfera a ponto de sugerir um novo estado da matéria – nem as partículas colisoras nem as novas partículas das cascatas resultantes, mas um estado de energia elevadíssimo só assumido pela matéria em tais colisões. "Não podemos ver a bola de fogo diretamente, mas não duvidamos dela pela formação de mésons", explicou Yoichi Fujimoto pouco depois do anúncio, em 1972. "Nós observamos grupos de mésons e reconstruímos o ente de onde eles vêm. E é isto que chamamos de bolas de fogo."

Carimbado pela credibilidade de Lattes, o experimento ganharia repercussão internacional, sobretudo pela nomenclatura adotada para diferenciar as variações da energia consumida na produção das partículas resultantes – os únicos entes a deixar rastros nas emulsões – em cada evento: mirim, açu e guaçu, termos em tupi para, respectivamente, pequeno, grande e maior. "Núcleons, mésons, todas as partículas de interações fortes (hádrons), suponho que podem dar lugar à formação de bolas de fogo, em colisões", supôs Fujimoto à época, antecipando os experimentos que se seguiriam por mais de vinte anos, com Lattes e a CBJ seguros de sua contribuição na investigação dos elementos fundamentais da matéria.

32 | Um professor instigante

Em Campinas, as atividades do Laboratório de Raios Cósmicos e Geocronologia atraíam as atenções dos alunos do então curso básico de ciências exatas. Ainda não havia o Instituto de Física como se constituiria depois, com departamentos estabelecidos nas áreas de física nuclear e física do estado sólido, que só começariam a ganhar importância a partir de 1970, com a chegada dos físicos radicados nos Estados Unidos. Até então os alunos só faziam suas escolhas definitivas entre os vários cursos de engenharia, física e matemática ao final do segundo ano da graduação.

Julio Cesar Hadler Neto, professor titular do Departamento de Raios Cósmicos e Cronologia da Unicamp, conheceu Lattes no segundo ano da graduação, em 1968. Ele já havia passado pelo Laboratório de Radiação Cósmica, em atividades da CBJ, mas seus estudos se voltariam para a física nuclear, orientados por Damy, à época interessado na estrutura de traços de fissão em minerais. "Um dia o Lattes apareceu lá no laboratório onde trabalhávamos em medidas com [lâminas do mineral] mica no microscópio", lembra Hadler, "e me perguntou: 'Onde estão aí os traços de fissão?'". Lattes já havia instalado seu laboratório na área, em estudos correlatos trazidos da colaboração com a Universidade de Pisa. Damy acompanhou a cena quando Lattes apenas olhou de soslaio para o que o jovem aluno apontava. "'Mostra mais', ele pediu. E eu mostrei. Ele olhou no microscópio de novo, remexeu no bolso e então me provocou: 'Aposto esse maço de cigarros que isso aí não é traço'. Anos depois, num encontro casual, o Damy me perguntou: 'Quem ganhou aquele maço?'. Adivinha…"

A indignação inicial de Hadler seria transformada em motivação ao longo de sua carreira acadêmica, que o levaria ao mestrado e doutorado orientados por Lattes e ao encaminhamento à área da cronologia. "Nesse sentido, ele era um excelente professor, instigante, provocador em todos os sentidos da palavra", diz Hadler. Mesmo com a instabilidade psíquica, que poderia levar – e por vezes levava – a situações de desgaste, Lattes soube manter a boa relação de trabalho na colaboração com os italianos, promovendo um intercâmbio profícuo com os físicos Adriano Gozzini e Giulio Bigazzi, que se tornaria uma referência em geocronologia após a parceria da Universidade de Pisa com a Unicamp. "A cosmologia, as grandes questões da física eram o seu combustível. E a fagulha Lattes nunca se apagou."

Assim como outros colaboradores mais próximos, Hadler soube compreender e aprendeu a conviver com o estilo excêntrico de Lattes. Seu perdigueiro Gaúcho foi incorporado quase como um colega de departamento. Não era raro que, nas caminhadas de volta do almoço com amigos, nas redondezas do campus, eles ajustassem o passo para um compromisso qualquer, sempre sujeito a atrasos, ao ver o cachorro de passagem. "Como Lattes morava relativamente perto, ele soltava o Gaúcho pouco antes de sair de casa", lembra Hadler. "Quando o víamos pelo caminho, já sabíamos que ele chegaria logo depois."

Lattes viveria bons momentos em sala de aula na Unicamp. Ele sempre se definiu mais como um professor do que como um físico, mas um professor à maneira de seu velho mestre Occhialini, sem uma didática elaborada, com um plano de aula estruturado. "Eu, pessoalmente, o que procuro fazer, quando dou aula, é chegar ao nível do aluno, e procurar transmitir o máximo, mas depois de ter chegado ao nível do aluno", definiu seu processo em depoimento nos anos 1970. Com o tempo, passou a contar com a ajuda de um assistente.

Na Unicamp, sua companheira mais frequente, nas aulas de estrutura da matéria, era Marta Mantovani, ela própria encarregada do curso de física geral e experimental, ligado às atividades do laboratório de radiação cósmica – as câmaras de emulsão nuclear e chumbo da CBJ continuavam a ser expostas em Chacaltaya. Mantovani já havia se doutorado com Lattes na área das interações de altas energias quando, em 1973, foi procurada por Carola Dobrigkeit, uma graduanda do terceiro ano. "Eu estava interessada em começar um projeto de iniciação científica, mas pouco depois ela deixou a Unicamp e o próprio Lattes me procurou para ajudá-lo com as aulas", lembra Dobrigkeit. "Como a Unicamp era ela também uma recém--formada, sem ainda um conselho universitário, Lattes bateu na porta do diretor, que bateu na porta do reitor, e no ano seguinte me passou as aulas que até então estava dando para mim!"

Dobrigkeit logo entendeu que, mais do que uma auxiliar, ela seria a responsável pelo curso. Era raro que ele faltasse às aulas, mas na maioria das vezes não sabia a que horas ele chegaria, fosse a aula de manhã ou de tarde. "Ele então se sentava entre os alunos e muitas vezes mal me deixava falar", lembra ela. As aulas estavam sempre estruturadíssimas, sem margens para erro, mas para aquela professora a pedagogia era outra. "Dar aulas para um aluno que tem quase a sua idade é uma coisa, mas dar aulas para o Lattes… Imagina isso." Não era incomum que Dobrigkeit ocupasse uma lousa inteira com uma dedução matemática detalhadíssima até que Lattes lhe pedisse para refazer tudo a partir de uma equação, à maneira dele, para no final pedir para refazer tudo como da primeira vez, explicando que o jeito anterior era muito melhor. "A turma vinha abaixo numa gargalhada", lembra ela, orientada por Lattes em seu doutorado. "Eu tinha 21 anos e nenhuma pedagogia. Hoje, devo muito da minha formação àqueles dias."

José Augusto Chinellato, casado com Carola Dobrigkeit, cumpriu um percurso semelhante ao de Hadler ao se aventurar pelas instalações do Bento Quirino, para saber no que poderia trabalhar aos dezenove anos, cursando o primeiro semestre de física. No começo de 1969, o laboratório de radiação cósmica fervilhava, por um lado se preparando para fazer sua primeira revelação do material exposto em Chacaltaya, com a câmara 14, por outro finalizando os dados preliminares para anunciar a detecção das "bolas de fogo". Chinellato sairia de lá decidido a trabalhar na parte experimental em radiação cósmica, já envolvido em tarefas de treinamento para identificação de rastros de colisões. Como seu colega Hadler, anos depois defenderia sua tese de doutoramento na área sob o olhar vigilante de Gaúcho, companheiro inseparável de seu orientador.

Chinellato diz que o principal ensinamento de Lattes, fora todos os outros ligados ao aprendizado acadêmico e ao apuro na observação da natureza, é a importância da iniciativa individual. Ele chama a atenção para o fato de que a imagem de Lattes embarcando num cargueiro para a Inglaterra pode parecer uma cena de um filme barato, mas insiste que nada acontece sem empenho pessoal e uma certa disposição para o risco – o simples, de que as coisas podem mesmo não dar certo. "Mas é preciso tentar", diz Chinellato. "Essa é a principal lição que procuro passar para os meus alunos. Não adianta só estudar e se aprofundar em pesquisa e conhecimento para ter notas altas no currículo. É preciso criar relacionamentos." Não importa se em Bristol, na Inglaterra, ou no Bento Querino, em Campinas. "É preciso ter iniciativa pessoal sempre, mesmo diante das condições mais adversas."

Ele lembra que Lattes chegou para criar o laboratório de radiação cósmica em um momento de ampliação de instrumentos para a área do estudo das interações nucleares e da estrutura da matéria, que passava a ter também os grande aceleradores. Não era incomum que muitas linhas de pesquisas como a sua, mais artesanais, fossem vistas com ressalvas. Não é impossível que tenha chegado aos seus ouvidos o trocadilho maldoso com que alguns se referiam ao seu departamento, dito de "raios cômicos". "Ao diversificar suas atividades, Lattes seguiu o caminho da geocronologia, uma física nuclear de baixas energias, porque ela está ligada a ideias muito básicas", diz o professor doutor da Unicamp. Básicas no sentido de puras. "Lattes gostava muito das grandes questões. Medir intervalos de milhões ou bilhões de anos, estudar a radioatividade em minerais. Como no estudo da radiação cósmica, isso manda a gente para trás no tempo em direção à criação da Terra, à história das estrelas e do Universo."

A marca de Lattes alcança seis gerações de pesquisadores da ciência, entre 1966 e 2024, segundo um levantamento feito a pedido da Fapesp pelo cientista da computação Jesús P. Mena-Chalco, da Universidade Federal do ABC, em São Paulo. Com dados obtidos em instituições de todo o país, o estudo rastreou os alunos de pós-graduação que foram orientados por ele e orientaram outros alunos que orientaram outros alunos, estabelecendo uma genealogia acadêmica. Pela titulação registrada nas bases de dados estudadas, são 815 descendentes de Lattes, entre mestres e doutores majoritariamente nas áreas de física e geociências.

Entre os sete "filhos" acadêmicos, da primeira geração de alunos orientados diretamente por Lattes na Unicamp, três seguem trabalhando em pesquisas ligadas ao seu histórico de investigações, na versão contemporânea do estudo das interações de altíssima energia na natureza, o Projeto Pierre Auger – Carola Dobrigkeit, Jose Augusto Chinellato e Anderson Campos Fauth, da Universidade Federal da Bahia, o último orientando de Lattes, até pouco antes de sua aposentadoria, em 1986, tendo o mestrado concluído por Kotaro Sawayanagi, também da Unicamp.

Instalado numa vasta planície da Argentina, a partir do ano 2000, ao contrário de pequenas chapas expostas no alto de montanhas, o Observatório de Raios Cósmicos Pierre Auger combina uma série de detectores no solo, cobrindo uma área de 3 mil quilômetros quadrados, um retângulo de 50 por 60 quilômetros. "São pouquíssimos os raios cósmicos que chegam com uma energia muito alta por unidade de área", diz Dobrigkeit, por uma longa temporada a chefe da delegação brasileira das operações, que envolvem setenta instituições de pesquisa de dezessete países. "A energia detectada no Pierre Auger é cerca de 10 mil a 100 mil vezes mais alta do que a registrada com as emulsões em Chacaltaya."

Sua técnica é híbrida, detectando as partículas de altíssima energia em tanques de água com uma cintilação especial ao nível do solo e rastreando os chuveiros de partículas por meio das emissões de luz ultravioleta no alto da atmosfera. Ao contrário dos tempos heroicos da geração de Wataghin e Occhialini, os dados são processados automaticamente em uma rede de computadores de altíssima velocidade de processamento. "Você já parte sabendo a hora que o evento foi descoberto, sabe a carga, a massa, as características morfológicas, mas não o comportamento de uma partícula", explica Dobrigkeit. "O que a gente segue estudando são as interações entre elas."

Como no acelerador do CERN, na Europa, onde descendentes acadêmicos de Lattes também colaboram em estudos de investigação da matéria, os milhares de dados são distribuídos em várias linhas de investigação, em busca das intermináveis subdivisões das ancestrais partículas elementares no que Oppenheimer definiu como "zoológico de partículas". "A área original do departamento segue preservada com muitas aparições na literatura", diz Chinellato. O entendimento da estrutura da matéria segue avançando, mas a origem dos raios cósmicos ultraenergéticos permanece um mistério a ser desvendado. "Com essas partículas que a gente 'enxerga' na superfície, voltamos para a atmosfera para compor um mapa mais preciso do céu. E se torna possível investigar e supor a origem do que nos chega na Terra, se veio de alguma estrela de nossa galáxia ou de outra, de fora dela."

Como Lattes, Chinellato não desdenha das aplicações práticas que as pessoas esperam da física, mas, também como Lattes, seu orientador, está mais interessado nas pesquisas de física pura – e reconhece a importância de suas aplicações, que ao longo do caminho nos dariam equipamentos como as máquinas de raios X, ressonância magnética e tomografia computadorizada, "para ficar na área médica", diz o professor. Ele aponta o descaso com que a tabela periódica em geral é apresentada nas salas de aula. "Aquilo lá é uma fotografia do Universo. Não era assim há bilhões de anos atrás, aqueles elementos já não foram tantos assim e estão chegando de outros elementos criados em reação estelar de altíssimas energias", explica. "O que vai nos ajudar a resolver os problemas centrais do nosso tempo é entender como o universo foi formado e para onde ele vai. Esse era o elemento constituinte do pensamento de Lattes."

"O méson…", Dobrigkeit se permite um desvio em seu rigor científico, à maneira de seu orientador, "a interpretação de Lattes, aquilo foi uma iluminação divina."

Os amigos Alfredo Marques e Edison Shibuya acompanharam de perto as dificuldades que Lattes enfrentaria na Unicamp, ao longo dos anos. Muito em decorrência de "sua fidelidade à regra que demanda total prioridade à observação e experimentação nas consultas dirigidas à natureza livre da influência de juízos ou ideias preconceituosos", como Marques definiria em um dos muitos textos em que relembrou seu espírito científico.

Shibuya recorda que, pouco depois de se aposentar, em 1986, após uma longa batalha para o reconhecimento de seu tempo em serviço total, considerando USP, Faculdade Nacional de Filosofia e CBPF, no Rio de Janeiro, e Unicamp, Lattes chegou a pensar em criar em Campinas uma fundação que restituísse à física a dimensão filosófica que, para ele, havia se perdido com a modernidade. "Cesar chegou a me mostrar e a comentar documentos da época da fundação do CBPF", conta. "Ele não estava feliz com o andamento internacional da física na área da radiação cósmica." Na visão de Shibuya, o uso dos aceleradores o incomodava de certa maneira, como se ele houvesse aberto uma caixa de Pandora. "A natureza cria o que quer enquanto o acelerador só produz aquilo a que está destinado a produzir. Logo, há muita coisa camuflada na natureza que acelerador nenhum vai conseguir observar", avalia Shibuya. "Acho que é nisso em que Cesar pensava ao falar em algo nos moldes do CBPF. Ele me disse mais de uma vez: 'Não pense que a ciência é essa beleza toda. Ciência agora é correr atrás de prêmio'."

33 | O clube das quatro Marias

As filhas dos Lattes compreenderam cedo que o foco principal da mãe era cuidar do pai, e passaram a contar uma com a outra para as demandas do cotidiano. Elas mesmas compravam seu material escolar, encapavam os cadernos, cuidavam das compras e do orçamento da casa quando os pais viajavam. Anotavam as despesas num livro-caixa e cedo tiveram conta em banco – Maria Teresa lembra de, aos onze anos, já ter uma conta, vinculada à de Martha.

Elas reveem a figura da mãe corrigindo provas ou lendo, deitada no sofá – talvez cumprindo o desígnio da filha intelectual, traçado para ela pelo avô Luiz Siqueira Netto –, mas acham que isso não configurava uma ausência. Embora recusasse certos encargos domésticos que costumam ser atribuídos às mães, Martha estava sempre disponível para a tarefa fundamental de ouvir e acolher, que as mães sobrecarregadas nem sempre conseguem desempenhar. "Se você chegasse chorando, ela dava um belíssimo de um abraço que acabava com o choro na hora", recorda Maria Teresa. "O abraço dela era incrível", concorda Maria Lucia.

A escuta atenta não era um privilégio só das filhas. "Desde meninos da minha idade até gente que trabalhava com meu pai – todo mundo gostava de se aconselhar com ela", lembraria Tete.

"Quando ela estava nesse tipo de conversa, o olhar dela mudava, como se estivesse em alfa, sabe? Parecia que a cabeça estava planejando como atingir o seu objetivo." Nos períodos em que estava bem, Cesar também desfrutava da escuta de Martha.

Ela ensinava matemática – primeiro por um curto período no colégio Andrews, um dos mais afamados do Rio de Janeiro, e mais tarde no Pio XII, instituição tradicional de Campinas. Quando estavam no científico, Maria Teresa foi aluna dela no Pio XII, e a considera a melhor professora de matemática que jamais teve. As filhas cruzaram pela vida afora em Campinas com um sem-número de ex-alunos que compartilhavam de sua admiração pelo talento de Martha. Ela era severa – ninguém ousava conversar durante suas aulas –, mas não destituída de senso de humor. E imensamente capaz. Em casa, contudo, não se sentava com as filhas para estudar. "Ela não ligava, não achava importante", acredita Maria Lucia.

O pai ajudava nas lições, quando estava perto – e quando estava bem. Sua cartilha pedagógica tinha leis firmes: era imperativo compreender os raciocínios, e só então decorar as fórmulas. Por isso, não se podia contar com ele para respostas rápidas. Quem lhe perguntasse alguma coisa tinha que se dispor a gastar o tempo que fosse necessário para a resposta dele, que só se encerrava com a certeza de que a matéria fora compreendida.

Para Cesar, o único propósito de estudar era saber – e não tirar boas notas. Por isso proibia as filhas de estudar à noite, em véspera de prova – quem não tivesse aprendido até ali não ia mais conseguir absorver nada, dizia. Para estudos de última hora era preciso tapar as frestas da porta, para que ele não flagrasse a luz acesa dentro do quarto. Seu método deixou efeitos duradouros.

"Meu pai mudou minha relação com a matemática", conta Maria Cristina. "Aprendi a enxergá-la como uma disciplina espacial, mais do que numérica", descreve. Ela recorda, por exemplo, como ele lhe explicou o significado do teorema de Pitágoras, expresso pela fórmula $a^2 = b^2 + c^2$: "Desenhou um triângulo retângulo e sobre ele um quadrado que tinha um dos lados encostado no lado maior do triângulo, chamado 'a'; depois desenhou mais dois quadrados, cada um encostando um lado em um dos lados menores do triângulo, chamados 'b' e 'c'. Consegui enxergar, assim, que a área do quadrado maior correspondia à soma das áreas dos dois quadrados menores. Ele usava processos semelhantes para explicar diversos teoremas, por isso estudar ciência com ele era como olhar a natureza".

A pedagogia de Cesar não funcionou com Maria Lucia. Não por culpa dos seus princípios e métodos, e sim porque a situação a deixava ansiosa. Ela se lembra do dia em que ele tentou lhe ensinar o que era círculo de Krebs, uma etapa da respiração celular que acontece dentro da mitocôndria. Em suas lembranças, o tema ficou associado para sempre ao mal-estar daquele momento. "Ele se esforçava, coitado, mas eu não entendia. Não me sentia à vontade, não conseguia aprender com ele."

Maria Teresa também não se sentia confortável para pedir ajuda ao pai e, talvez por isso, recorda com nitidez as vezes em que desfrutou de sua atenção. Numa delas, estava brincando com uma régua que todas as crianças de sua idade possuíam, e que servia para desenhar mandalas com caneta esferográfica. "Meu pai ficou olhando e me falou: 'Sabe que o seu desenho me deu uma ideia de como resolver um problema?" Tete o olhou perplexa. "Como assim, uma ideia que ia ajudar meu pai?! Fiquei orgulhosíssima." Outra ocasião foi quando já cursava o segundo ano do científico e começou a estudar hipérboles. Ficou atrapalhada com as equações e tomou coragem para lhe pedir ajuda. "Ele colocou a questão no plano visual, e aí ficou claríssimo. Ele me ensinou muito bem", comemora.

A maioria das situações escolares – e não apenas escolares – das irmãs era resolvida entre elas. Por ser a caçula, Tete foi a que mais contou com ajudas fraternas. Aos doze anos, quando uma fase de timidez a fazia faltar às aulas, escapou de ser reprovada porque Maria Lucia, dois anos mais velha, interferiu e a fez estudar nas férias e passar de ano. Elas se sentiam responsáveis umas pelas outras.

Na memória das irmãs Lattes, uma cena ilustra à perfeição o quanto os pais eram absorvidos por seus próprios assuntos. Se uma criança perguntasse o que queria dizer paralelas, a mãe respondia que são retas que nunca se encontram, e o pai corrigia: "São retas que se encontram no infinito". E mergulhavam numa longa discussão matemática, cujo final – se é que havia – elas não tinham paciência de esperar. A discussão das paralelas repetiu-se durante décadas. Quando os netos, ocasionalmente, vieram com a pergunta, ela ressurgiu, com o mesmo vigor.

"Talvez por se identificar comigo, papai me arranjava trabalhos nas férias", recorda Maria Cristina. "No Rio, fui 'trabalhar' na PUC com Neila, amiga dele de muitos anos, que estava pesquisando a radioatividade pela mandioca no solo. Eu conferia os cartões do computador – um computador enorme, o primeiro da PUC, que tinham acabado de instalar. Era muito menina e aquilo era só para ocupar meu tempo, mas me fazia sentir importante. Em Campinas, eu ficava no laboratório 'trabalhando' e atrapalhando o pessoal na revelação e análise das chapas fotográficas. Eu gostava."

34 | Duas visões de mundo

Davide Primo Lattes, o irmão mais velho de Cesar, formou-se na Escola Politécnica da USP em 1946, no mesmo ano em que o irmão caçula seguia para Bristol, rumo a suas primeiras descobertas. Com a ajuda do pai, abriu sua própria construtora que cresceu rapidamente.

Associado a sete colegas da Politécnica, ele deu à empresa envergadura para realizar grandes obras. Por sugestão do pai, Giuseppe, chamou-a Guarantã, o nome de uma madeira de grande resistência. O crescimento foi exponencial. Seus edifícios residenciais, com uma fórmula atraente para a classe média, marcaram época em São Paulo. A construtora assinaria também obras públicas de vulto, como o estádio Serra Dourada, em Goiânia, por alguns anos o mais moderno do país, e a Casa da Moeda, no Rio de Janeiro.

Davi e Cesar viam-se pouco. Uma vez por ano, se tanto, em almoços de Natal na casa de Giuseppe e Carolina, no Pacaembu, e depois na casa de Davi. Contam-se nos dedos as visitas entre eles. "Quando minha avó morreu, meu tio foi tomar um café com meu pai. E o visitou quando estava desenganado", recorda José, primogênito de Davi. Os conflitos, em compensação, foram frequentes. Embora os pretextos variem, no fundo eram motivados por visões de mundo completamente opostas, como sugerem as trajetórias de cada um.

Estranhamente, eles se preocupavam um com o outro. Davi se orgulhava das façanhas científicas do irmão, que eram assunto de conversas com os filhos. Em 1961, a pedido de Cesar, conseguiu uma junta médica para encurtar uma de suas internações que se prolongara demais. E, diante das perseguições desencadeadas pelo AI-5, tentara protegê-lo.

O território mais ameno das relações entre os irmãos foram os respectivos sobrinhos. Embora o padrão e o estilo de vida das duas famílias fossem absurdamente díspares, as filhas de Cesar sentiam-se bem junto aos tios e primos, e os filhos de Davi guardam lembranças afetuosas de Cesar, Martha e as meninas. "Elas eram alegres, amorosas, meu pai adorava as sobrinhas", aponta um deles.

Presenciaram em algumas ocasiões o famoso humor sarcástico do tio, provocando-os com equações e perguntas difíceis, para decretar que não sabiam nada. E, no entanto, sobrou espaço para desenvolverem afinidades e um convívio ameno. "Ele me apresentou a Graciliano Ramos, o autor que eu mais gostei. Me mandou um livro de presente. Não por acaso, Graciliano era um cara pessimista e angustiado", recorda José.

Outro sobrinho, Flávio, lembra de um Cesar mais solar. Quando se preparava para prestar o vestibular de engenharia, o tio o desafiou com um estranho problema. "Perguntou quantas moléculas de oxigênio havia no último suspiro de Cristo." Diante do espanto do sobrinho, desenvolveu na lousa um cálculo baseado numa estimativa da quantidade de ar contida no pulmão de um homem adulto. Em outra ocasião, convidou-o para ir com ele ao centro da cidade. Foram de ônibus, uma experiência inusitada para o garoto, que só andava de carro. Nas proximidades da avenida São João, entraram num bar e pediram duas Coca-Colas. Fazia parte de uma promoção da marca, na época, imprimir perguntas sobre ciência nas tampinhas das garrafas, e o balconista ficou impressionado ao ver a facilidade com que Cesar respondera. "O senhor deve ter estudado muito!", comentou. "Meu tio falou: 'Não, é que eu adoro Coca-Cola!'."

35 | Um pai pouco convencional

Nos domínios da Unicamp, mergulhado na instalação de seu laboratório, Lattes estava, até certo ponto, a salvo do ambiente convulsionado do país, que a decretação do AI-5, em dezembro de 1968, iria sufocar. Em resposta ao nervosismo do movimento estudantil ao longo daquele ano, as universidades eram alvos de medidas duríssimas. As aposentadorias compulsórias atingiram em cheio integrantes do CBPF – primeiro os do corpo docente da Faculdade Nacional de Filosofia e, logo em seguida, os que voltaram a integrar os quadros da USP. Tiomno, Elisa Frota Pessoa e Plínio Süssekind Rocha, entre outros, perderam seus cargos. Schenberg, além de aposentado, foi proibido de entrar no campus da USP. Leite Lopes foi avisado pelo embaixador americano que seu nome constava de uma lista de pessoas que deviam ser assassinadas, e a própria embaixada ajudou a retirá-lo do país, com a família.

Logo em seguida, uma medida adicional proibiu os órgãos públicos de acolherem pessoas afastadas de suas funções pelo AI-5. Ao contrário de outras instituições, como a PUC do Rio de Janeiro, que buscaram maneiras de driblar o banimento, o CBPF, sob Otacílio, cumpriu-o à risca.

Na entrada da década de 1970, esvaziado pela ausência de seus maiores talentos e pela asfixia financeira, o CBPF parecia fadado à extinção. Tentativas de incorporá-lo à Universidade Federal do Rio de Janeiro e em seguida à Universidade Rural do Rio de Janeiro tinham fracassado. Os salários, defasados pela falta de reajustes, atrasavam, e as pesquisas eram interrompidas. Os primeiros sinais de recuperação surgiram em 1974, quando Otacílio Cunha morreu e o general Macedo Soares voltou à presidência. Além de gestões junto a órgãos públicos para liberação de recursos, Macedo Soares articulou um convênio com a Comissão Nacional de Energia Nuclear (Cnen) pelo qual o CBPF se encarregaria de preparar engenheiros e técnicos de nível superior da área de energia nuclear para futuro ingresso em pós-graduações. Ministrados os primeiros-socorros, ele cuidou do futuro. Procurou o então presidente da República, Ernesto Geisel. Depois de exorcizar a breve passagem de Darcy Ribeiro pela presidência da instituição e de garantir que seus cientistas jamais haviam se envolvido em militância política, usou um argumento nevrálgico: o governo estava investindo pesadamente em ciência e tecnologia, não fazia sentido deixar perecer uma instituição com tanto saber acumulado e de tamanho prestígio internacional. Geisel concordou, deu sinal verde e as soluções se encaminharam. O ministro Reis Velloso, do Planejamento, ao qual o CNPq se subordinava à época, encarregou-se de incorporar o CBPF à sua estrutura. As questões políticas, trabalhistas e, em última instância, humanas acumuladas naqueles anos sombrios ainda levariam algum tempo para se resolver, mas a sobrevivência foi garantida.

Numa vitória de gosto amargo, muitas das reivindicações históricas de professores e pesquisadores, como o fim das cátedras, a modernização das carreiras universitárias e o regime de tempo integral, foram encampadas pela reforma universitária instituída em novembro de 1968 pelo governo Costa e Silva. Mas a decretação do AI-5 menos de um mês depois, em 13 de dezembro, excluiu de seus benefícios muitos dos que mais haviam lutado por eles.

Carol e Cristina foram morar em São Paulo na época da faculdade, em meados dos anos 1970, mas ainda não tinham deixado definitivamente a casa dos pais. Cesar fazia sérias restrições ao namorado de Carol, e chegou a quebrar "distraidamente", algumas vezes, a lanterna de seu carro, estacionado à porta de casa, em Campinas. Por manifestar com muita virulência suas críticas, acabou por desacreditá-las perante Carol, Martha e as outras filhas. Mais tarde elas admitiriam que Cesar estava certo, mas, naquele momento, prevaleceu a vontade de Carol, que se casou. Cesar estava calmo e sorridente ao levá-la ao altar.

Os outros genros foram recebidos cordialmente, ao serem apresentados aos Lattes, nos anos seguintes. "Em 1972, quando o conheci, Cesar Lattes era um nome conhecido, por quem eu sentia muito respeito", lembra Ademar, o Mazico, marido de Maria Lucia. Chamou sua atenção que, aos 49 anos, ele fosse um homem envelhecido em parte ou talvez por conta da depressão.

Ao visitar pela primeira vez a casa dos Lattes em 1976, num almoço de ano-novo, tradicional na agenda da família, chamou a atenção de Enrico, o futuro marido de Maria Cristina, que, embora se tratasse de um cientista conhecido – lembrava que caíra uma questão sobre ele no vestibular –, sua conversa era despretensiosa, sem nenhuma pose intelectual. Ainda que pudesse falar com desenvoltura sobre grandes temas, como o Velho Testamento, ou sobre os cientistas que admirava, como Newton e Pasteur, fazia-o com simplicidade. "Dr. Cesar apontava que Pasteur sabia muito bem que não existia ciência pura e ciência aplicada – o que existe é ciência e aplicações da ciência", recorda um dos genros. "O professor colocava em termos simples os temas de suas pesquisas e conceitos abstratos como velocidade e tempo negativos e a possibilidade de captar informações de acontecimentos passados." Também compartilhava sua curiosidade sobre a existência de Deus e a origem do mundo. Não tinha uma visão religiosa, mas gostava de colocar questões para fazer pensar.

Pouco falava de política, mas deixava clara sua admiração por Getúlio Vargas, com quem se encontrara em duas ocasiões no passado. Exercendo seu gosto pela provocação, embora não fosse, a rigor, de esquerda, gostava de se definir como "stalinista".

Em 2002, numa entrevista à *Gazeta Mercantil*, levou ainda mais longe sua autodefinição: "Sou judeu, católico apostólico romano, cristão ortodoxo, stalinista e maometano".

O Cesar que os genros conheceram era diferente dos outros homens de sua geração que eles conheciam, pela mentalidade pouco convencional. Era tão descuidado no vestir que, às vezes, quando ia comparecer a algum casamento ou outra ocasião formal, Martha deixava no armário apenas os trajes que escolhera para ele usar, pois, se ele vestisse uma roupa pouco adequada, ninguém conseguiria convencê-lo a trocá-la.

Como em tantos outros assuntos, no trato com o dinheiro Cesar tinha suas singularidades. Depois da morte de Giuseppe, em 1975, e onze anos mais tarde, a de Carolina, ele recebeu uma herança que incluía imóveis, mas não se permitia tocar nesse patrimônio. Considerava que sua missão era passar para as filhas, intactos, os recursos que recebera dos pais, o que cumpriu quase inteiramente.

A declaração para o imposto de renda era para ele um tormento que o fazia entrar em depressão. Além do aborrecimento tão comum ante a obrigação de reunir documentos e comprovantes e da sua aversão à formalidade, contribuía para seu estado de espírito algum outro mal-estar que as filhas não conseguem definir exatamente. "Embora ele fosse um assalariado, talvez achasse que ganhava mais do que deveria", supõe uma delas. Para outra, seria o contrário: "Talvez visualizasse que estavam tomando algo que lhe pertencia, o que lhe parecia injusto", cogita. Qualquer que fosse o motivo, o imposto de renda o torturava.

Suas excentricidades eram comentadas na família. Uma delas tem a ver com uma homenagem a Beppo Occhialini em Veneza, nos anos 1990. Cesar viajou até lá com Martha para assistir à cerimônia. Nos dias anteriores ao evento, os dois amigos se encontraram e se entregaram a conversas intermináveis, mas, pouco antes da cerimônia, quando Martha o chamou para se preparar, Cesar avisou que não iria à premiação. Ter cruzado o Atlântico para abraçar Occhialini era o que importava para ele. A cerimônia era secundária. E não houve argumento que o fizesse mudar de ideia.

Em uma ocasião, em São Paulo, Cesar quis visitar Mario Schenberg. Maria Cristina e o marido o deixaram lá e, ao voltar mais tarde para buscá-lo, encontraram o anfitrião e o visitante sentados em silêncio na sala de Schenberg, coalhada de papéis, livros e obras de arte. Depois de algum tempo, ela ouviu Schenberg dizer, com um suspiro: "E os Estados Unidos ainda estão longe de ser uma nação". Ela se perguntou muitas vezes como teria sido a conversa que desembocou em tal conclusão.

Cesar sentia-se à vontade para pedir ajuda prática aos genros. A Guilherme, marido de Tete, pediu o conserto de um velho rack de som que ganhara de alguém, com rádio e toca-discos, para ouvir seus clássicos preferidos, como *As quatro estações*, de Vivaldi. Pediu-lhe também trabalhos de marcenaria para uma casa que adquiriu, a 5 quilômetros da sua, onde pretendia instalar um observatório. Não fazia cerimônia com eles. Em sua companhia, dava-se o direito de permanecer em silêncio por longas horas, com o cachorro a seus pés, fumando, o olhar perdido no horizonte.

Cesar aprendeu com a mãe, Carolina, a amar os cachorros. Desde menino, apreciou sua companhia. Costumava dizer que eram seu "fio terra". Ainda no Rio de Janeiro, quis comprar um perdigueiro, mas, quando foi escolher o animal, a filha caçula se encantou por um vira-lata pretinho, e voltaram para casa com os dois – o perdigueiro Denny e o vira-lata Tupi. Talvez por não ter tomado corretamente os vermífugos, Denny morreu em cerca de um mês, e Tupi seguiu com a família para Campinas. Uma de suas especialidades era um número histriônico: alguém falava "Tupi morreu", e ele se deitava, com as patas para cima, exibindo um esgar que parecia uma risada.

Cesar guardava boa lembrança dos *bassets* que Carolina, sua mãe, tivera no passado, e chegou a ter um casal deles, Gorbachev e Raissa, mas seus preferidos eram os perdigueiros. Entre eles, o predileto foi Gaúcho, que comprou no canteiro de obras da Unicamp, e que o acompanhava por toda parte, até em bancas examinadoras. O verdadeiro nome de Gaúcho era Arthur da Costa e Silva. "Aprendi muitas coisas com aquele cão", diria em uma entrevista ao *Jornal da Tarde*, nos anos 2000, com um toque de sua clássica autoironia. "Aprendi, por exemplo, que é melhor ir pelo caminho mais fácil do que pelo caminho mais rápido." Quando Gaúcho morreu, em 1989, foi substituído por outro exemplar da mesma raça, batizado de Chico Buarque, supostamente por causa dos olhos claros. (Chico Buarque, o original, ouviu falar pela primeira vez em seu homônimo em 2024, ao completar oitenta anos. "Não sabia, mas adorei!", comentou.) "Cocoia, Guga, Gorbachev, Raissa e Salomão também fizeram parte de nossa família", recorda Maria Lucia. "Salomão, que papai nos deu quando voltei com meu marido e meus filhos para Campinas em 1995, depois de muitos anos fora, era a alegria dos meninos."

Cesar incentivava as crianças a terem bichos. Tete ganhou um coelho e, em Campinas, um lago para criar peixes e tartarugas. Por um curto período, as irmãs foram donas de um macaco, Jacó, que depois foi dado para o físico italiano Gozzini, e viveu na Itália por alguns anos. Cesar dizia que admirava Santo Agostinho por acreditar, como ele, que os animais têm alma.

Em 1975, Cesar comprou um sítio em Itatiaia. Ficava num lugar totalmente isolado, junto ao Parque Nacional. A sede era uma casa rústica, construída pelo antigo proprietário, um norueguês, com uma lareira enorme e uma pequena usina elétrica para o consumo doméstico de energia. Dirigia de Campinas até lá numa Chevrolet Veraneio. O último trecho da viagem era uma estradinha barrenta e escorregadia, cheia de precipícios. Da varanda da casa, em um fim de tarde, Maria Lucia e o marido viram a caminhonete chegar e dela descerem Cesar e o físico italiano Adriano Gozzini, seu amigo e parceiro em muitos trabalhos, que pisava ali pela primeira vez — ou, melhor dizendo, tropeçava, depois da experiência vertiginosa que era estar num carro dirigido por Cesar, sobretudo em Itatiaia.

Martha o acompanhava nessas viagens, assim como as filhas. Por muitos anos a família continuou a frequentar Itatiaia, mas se hospedava no Hotel Donati, cheio de boas recordações para todos.

Em 1976, Cesar se mudou para o bairro de Barão Geraldo, em Campinas, para uma residência ampla com jardim e piscina.

Assim como as irmãs, Tete queria cursar a faculdade em outra cidade, para sair da casa dos pais, por isso se inscreveu no vestibular para o curso de arquitetura da Universidade de Brasília em 1976. Meses antes dos exames, contudo, em maio, às vésperas do casamento de Cristina, sofreu um grave acidente, na direção do Fusca da mãe. Passou por cinco cirurgias, colocou pinos externos, que só seriam retirados meses depois, e precisou fazer um enxerto. Durante oito meses, só se locomovia de cadeira de rodas, depois passou a se apoiar numa bengala antes de, finalmente, voltar a andar. O projeto de estudar em Brasília precisou, é claro, ser cancelado – e teve início um período duríssimo em sua vida.

A aflição de ver uma filha passar por aquela provação mergulhou Cesar numa onda de ansiedade e de exasperação. Além disso, era a primeira vez que Tete estava sozinha com os pais, sem as irmãs mais velhas, que a tinham protegido a vida inteira. Depois que ela foi aprovada em arquitetura na PUC de Campinas, Alfredo Marques, sempre próximo, ofereceu-lhe um espaço em sua casa, para montar um ateliê e fazer os trabalhos da faculdade. Considerado uma das pessoas mais afáveis do mundo, Alfredo ignorou o ciúme que isso despertou em Cesar. "Ele foi um grande anjo na minha vida", agradece Tete. Como a crise perdurasse, ela aceitou o convite da irmã Carol para morar em sua casa e lá permaneceu por uma longa temporada.

Os netos começaram a chegar em 1979, em grupos de três. A primeira a nascer foi Ana Carolina, da filha Cristina; seguida por Tomás, de Maria Lucia; e por Fernanda, de Carol. Em 1980 nasceram Ana Rita, André e Guilherme, respectivamente de Cristina, Maria Lucia e Tete. Os mais novos foram Fabio, de Maria Lucia, Henrique, de Tete, e Gisela, de Carol. Cada qual à sua maneira, Martha e Cesar foram avós amorosos.

Cesar dizia que os netos são "os bombons da velhice". Não é que gostasse de segurar bebês no colo – começava a interagir quando as crianças já eram maiores –, mas sentia orgulho de ser avô e se sentia bem com a família reunida à sua volta. Martha ofereceu aos netos o colo, o famoso abraço e até as lições de matemática que negara às filhas.

O papel de avó não alterou seu desinteresse pelas prendas domésticas. Nas palavras gentis de um dos genros, "ela não tinha o culto da casa". Um dos netos, que morava no mesmo bairro dos avós e costumava ir de bicicleta à sua casa, em dias de semana, diverte-se com a lembrança de que o melhor que poderia encontrar na despensa era uma lata de pêssegos em calda e uma penca de bananas murchas. Entre as atrações que encontrava, além da avó, sempre acolhedora, havia a piscina e a biblioteca, uma construção de madeira e telha industrial fora do corpo da casa, repleta de boas surpresas. Para os menores, pilhas de histórias em quadrinhos como *Tintin, Asterix, Calvin e Haroldo* e *Turma da Mônica*, além da coleção de Monteiro Lobato. Para os mais velhos, as mais diversas enciclopédias, da Barsa até a Britânica, clássicos da literatura e muito exemplares da revista *Playboy,* cuja assinatura ele dava de presente aos meninos, quando ficavam adolescentes.

Ela gostava de botar na vitrola para os netos um disco da história de *Pluft, o fantasminha*, o clássico de Maria Clara Machado, e ele um de cantos de pássaros. Divertia-se vendo-os procurar os passarinhos pela casa. A televisão ficava na garagem, diante de um sofá velho, onde, de vez em quando, os nove netos se amontoavam.

Juntos, os primos cavoucavam a terra do jardim e faziam a argamassa para esculpir cinzeiros, sempre úteis na casa de um fumante inveterado como Cesar. Os cinzeiros eram leiloados entre os adultos. Ao ver dois netos brigando por causa do dinheiro do leilão, diante do olhar espantado das crianças, Cesar, bem ao seu estilo, rasgou uma cédula pela metade e deu um pedaço para cada um.

O convívio era frequente e, na lembrança dos netos, alegre. Acontecia nas festas de Natal e ano-novo e em inúmeros almoços de família. A participação de Cesar variava segundo seu estado de saúde. Podia se limitar a uma breve aparição na sala ou a uma presença pensativa e silenciosa, em sua poltrona. Mas, nos bons dias, resultava em longas conversas e em brincadeiras e provocações com os netos. Ele inventou que criava uma barata amestrada dentro de uma caixa de fósforos, e contava aquilo com tanta seriedade que alguns deles levaram anos para se dar conta de que não era verdade.

Certas brincadeiras os deixavam meio embaraçados. "Ele contou, seríssimo, a um amigo que eu levei à sua casa, que, no começo, homem e mulher eram um corpo só, e quando o homem foi separado, esticou e ficou com um pedaço maior", lembra um neto. A outro, já universitário, perguntou uma vez: "Quantos anos você tem?". Ele respondeu que tinha 23, e o avô o cutucou: "Com a sua idade eu já era doutor". Seus gestos de afeto podiam ser desconcertantes.

As crianças percebiam vagamente que havia alguma coisa fora de ordem em torno dele. "Quando chegávamos a Campinas, minha avó estava quase sempre no topo da escada, à nossa espera, dava um abração e dizia: 'Vai lá dar um beijinho no vovô'", lembra uma neta. "A gente abria a porta do quarto e ele estava lá, deitado, no escuro. Dizia oi e dava a bochecha pra gente beijar. Depois saíamos, fechando a porta."

Uma rede protetora adiou ao máximo a revelação dos problemas psíquicos de Cesar à geração dos netos. Além do esforço de Martha e das filhas para preservar sua imagem, ele mesmo jamais se permitiu um gesto antipático ou uma palavra dura diante das crianças. Tampouco chorava na frente delas. Já eram adolescentes quando esses cuidados se afrouxaram e os adultos passaram a conversar na sua presença sobre o distúrbio.

36 | Nobre, gentil e irônico

Fora das fronteiras cuidadosas da família, as crises de Cesar, que continuaram a acontecer nos anos 1980 e 1990, repercutiam negativamente.

Em Campinas, alguns episódios ocorridos se transformaram em relatos que a imaginação das moradores se encarregou de transformar em lendas urbanas. É o caso do leão que supostamente ele teria comprado num circo e levado para casa. Na verdade, certa vez, ao passar pela frente de um circo que estava se apresentando em Campinas, Lattes se aproximou e constatou as péssimas condições em que se encontrava. Para ajudar o circo, Cesar comprou toda a lotação de um dia e mandou distribuir os ingressos para crianças pobres da periferia de Campinas. Além disso, providenciou uma lona nova, pagou aos proprietários o valor do leão, já bastante debilitado e pediu a um médico amigo seu orientações sobre os cuidados com o animal no local onde estava, que apesar dos esforços de Lattes, não resistiu.

Talvez movido pelo mesmo sentimento de benevolência, convidou um grupo de ciganos para um banho de piscina. Ao chegar, uma das filhas encontrou o pai aflito, sem saber como resolver a situação que tinha armado: os visitantes esparramados pelos sofás com as roupas molhadas, usando o telefone, circulando à vontade pela casa... "Ele me perguntou: 'Filha, o que é que eu faço?', e eu tive que botar o pessoal para fora", lembra Maria Lucia.

Em outra ocasião – não se sabe se para implicar com Martha –, encheu a piscina de patos. Numa de suas intervenções conciliadoras, Alfredo Marques encarregou-se de capturá-los e de transportá-los para longe dali.

As situações mais embaraçosas que ele criou durante as fases maníacas eram produzidas por suas palavras – impróprias, agressivas, incompatíveis com sua história e seus princípios. E esses arroubos deixaram marcas incômodas.

Com frequência, aconteciam em entrevistas, e alguns dos entrevistadores compreenderam que ele não estava bem ao proferi-las e o protegeram, deixando de publicar o que tinham ouvido. Outras vezes, porém, as afirmações incômodas foram pronunciadas diante de grandes plateias e não puderam ser revertidas. Sua importância no panorama científico brasileiro tornava a repercussão de imprensa praticamente obrigatória, multiplicando o prejuízo. Foi assim o rumoroso episódio das críticas a Einstein.

No dia 5 de maio de 1980, uma notícia de cinco parágrafos publicada numa página interna do *Jornal do Brasil*, na seção Cidades, deu início a uma cobertura que durante meses colocaria Lattes no centro de um rumoroso debate. O título era "Cesar Lattes contesta Einstein". O lide informava: "O professor Cesar Lattes, um dos mais famosos físicos brasileiros, durante uma conferência pronunciada ontem no auditório do Centro Brasileiro de Pesquisa [sic], afirmou, contestando a famosa teoria da relatividade de Einstein, que 'a luz não se propaga à velocidade constante e uniforme nos meios isotrópicos, isto é, nos meios que apresentam as mesmas propriedades físicas'". Segundo o jornal, houve grande agitação entre os cientistas que lotavam o auditório, pois, caso houvesse consenso na comunidade científica, ela deitaria por terra o princípio da relatividade de Einstein.

A um repórter do *Jornal do Brasil* que foi ouvi-lo após a comunicação no CBPF, Lattes tentou simplificar, para a compreensão leiga, o caminho que percorrera: "Utilizando um espectrômetro de difração, aparelho que qualquer laboratório bem equipado possui, pude orientar um raio laranja de mercúrio em algumas direções, constatando que na direção leste-oeste ele ficava parado, enquanto que na direção norte-sul andava mais do que um possível erro de medida. [...] A propagação da luz não é a mesma em todas as direções. É a mesma para alguém parado no universo, mas, como nós não estamos parados, há uma composição, a soma das duas velocidades, do universo e do laboratório em que nos encontramos".

Em termos midiáticos, o assunto era explosivo. Embora raríssimos leitores, excetuados aqueles da comunidade científica, soubessem o que era, afinal, o princípio da relatividade, Albert Einstein era um dos poucos nomes universalmente conhecidos como um grande cientista, talvez a maior estrela do panteão da ciência. Para além do prestígio acadêmico, graças ao figurino informal, aos cabelos revoltos e a uma fotografia em que aparece mostrando a língua, tornara-se um ídolo pop, ao oferecer ingredientes irresistíveis para a revolução de costumes dos anos 1960. Lattes não poderia ter mexido com assunto mais espinhoso.

A teoria da relatividade foi recebida com desconfiança ao postular, em 1905, que as leis da física são as mesmas para todo observador em velocidade constante, que a velocidade sempre é relativa ao que a mede e que a velocidade da luz no vácuo é constante e absoluta. Sua complexidade matemática era inacessível para a maioria dos cientistas, inclusive os membros do comitê do Prêmio Nobel, o que explica que Einstein nunca tenha sido premiado pela teoria da relatividade – o Nobel que recebeu em 1921 deveu-se a seu trabalho sobre o efeito fotoelétrico. Matematicamente, a teoria nunca foi contestada e a acumulação, ao longo dos anos, de dados experimentais confiáveis, venceu a desconfiança inicial.

A estridência da repercussão tinha a ver com muitas camadas envolvidas pelo assunto, e as razões científicas eram apenas uma parte delas. Havia em algum grau a mentalidade colonizada refletida pela mídia – como um cientista brasileiro poderia ter a audácia de questionar uma divindade do Primeiro Mundo? Se fosse Einstein a questionar, por exemplo, a existência do méson, talvez não provocasse o mesmo impacto.

Outra camada tinha a ver com a maneira como o questionamento foi conduzido. Lattes acrescentou às dúvidas teóricas comentários ofensivos sobre a biografia e o caráter do cientista. Ele seria "um charlatão" por ter se apropriado das ideias do matemático francês Henri Poincaré para o que considerava a parte verdadeira da teoria da relatividade. "Einstein é uma besta", afirmou, uma frase que no futuro as redes sociais se encarregariam de eternizar.

Muitos nomes do mundo da física vieram a público contestá--lo, e embora o tema fosse eminentemente científico, o debate foi se tornando emocional. Um colega da Unicamp declarou, com uma ponta de sarcasmo, que as ideias que ele propunha só iam agradar aos teólogos, um jornalista escreveu que Lattes era o Glauber Rocha da física e um antigo companheiro de lutas, Jayme Tiomno, tomou a si, sem aparente desconforto, a tarefa de provar que ele estava errado. Fez uma exposição na Academia Brasileira de Ciências intitulada "As contradições da descoberta de Lattes".

A promessa de fazer da teoria de Einstein terra arrasada já fora excessivamente divulgada quando Lattes percebeu que não poderia sustentá-la. Os instrumentos que utilizara para medir a velocidade da luz não tinham a sensibilidade necessária, produzindo dados que o induziam ao erro. Em 22 de julho, o presidente da Academia de Ciências informou que Lattes suspendera a publicação de seu trabalho e que, assim, o assunto "deixara de existir em termos científicos".

Caso o assunto tivesse se limitado ao âmbito acadêmico, seria um acontecimento corriqueiro: todo pesquisador corre o risco de se descobrir na direção errada. Até o venerável Rutherford já se enganara, com sua proposta de colapso dos elétrons no núcleo do átomo. Além disso, Lattes tinha todo o direito de duvidar de Einstein. "A ciência é sempre construção sobre a realidade. Uma construção lógico-matemática que, embora possua alta probabilidade de acerto, nunca é perfeita", observa o historiador das ciências Heráclio Tavares. "Se não fosse forçosamente falível em algum grau, não seria ciência, mas dogma ou religião."

O amigo Millôr Fernandes sairia em sua defesa, na coluna que assinava na revista *Veja*: "Além de confiar em Lattes, participo da tese de que o cientista não descobre nada. Inventa. As coisas nascem na cabeça do cientista e se confirmam na pesquisa, raramente ao contrário. A natureza é tão rica de possibilidades que qualquer coisa está contida nela. Assim como qualquer estátua está contida num bloco de mármore. Basta cada um tirar o excesso e descobrir, lá dentro do bloco, a sua estátua. Naturalmente, o idiota que tentar fazer um cavalo de 3 metros num bloco de granito de um metro vai quebrar a cara. Mas eu sei que Lattes, teórico privilegiado, deve estar com uma falta (ou excesso de alguns centímetros de material). Einstein não perde por esperar". Lattes era um físico experimental, mas o que importava naquele momento é que Millôr estava do seu lado.

Ao se debruçar sobre o episódio em seu livro de memórias *Os cientistas da minha formação*, o físico Mario Novello aponta: "Embora todos concordem quanto à importância do modo pelo qual Einstein apresentou a teoria da relatividade especial de uma forma mais acessível, a maioria dos recentes estudos históricos dá a prioridade da descoberta a Poincaré". Uma frase de Lattes aparece como epígrafe no livro de Novello: "O cientista não deve ceder aos encantos de ser aceito pelo establishment". No caso da polêmica sobre Einstein, ele talvez tenha cedido a um impulso contrário: o de arrostar o establishment.

A onda de publicidade gerada pelo episódio desgostou a família Lattes, pelo trabalho, a pressão e a incompreensão que gerou sobre ele. Um dos jornalistas que o procuraram na ocasião, José Hamilton Ribeiro, celebrizado pela cobertura da Guerra do Vietnã, passou vários dias em Campinas colhendo dados para um longo perfil, publicado na revista *Século 21*. A reportagem descreve com ironia o temor dos funcionários do Departamento de Raios Cósmicos de que "o professor", como o chamavam, ausente para cuidar de seu amaldiçoado imposto de renda, chegasse de repente com uma avalanche de demandas, no que descreviam como "o ritmo Lattes" – febril, contínuo, estafante. Evidencia, porém, o fascínio de seu personagem principal.

"Falando, é encantador, brilhante, envolvente, engraçado", descreve. "É um homem simples, despojado, inconvencional. Nunca se viu, numa solenidade universitária, Cesar Lattes com aquela saia preta das autoridades universitárias."

Entre tantos desdobramentos, o episódio Einstein resultaria em pelo menos um momento de distensão, guardado com carinho no repertório da família Lattes. Cesar e Martha encontravam-se em Ostia, perto de Roma, preparando-se para retornar ao Brasil, depois de uma viagem à Itália. Na véspera do embarque, foram almoçar com um jornalista italiano, amigo de Maria Cristina e do marido, e Lattes engasgou com um fragmento de concha, de seu espaguete ao vôngole. O fragmento se prendeu de tal modo em sua garganta que foi preciso procurar um pronto-socorro. Depois de examiná-lo, o plantonista concluiu que só um especialista conseguiria livrá-lo do corpo estranho, numa intervenção hospitalar. Foi preciso desmarcar o voo, e, como as malas já tinham sido embarcadas, tiveram que comprar peças de roupa e objetos de toalete – um enorme transtorno. A chateação do imprevisto seria compensada pelo divertimento diante da notícia que o amigo de Maria Cristina e seu marido, o jornalista Franco Fava, publicou no dia seguinte, num jornal italiano: "Einstein se vinga com um vôngole", dizia o título da notícia, que explicava a contenda recente.

Lattes sabia apreciar um toque de humor e fazer bom uso dele. Foi assim, por exemplo, quando batizaram com seu nome as novas instalações do CBPF, um edifício de seis andares no bairro da Urca, no Rio de Janeiro.

Sua resposta ao convite para a inauguração, destituída de solenidade, é uma pequena pérola brincalhona.

Cidade Universitária Zeferino Vaz, 16 de novembro de 1981.

Caro Lobo,

Respondendo à sua prezada carta n. 1500/366/81 de 3 da novembro, e confirmando o que te disse pelo telefone, aceito comovido e vexado a decisão da CTC sobre o edifício a ser inaugurado no dia 4 de dezembro com o nemo [sic] que de certa forma me torna patrono dessa nova ala do CBPF. A Ala João Alberto Lins de Barros tem como patrono o próprio, que foi o fundador e o primeiro presidente do CBPF. A sede, que é o Pavilhão Mário de Almeida, tem como patrono, evidentemente, o Sr. Mario de Almeida, que doou em 1949 os fundos que permitiram a construção do primeiro prédio.

Sinto-me colocado em boa e honrosa companhia e o vexame de que acima falei deve-se ao fato de que continuo vivo, frequentarei a nova sede e sou funcionário do CBPF. Mas, tudo bem, muito obrigado.

Confirmo que estarei presente como convidado especial; já recebi o convite impresso, e que pelo que me foi dito estarei bem acompanhado de minha mulher e descendentes diretos e adultos.

Antes de terminar devo pedir-te para mandar alguma dica sobre a importância das personalidades oficiais que deverão estar presentes, porque é costume em ocasiões como essa haver discursos, e, embora não vá escrever nenhum, tenho que me preparar espiritualmente.

Noto que no convite não está dito "paletó e gravata", mas não te preocupes que D. Martha Siqueira Netto Lattes não me deixará ir de manga de camisa.

Abraços,
Lattes[10]

Deve ter sido consolador ver um edifício batizado com seu nome, depois de encontrar as portas da instituição que fundara ostensivamente fechadas à sua aproximação. É provável também que ele comemorasse naquele momento a própria sobrevivência do CBPF, tantas vezes ameaçado de desaparecer.

Incorporado em 1976 ao CNPq, o centro confirmara seu lugar de prestígio no panorama científico brasileiro, mesmo depois que passou a conviver com muitas outras instituições, surgidas nas universidades, depois da reforma educacional de 1968. A física ia, pouco a pouco, encontrando caminhos para seguir em frente, e as instituições científicas, nascidas do esforço de sua geração, embora sujeitas aos inevitáveis solavancos do país, aprofundavam suas raízes. Para alguém como ele, que havia preferido a epopeia de criar condições para a pesquisa no Brasil a fazer carreira na Europa e nos Estados Unidos, era tranquilizador ver que seu esforço não fora em vão.

37 | A plataforma só podia chamar Lattes

Um convite aparentemente banal que chegou às mãos de Lattes no começo de 1998 reacendeu como uma centelha seu antigo desejo de ajudar o Brasil a fazer ciência. Um grupo de alunos da Universidade Federal do Mato Grosso (UFMT), que chegara até ele com a ajuda do professor José Mário Fontes Amiden, seu amigo, responsável por um centro experimental no campus da universidade, o convidava para uma semana de palestras na UFMT, em Cuiabá. Para surpresa dos alunos, Lattes aceitou.

Como de costume, ao abraçar uma ideia, ele pensou grande, como se esquecesse de sua aposentadoria. Vendo a possibilidade de implantar um centro de pesquisas fora do eixo Rio-São Paulo, se cercou de colaboradores para criar um núcleo de experimentos na área de raios cósmicos e de geocronologia na UFMT, para estudos de datação na Chapada dos Guimarães. Em 1986, foram assinados protocolos de intenção e cooperação científica com a Universidade Estadual do Rio de Janeiro, levando, dois anos depois, ao lançamento do Programa Cesar Lattes, envolvendo pesquisadores da Bolívia, Polônia, União Soviética e Japão.

Também como de costume, os obstáculos se mostraram maiores do que o esperado e sua energia já não era a mesma. Ainda que os resultados tenham ficado aquém do que vislumbrava, Lattes recordou o período em entrevista em 2001:

"Trouxe o [físico teórico] Takao Tati, que fez a renormalização da eletrodinâmica quântica... [O grupo de Cuiabá] chegou a começar, mas não está mais ativo. Mas, em todo caso, deixou gente lá com a ideia de o que seja fazer pesquisa".

Vez por outra, Lattes recebia em Barão Geraldo visitantes ilustres. Um deles foi o músico – e futuro ministro da Cultura – Gilberto Gil. Ele lembraria em 2024 seu encontro com o físico: "Eu estava em meio à realização do meu disco *Quanta*, um trabalho que envolvia várias questões relativas, entre outras, à física em geral e à física quântica em particular. No Brasil, César Lattes era um nome de destaque nesse campo. Como alguém que sabia do meu projeto acabou me lembrando do samba-enredo da Mangueira "Ciência e arte"), composto por Cartola e Carlos Cachaça, foi irresistível abrir o disco com essa música".

Além de regravar o samba da Mangueira, Gil submeteu à apreciação de Lattes outras músicas incluídas no disco, e foi a Campinas entregá-las em fitas cassete. "Foi uma tarde interessantíssima. Cesar, envergando o seu pijama listrado, recebeu-me com muita gentileza e atenção. Estava visivelmente interessado e curioso. Conhecia o samba feito em sua homenagem e queria muito saber o que motivava um artista de música popular como eu a tratar de questões da física moderna. Tivemos uma conversa animada e esclarecedora sobre seu universo científico e seu apreço pela música. Deixei sua casa aquele dia bem seguro e confortável com a ideia do projeto."

Em fevereiro de 1997, Gil recebeu de Lattes a mensagem que incluiu na contracapa do CD. Ele agradecia a gentileza, elogiava a obra de Gil e fazia pequenos reparos, que servem ainda como oportunas lições de física: "O 'infinitésimo' é uma ficção matemática. Quantum é o mínimo de ação (energia × tempo). O quantum de ação é mais real do que a maioria das grandezas físicas: seu valor não depende do movimento em relação ao observador", apontou. E sugeriu: "Tiraria 'Quark' que está na moda com 'cromodinâmica quântica', mas que só pode aparecer escondido. Não engoli ainda, apesar dos livros modernos e da Enciclopédia Britânica". Encerrou o comentário com uma reflexão multidisciplinar: "A ciência é uma irmã caçula (talvez bastarda) da arte: Camões pediu ajuda do engenho e da arte – não da ciência. Salomão diz que 'ciência sem consciência não é senão a ruína da alma' – a arte, não. Paro por aqui, porque Salomão também diz: 'Não busques ser demasiado justo nem demasiado sábio: queres te arruinar?'. Para concluir cito um grande arquiteto: 'Quando a ciência se cala, a arte fala' (Artigas)".

Nos anos 1990, embora seu nome ainda abrisse portas e fosse pronunciado com reverência no meio acadêmico e entre artistas como Gil, Lattes ocupava um lugar cada vez mais lateral no repertório do brasileiro comum. A extraordinária visibilidade que o levara frequentemente às manchetes tinha ficado para trás.

Maria Lucia Lattes estava em Paris, num jantar na casa do orientador do marido, que estudava na capital francesa. Um dos convidados era o então ministro da Ciência e Tecnologia, Luiz Carlos Bresser-Pereira. Numa roda de conversa, ele comentou que a planejada plataforma de dados de pesquisadores da área iria se chamar Lattes. Alguém lhe apontou que uma filha do cientista estava presente, e ela foi, assim, uma das primeiras pessoas a conhecer o nome da base de dados do CNPq e do ministério.

Conhecida dali em diante como Plataforma Lattes, a ferramenta fora, em seus primórdios, em 1993, um banco de currículos feito de formulários preenchidos em papel. No começo daquela década, os pesquisadores passaram a preencher um formulário digital, que enviavam em disquete ao CNPq. Numa etapa posterior, os dados do formulário, ainda preenchido offline, começaram a ser enviados pela internet. No fim da década de 1990, com a participação dos grupos universitários Stela, atual Instituto Stela, vinculado à Universidade Federal de Santa Catarina, e o Centro de Estudos de Sistemas Avançados do Recife (CESAR), da Universidade Federal de Pernambuco, uma nova versão do formulário eletrônico foi desenvolvida.

"Quando assumi o Ministério da Ciência e Tecnologia, em 1999, verifiquei que havia diversos modelos de currículo para os pesquisadores da área", relata Bresser-Pereira. O CNPq trabalhava com um, a Capes com outro, os projetos do Banco Mundial com outro ainda. A Fundação Getulio Vargas e a Escola de Administração de Empresas de São Paulo, onde ele era professor, também tinham seus próprios modelos. "Era uma situação absurda – um currículo único é fundamental para se avaliar e pontuar os diversos projetos e programas educativos de nível superior."

Como era preciso trabalhar com um modelo único, e àquela altura o do CNPq era o que estava mais avançado, ele absorveu os demais. Sobre a escolha do nome, o ex-ministro explica: "O currículo se chamava Pitágoras, na época, e me perguntei: 'Por que Pitágoras, se podemos homenagear um cientista brasileiro?'". Para evitar o que temia ser uma discussão infindável, Bresser-Pereira descartou a possibilidade de um nome das ciências sociais. "Os nomes das exatas são indiscutíveis. E imediatamente me veio à cabeça o mais conhecido de todos: Cesar Lattes."

Os currículos Lattes, adotados pela maioria das instituições de fomento, universidades e institutos de pesquisa do país, passaram a alimentar a Plataforma Lattes. Nos anos 2000, o CNPq passou a licenciar gratuitamente o software e a fornecer consultoria técnica para sua implantação nos países da América Latina. Colômbia, Equador, Chile, Peru e Argentina, além de Portugal e Moçambique, começaram a utilizá-lo. Em 2023, a Plataforma Lattes reunia cerca de 8 milhões de currículos.

É irônico que alguém como Lattes, avesso a títulos, concursos e rituais acadêmicos, empreste seu nome a um banco de currículos. Mas faz sentido que, à frente de uma plataforma digital, seu nome se perpetue no universo a que pertence e pelo qual lutou por toda a vida.

38 | Um lugar na História

Em meados de 2002, Martha e Cesar viviam na casa de Barão Geraldo, em Campinas, perto de três das quatro filhas. Martha se queixava de que não vinha se sentindo bem. Parecia cansada. Embora houvesse um precedente familiar – sua mãe, Aurora morrera em razão de um acidente vascular, identificado então como trombose –, os problemas circulatórios não faziam parte do seu universo de preocupações. Ao contrário de Aurora, que padecia de fortes enxaquecas, que volta e meia faziam os adultos pedirem às crianças que diminuíssem a algazarra, Martha não tinha nenhum achaque desse tipo. Foi uma surpresa para todos quando, levada à Casa de Saúde de Campinas com um mal-estar, na manhã de 14 de outubro de mesmo ano, verificou-se que estava sofrendo um AVC.

Era um quadro grave, que inicialmente lhe tirou parte dos movimentos de um lado do corpo e afetou a memória recente, fazendo-a repetir perguntas já respondidas. "Cadê meus jornais?", indagava a toda hora. Permaneceu internada, e a irmã, Maria Lucia, veio do Recife para se revezar à sua cabeceira, com as sobrinhas.

Logo começou a se recuperar. Movia-se com alguma dificuldade, mas o controle motor melhorou e o pensamento estava claro. Conseguiu até dar uma aula de matemática a um neto. Depois de pouco mais de uma semana, foi liberada para ir para casa.

Ver Martha fragilizada abalou Cesar. "Ele queria que ela voltasse a ser como antes e cuidasse dele", recorda Tete. "Não aceitava que ela agora tivesse limitações." Além disso, a presença da irmã junto dela o deixou enciumado. As filhas precisaram administrar a tensão, mas estavam otimistas quanto à recuperação da mãe. O neto que tinha estudado com ela no hospital notou que sua memória falhava: em casa, ao vê-lo, ela repetiu para ele a explicação que tinha dado dias antes, mas isso estava dentro do esperado. Ela retomou as aulas de pintura, que adotara fazia alguns anos e que haviam substituído o hobby anterior, aprender costura com a filha Carol. Aí teve início uma complicação renal e seu estado de saúde se deteriorou. Uma noite, chamou a cuidadora, com falta de ar. Alertadas, as filhas chamaram uma ambulância, mas, como ela demorasse a chegar, acionaram um amigo médico que morava próximo e que chegou em poucos minutos. Mas já não havia o que fazer. Martha faleceu na noite de 14 de outubro. Foi sepultada no Cemitério Parque Flamboyant, em Campinas.

Parecia inacreditável para as filhas que a mãe tivesse morrido. A vida toda elas a tinham visto cuidar do pai. Ele é que tomava remédios, fumava quatro maços de cigarro por dia, era frágil. Ela era a forte.

O impacto da perda sobre Lattes foi tremendo, como se vê na descrição pungente do amigo Alfredo Marques em suas memórias: "No cemitério, vendo-o a um canto, silencioso e cabisbaixo, acerquei-me para levar uma palavra de encorajamento. Ouviu-me pacientemente e, quando terminei, disse apenas: 'Minha vida acaba aqui'".

Cesar pediu às filhas que levassem logo os objetos pessoais de Martha – roupas, joias, seus papéis. A casa permaneceu exatamente como ela deixara. Duas funcionárias passaram a zelar pelo seu dia a dia, enquanto as filhas se encarregavam de tarefas como abastecimento e medicações. Nos primeiros tempos, exasperado, ele fez algumas tentativas de mandar embora as funcionárias, mas compreendeu que, sozinho, a família não o deixaria permanecer ali, e ele fazia questão absoluta de continuar em casa.

A televisão, antes exilada na garagem, ganhou lugar na sala e ficava o dia todo ligada em noticiários, nos quais, vez por outra, ele prestava atenção. Os almoços de domingo migraram para as casas das filhas, que estavam entre os poucos lugares a que aceitava comparecer. "Minha mãe era o seu último vínculo com a vida, ele não tinha mais razão para continuar", avalia Maria Cristina. "Acho que ele viveu apenas para concluir o inventário dela." Ao longo dos três anos que se seguiram, Cesar envelheceu rapidamente e sua saúde se fragilizou. Em fotografias desse período, uma expressão dolorosa substitui a antiga chama de seu olhar sonhador.

Houve quem notasse que algo serenou dentro dele. A oscilação de humor que tanto o atormentara diminuiu, e as crises se espaçaram. "Tornou-se mais relaxado, mais conexo na palavra e menos tenso no gesto", escreveu Alfredo Marques. Ele observou também no amigo uma inclinação espiritualista nunca revelada até então. Edison Shibuya se recorda que Cesar pediu a Mirtes, sua mulher, que o levasse ao centro que ela frequentava, conduzido por um professor da Química da Unicamp. "Ele queria saber mais sobre espiritismo", conta o amigo, a diferença entre a alma e o espírito. Talvez, pela mesma curiosidade, interessou-se também pela leitura da Bíblia, da Torá e do Alcorão. Cartas supostamente psicografadas, enviadas por alguém da cidade, traziam-lhe um alívio momentâneo, mas as filhas acreditam que a calma dos tempos finais se deva sobretudo a uma nova regularidade na medicação, depois que elas passaram a se encarregar de dar os remédios.

Foi nessa fase de apaziguamento que aceitou receber os títulos de professor emérito e doutor *honoris causa*, concedidos pela Unicamp em 1986 e 1988 respectivamente. Desgostoso com os rumos do Instituto de Física Gleb Wataghin e com os propósitos e as ambições das lideranças acadêmicas que emergiam, Lattes driblara convites e movimentos de aproximação de quatro reitores até que Carlos Henrique de Brito Cruz conseguisse romper o cerco, em outubro de 2004. Meses antes, em abril, ele já havia domado seu gênio avesso a homenagens como aquela ao enviar o amigo Alfredo Marques ao Rio de Janeiro para receber o título de doutor *honoris causa* da UFRJ, antiga Universidade do Brasil. Em Campinas, recebeu o reitor e uma delegação de professores na sala de sua casa, e não na do reitor, com uma boa dose de ironia:

"Preciso pôr gravata?". Na cerimônia breve, dispensou os discursos e quis saber como ia a universidade. Dias depois, perguntado sobre o encontro, declarou apenas: "O reitor é jovem demais".

Os últimos resquícios de bem-estar desapareceram em sucessivas internações, depois que foi diagnosticado com um câncer de bexiga. Ficava extremamente irritado com a linguagem infantilizante usual nos hospitais – o pezinho, a mãozinha... –, e arrancava a máscara de oxigênio para fumar. Estava internado num quarto na ala cardiológica do Hospital de Clínicas da Unicamp quando faleceu, em 8 de março de 2005. O atestado de óbito menciona "insuficiência cardíaca congestiva".

Nas poucas horas entre as primeiras providências da família para o velório, no mesmo cemitério em que Martha fora enterrada, e o sepultamento, no dia seguinte, a dimensão histórica de Cesar Lattes foi se desenhando com nitidez. Não se tratava apenas do pai, do avô, do amigo que morrera, mas do pesquisador que provou a existência do méson pi e ensinou a produzi-lo em laboratório, do cientista brasileiro indicado para o Nobel, do físico que colocou o peso de seu prestígio internacional no progresso da pesquisa no país, do orgulho nacional.

A Unicamp se encarregou das providências para a chegada de autoridades e grandes nomes da ciência e da academia, conciliando horários e protocolos. O ministro da Ciência e Tecnologia responderia pelo presidente da República, e as instituições que deviam a Lattes, se não a própria existência, no mínimo o seu fortalecimento, mandariam representantes. Uma quantidade impressionante de coroas de flores começaram a chegar de todo o país.

*

No dia 11 de abril de 2024, a lei n. 14.839, sancionada pela Presidência da República, inscreveu o nome do cientista Cesare Mansueto Giulio Lattes no Livro dos Heróis e Heroínas da Pátria.

NOTAS

PARTE I: O INFINITO NO GRÃO DE AREIA

1. Carta de Cesar Lattes para José Leite Lopes. 7/4/1946. Arquivo José Leite Lopes, FGV CPDOC.
2. Carta de Cesar Lattes para José Leite Lopes. 21/4/1946. Arquivo José Leite Lopes, FGV CPDOC.
3. Carta de Cesar Lattes para Gleb Wataghin. 21/4/1946. Arquivo Histórico do Instituto de Física da Universidade de São Paulo.
4. Carta de Giuseppe Lattes ao Instituto Médio Dante Alighieri. 24/5/1938. Em italiano no original. Acervo familiar.
5. Carta de Arthur H. Compton a Gleb Wataghin. 4/1/1941. Arquivo Histórico do Instituto de Física da Universidade de São Paulo.
6. Carta de Arthur H. Compton a Gleb Wataghin. 21/4/1941. Arquivo Histórico do Instituto de Física da Universidade de São Paulo.
7. Carta para o Consulado da Suíça em São Paulo. Sem data. Em francês no original. Universidade de Milão, Sistema Bibliotecário, Biblioteca de Biologia, Informática, Química e Física BICF, Fundo Occhialini & Dilworth.
8. Cesar Lattes (depoimento, 1976). Rio, FGV/CPDOC – História Oral (História da Ciência – Convênio FINEP/CPDOC). Página 4.

9. "Introdução". 1943. Folha solta. Universidade de Milão, Sistema Bibliotecário, Biblioteca de Biologia, Informática, Química e Física BICF, Fundo Occhialini & Dilworth.

10. Carta do Consulado da Suíça em São Paulo para Giuseppe Occhialini. 17/4/1943. Em italiano no original. Universidade de Milão, Sistema Bibliotecário, Biblioteca de Biologia, Informática, Química e Física BICF, Fundo Occhialini & Dilworth.

11. Carta de Cesar Lattes para José Leite Lopes. 22/6/1946. Arquivo José Leite Lopes, FGV CPDOC.

12. Carta de Cesar Lattes para Leite Lopes. 15/8/1946. Arquivo José Leite Lopes, FGV CPDOC.

13. Carta de Cesar Lattes para Leite Lopes. 7/11/1946. Arquivo José Leite Lopes, FGV CPDOC.

14. *Idem.*

15. Carta de José Leite Lopes para Martha Siqueira Netto. 30/9/1946. Sistema de Arquivos (Siarq) da Universidade Estadual de Campinas (Unicamp).

16. Carta de Lattes para José Leite Lopes. 2/12/1946. Arquivo José Leite Lopes, FGV CPDOC.

17. Carta de Gleb Wataghin para Cesar Lattes. Arquivo Histórico do Instituto de Física da Universidade de São Paulo.

18. Carta de Arthur de Tyndall para Gleb Wataghin. Março de 1947. Original em inglês. Arquivo Histórico do Instituto de Física da Universidade de São Paulo.

19. Carta de Cesar Lattes para José Leite Lopes. 29/9/1947. Arquivo José Leite Lopes, FGV CPDOC.

20. Carta de Gleb Wataghin para Ernest Lawrence. Original em inglês. 21/7/1947. Arquivo Histórico do Instituto de Física da Universidade de São Paulo.

21. Carta de Gleb Wataghin para Ernest Lawrence. Original em inglês. 12/1947. Arquivo Histórico do Instituto de Física da Universidade de São Paulo.

22. Carta de Cesar Lattes para José Leite Lopes. 2/3/1949. Sistema de Arquivos (Siarq) da Universidade Estadual de Campinas (Unicamp).

23. P.S. de Martha Lattes em carta de Cesar Lattes para José Leite Lopes. 21/04/1948. Sistema de Arquivos (Siarq) da Universidade Estadual de Campinas (Unicamp).

24. Carta de Gleb Wataghin a Lattes. 5/8/1948. Sistema de Arquivos (Siarq) da Universidade Estadual de Campinas (Unicamp).

25. Carta de Cesar Lattes para José Leite Lopes. 10/1/1949. Arquivo José Leite Lopes, FGV CPDOC.

26. Carta de Cesar Lattes para José Leite Lopes. 25/1/1949. Arquivo José Leite Lopes, FGV CPDOC.

27. *Idem.*

28. Carta de José Leite Lopes para Cesar Lattes. 16/7/1948. Sistema de Arquivos (Siarq) da Universidade Estadual de Campinas (Unicamp).

29. Carta de Cesar Lattes para Hugh Bradner. 4/1949. Original em inglês. Ernest O. Lawrence Papers, The Bancroft Library, Universidade da Califórnia.

30. Carta de Cesar Lattes para José Leite Lopes, 2/5/1949. Arquivo José Leite Lopes, FGV CPDOC.

31. Carta de Cesar Lattes a Giuseppe Occhialini. 18/1/1951. Em inglês no original. Universidade de Milão, Sistema Bibliotecário, Biblioteca de Biologia, Informática, Química e Física BICF, Fundo Occhialini & Dilworth.

PARTE II: O ABISMO

1. Carta de Mario Schenberg para Giuseppe Occhialini. 14/12/1960. Universidade de Milão, Sistema Bibliotecário, Biblioteca de Biologia, Informática, Química e Física BICF, Fundo Occhialini & Dilworth.

2. Carta de Cesar Lattes para Giuseppe Occhialini. 29/3/1961. Universidade de Milão, Sistema Bibliotecário, Biblioteca de Biologia, Informática, Química e Física BICF, Fundo Occhialini & Dilworth.

3. Carta de Giuseppe Occhialini para Cesar Lattes. 3/5/1961. Em italiano no original. Universidade de Milão, Sistema

Bibliotecário, Biblioteca de Biologia, Informática, Química e Física BICF, Fundo Occhialini & Dilworth.

4. Carta de Giuseppe Occhialini para Mario Schenberg. 4/5/1961. Em italiano no original. Universidade de Milão, Sistema Bibliotecário, Biblioteca de Biologia, Informática, Química e Física BICF, Fundo Occhialini & Dilworth.

5. Bilhete de Cesar Lattes para Candido Portinari. 7/11/1958. Projeto Portinari – Acervo Bibliográfico.

6. Ofício de Otacílo Cunha para Cesar Lattes. 29/7/1965. Sistema de Arquivos (Siarq) da Universidade Estadual de Campinas (Unicamp).

7. *Idem.*

8. Carta de Cesar Lattes para a filha Maria Cristina. Acervo familiar.

9. Ofício de Marcello Damy de Souza Santos a Zeferino Vaz. 19/5/1967. Sistema de Arquivos (Siarq) da Universidade Estadual de Campinas (Unicamp).

10 Carta de Cesar Lattes para Roberto Lobo. 16/11/1981. Sistema de Arquivos (Siarq) da Universidade Estadual de Campinas (Unicamp).

AGRADECIMENTOS

Este livro só se tornou realidade graças ao generoso apoio de todos que compartilharam seus conhecimentos e arquivos, permitindo que a vida e o legado de Cesar Lattes, bem como sua inestimável contribuição ao Brasil, fossem devidamente destacados.

Escola Politécnica, Universidade de São Paulo
Setor de Arquivo da Escola Politécnica
Arthur Whyte Ferreira
José Adilson da Silva
Victor Vinicius Ferreira

Arquivo Geral, Universidade de São Paulo
Seção de Documentação Técnica/Histórica do Arquivo Geral da USP
Eliana Rotolo
Lílian Miranda Bezerra

Faculdade de Filosofia, Ciências e Letras, Universidade de São Paulo
Marie Márcia Pedroso
Rosa Brecht Palos
Thiago Ribeiro Cappelato

Instituto de Matemática e Estatística, Universidade de São Paulo
Daniela Santana Carvalho

Departamento de História, Universidade de São Paulo
Centro de Apoio à Pesquisa em História Sérgio Buarque de
Holanda (CAPH)
Bete Martinez
Maria Aparecida A. Ferreira

Instituto de Física, Universidade de São Paulo
Arquivo Histórico do Instituto de Física
Carlos Alberto Chaves
Ivã Gurgel

Universidade Estadual de Campinas (Unicamp)
Sistema de Arquivos (Siarq) e Biblioteca Central Cesar Lattes
Janaína Andiara dos Santos
Karina Alexandra dos Santos
Mariana Pedroso Teixeira
Marina Romero
Telma Maria Murari

Universidade de Milão, Milão, Itália
Biblioteca de Biologia, Informática, Química e Física
Daniela Spagnolo Martella
Flavia Safina

Colégio Dante Alighieri
Marcelo Figueiredo de Meneses
Monica Oliveira

Instituto de Física da Universidade Federal do Rio de Janeiro
Ildeu Castro Moreira

**Conselho Nacional de Desenvolvimento Científico e
Tecnológico (CNPq)**
Alexandre Correia (Centro de Memória)
Olival Freire Jr. (diretor científico)

Pesquisa Fapesp
Maria Guimarães
Marcos Pivetta

Faculdade de Física, Universidade de Bristol, Inglaterra, RU
Karen Yates
Brian Pollard

UC Berkeley, Califórnia, Estados Unidos
Nicholas Dehler

Aos amigos e entrevistados
Ademar Ribeiro Romeiro, Ajar Gehad, Alfredo Tiomno
Tomalsquin, Aline Meyer, Amelia Siegel, Álvaro Pereira Junior,
Ana Rita Lattes Vezzani, Angela Leite Lopes, Antonio Augusto
Videira, Carmen Molloy, Carola Dobrigkeit Chinellato, Ana
Carolina Lattes Vezzani, Edison Hiroki Shibuya, Emico Okuno,
Enrico Vezzani, Eric Nepomuceno, Flávio Amaral Lattes,
Gilberto Gil, Guilherme Borçato, Henrique Lattes Borçato,
Ivan de Nascimento Cunha, Jesus de Paula Assis, José Augusto
Chinelato, José Amaral Lattes, Julio Hadler Neto, Lilian Miranda
Bezerra, Luiz Carlos Bresser-Pereira, Marcos Taquechel, Maria
Lucia Lattes Romeiro, Maria Teresa Lattes Borçato, Maria Vitória
Benevides, Marta Mantovani, Mauro Cattani, Michael Scott,
Miguel Jorge, Monica Richbieter, Noemi Camerini, Olival Freire
Jr., Ricardo Pupo Nogueira, Roberto de Andrade Martins, Simon
Schwartzman, Tomás Lattes Romeiro, Victor Arruda Pereira e
Oliveira, Vitor de Sousa, Yvonne Maggie Costa Ribeiro

BIBLIOGRAFIA

LIVROS

ANDRADE, Ana Maria Ribeiro de. *Físicos, mésons e política: a dinâmica da ciência na sociedade*. São Paulo: Hucitec, 1999.

ASSIS, Jesus de Paula. *César Lattes: descobrindo a estrutura do universo*. São Paulo: Unesp, 2001.

BELLANDI FILHO, Jose; PEMMARAJU, Ammiraju (orgs.). *Topics on Cosmic Rays: 60th Anniversary of C. M. G. Lattes*. Vol. 1 e 2. São Paulo: Unicamp, 1984.

BIRD, Kai; SHERWIN, Martin J. *Oppenheimer: o triunfo e a tragédia do Prometeu americano*. Tradução de George Schlesinger. Rio de Janeiro: Intrínseca, 2023.

BOJUNGA, Claudio. *JK: o artista do impossível*. São Paulo: Objetiva, 2001.

CAMARA, José Sette. *Agosto 1954*. São Paulo: Siciliano, 1994.

CARDOSO, Irene de Arruda Ribeiro. *A universidade da comunhão paulista: o projeto de criação da Universidade de São Paulo*. São Paulo: Autores Associados e Cortez Editora, 1982.

CARRÈRE, Emmanuel. *Ioga*. Rio de Janeiro: Alfaguara, 2023.

CARUSO, Francisco (org.). *Alfredo Marques: revivências*. São Paulo: Livraria da Física, 2014.

_____; MARQUES, Alfredo; TROPER, Amós. *Cesar Lattes, a descoberta do méson pi e outras histórias*. São Paulo: Livraria da Física, 2024.

FERNANDES, Millôr. *O livro vermelho dos pensamentos de Millôr*. Rio de Janeiro: Nórdica, 1973.

FILHO, Carlos Chagas. *Um aprendiz de ciência*. Rio de Janeiro: Nova Fronteira, FIOCRUZ, 2000.

FREITAS, Sônia Maria de. *Reminiscências.* São Paulo: Maltese, 1993.

GAMOW, George. *Biografia da física.* Rio de Janeiro: Zahar, 1963.

GÓES, Marta. *Alfredo Mesquita: um grã-fino na contramão.* Rio de Janeiro: Albatroz, São Paulo: Terceiro Nome e Loqüi, 2007.

GOLDEMBERG, José (coord.). *USP, 80 anos.* São Paulo: Edusp, 2015.

GORGULHO, Guilherme. *Massa crítica: Unicamp e a origem do polo de tecnologia de Campinas.* Campinas: Unicamp, 2019.

HEIMANN, Jim. *All-American Ads the 40s.* Colônia, Alemanha: Taschen, 2003.

HEUVEL, Katrina Vanden; SANTOS, Hamilton dos (orgs.). *O perigo da hora: o século XX nas páginas do The Nation.* Curitiba: Scritta, 1994.

INSTITUTO de Física. *Os cinquenta anos do méson pi – 1947-1948/1997-1998.* Catálogo/Folheto da Exposição. São Paulo: USP, 1997-1998.

LABATUT, Benjamín. *A pedra da loucura.* Tradução de Mariana Sanchez. São Paulo: Todavia, 2022.

LABATUT, Benjamín. *Quando deixamos de entender o mundo.* Tradução de Paloma Vidal. São Paulo: Todavia, 2022.

LOPES, José Leite. *Uma história da física no Brasil.* São Paulo: Livraria da Física, 2004.

MAIO, Marcos Chor. *Ciência, política e relações internacionais: ensaios sobre Paulo Carneiro.* Rio de Janeiro: Fiocruz, Unesco, 2004.

MARQUES, Alfredo. *César Lattes 70 anos: a nova física brasileira.* Rio de Janeiro: Centro Brasileiro de Pesquisas Físicas, 1994.

MONTERO, Rosa. *O perigo de estar lúcida.* São Paulo: Todavia, 2023.

MORAES, Reginaldo C. *Educação superior nos Estados Unidos.* São Paulo: Unesp, 2015.

MOTOYAMA, Shozo (org.). *USP 70 anos: imagens de uma história vivida.* São Paulo: Edusp, 2006.

NETO, Lira: *Getúlio (1945–1954): da volta pela consagração popular ao suicídio.* São Paulo: Companhia das Letras, 2014.

NOVELLO, Mario. *Os cientistas da minha formação.* São Paulo: Livraria da Física, 2016.

PUIG, Carlos F.; VIDEIRA, Antonio A. P. *Guido Beck: The Career of a Theoretical Physicist Seen Through His Correspondence.* São Paulo: Livraria da Física; Rio de Janeiro: Centro Brasileiro de Pesquisas Físicas, 2020.

REALE, Miguel. *Memórias (volume 1) – Destinos cruzados*. São Paulo: Saraiva, 1986.

REDONDI, P.; SIRONI, G.; TUCCI, P.; VEGNI, G. (orgs.). *The Scientific Legacy of Beppo Occhialini*. Berlim, Alemanha: Springer; Bolonha, Itália: Società Italiana di Fisica, 2006.

ROMANELLI, Otaíza de Oliveira. *História da educação no Brasil*. Petrópolis: Vozes, 1978.

SCHWARTZMAN, Simon. *Um espaço para a ciência: a formação da comunidade científica no Brasil*. Brasília: MCT, 2001.

TABACNIKS, Manfredo H. (org.). *Origens e formação do Instituto de Física da Universidade de São Paulo*. São Paulo: Ifusp, 2020.

VIEIRA, Cássio Leite. *César Lattes: arrastado pela história*. 3. ed. Rio de Janeiro: Centro Brasileiro de Pesquisas Físicas, 2019.

VIERIA, Cássio Leite. *...Um mundo inteiramente novo se revelou: uma história da técnica das emulsões nucleares*. São Paulo: Livraria da Física, Rio de Janeiro: Centro Brasileiro de Pesquisas Físicas, 2012.

_____; VIDEIRA; Antonio A. P. "Um laboratório nas nuvens". In: _____. *História da física: artigos, ensaios e resenhas*. Rio de Janeiro: Centro Brasileiro de Pesquisas Físicas, 2019. Disponível em: <www.gov.br/cbpf/pt-br/divulgacao-cientifica/livros/historia-da-fisica-artigos-ensaios-e-resenhas>.

ENTREVISTAS – CESAR LATTES

FGV CPDOC – Programa de História Oral (não publicada). 11 dez. 1976. Acervo pessoal de Cássio Leite Vieira.

Entrevista a Maria de Lourdes de A. Fávaro e Ana Elisa Gerbasi da Silva. Rio de Janeiro, 14 e 15 mar. 1990. Acervo pessoal de Heráclio Tavares.

Entrevista a Micheline Nussenzveig e Cássio Leite Vieira (*Ciência hoje*) e Fernando de Souza Barros (Instituto de Física, Universidade Federal do Rio de Janeiro). Colaboraram Alfredo Marques (Centro Brasileiro de Pesquisas Físicas) e Neuza Amato (CNPq). Publicada em agosto de 1995 (originais com anotações de Cassio Leite Vieira). Acervo pessoal de Cássio Leite Vieira.

Entrevista a Jesus de Paula Assis. In: *Descobrindo a estrutura do universo*. São Paulo: Editora Unesp, 2001 (originais anotados por Cesar Lattes). Acervo pessoal de Cássio Leite Vieira.

DEPOIMENTOS

FGV CPDOC – Programa de História Oral

Antônio Cândido de Melo Souza (depoimento, 2005). Rio de Janeiro, CPDOC/Fundação Getulio Vargas (FGV) – Convênio Fundação Perseu Abramo/CPDOC.

Carlos Chagas Filho (depoimento, 1976/1977). Rio de Janeiro, CPDOC, 2010.

Gleb Wataghin (depoimento, 1975). Rio de Janeiro, CPDOC, 2010.

Guido Beck (depoimento, 1977). Rio de Janeiro, CPDOC, 2010.

Jayme Tiomno (depoimento, 1977). Rio de Janeiro, CPDOC, 2010.

João Alberto Meyer (depoimento, 1977). Rio de Janeiro, CPDOC, 2010.

José Israel Vargas I (depoimento, 1977). Rio de Janeiro, CPDOC, 2010.

José Goldemberg (depoimento, 1976). Rio de Janeiro, CPDOC, 2010.

Mario Schenberg (depoimento, 1978). Rio de Janeiro, CPDOC, 2010.

Paulus Aulus Pompeia (depoimento, 1977). Rio, FGV/CPDOC – História Oral, 1986 (História da Ciência – Convênio FINEP/CPDOC).

Rogério Cerqueira Leite (depoimento, 1977). Rio, FGV/CPDOC – História Oral, 1985 (História da Ciência – Convênio FINEP/CPDOC).

Zeferino Vaz (depoimento, 1977). Rio de Janeiro, FGV/CPDOC – História Oral, 1986 (História da Ciência – Convênio FINEP/CPDOC).

Niels Bohr Library & Archives – American Institute of Physics

Giuseppe Occhialini (entrevistado por Charles Weiner, 16 mai 1971). Instituto de Física, College Park, MD. Melville, Nova York, Estados Unidos: AIP Publishing. Disponível em: <www.aip.org/history-programs/niels-bohr-library/oral-histories/31789-3>.

JORNAIS E REVISTAS

BRASIL Século 21. "César Lattes, o quixote da ciência: como trabalha, como age e reage o físico brasileiro que ousou desafiar Einstein". São Paulo, n. 3, 1980.

CIÊNCIA Hoje. "Marcello Damy: o rigor como convicção" (entrevista concedida a Amélia Hamburger e Carmen Weingrill). Rio de Janeiro, jan-fev. 1992.

CORREIO Popular. "Lattes, o gênio triste". Campinas, 13 fev. 1993.

_____. "Um homem muito maior do que a lenda". Campinas, 13 fev. 1993.

_____. "Unicamp imortaliza legado de Lattes". Campinas, 9 mar. 2006.

_____. "Unicamp reconstrói escritório de Cesar Lattes". Campinas, 25 jun. 2005.

DIÁRIO de Pernambuco. "Em Palmares – O assassinato do coronel Siqueira Netto". Recife, 10 dez. 1917.

_____. "Foro e judicatura – Juízo de direito de Palmares – O assassinato do coronel Siqueira Netto". Recife, 19 abr. 1918.

_____. "Foro e judicatura – Dois julgamentos importantes". Recife, 1 mar. 1921.

DIÁRIO do Povo. "O gênio da humanidade que vive em Campinas". Campinas, 28 fev. 1988.

FOLHA da Manhã. "Atribui-se excepcional importância à descoberta do físico brasileiro Cesare Lattes". Rio de Janeiro, 11 mar. 1948.

FOLHA de S.Paulo. "Morre Cesar Lattes, herói da física nacional". São Paulo, 9 mar. 2005.

GAZETA Mercantil. "Físico não, professor". 22-24 mar. 2002.

JORNAL da Unicamp. "Cesar Lattes: 1924-2005". Campinas, ed. 281 (edição especial), 30 mar.-3 abr. 2005.

_____. "A cabeça no cosmo e o coração no Brasil". Campinas, ed. 281 (edição especial), 30 mar.-3 abr. 2005.

_____. "A difícil convivência com o ônus da fama". Campinas, ed. 281 (edição especial), 30 mar.-3 abr. 2005.

_____. "Cesar Lattes, um cientista brasileiro". Campinas, ed. 281 (edição especial), 30 mar.-3 abr. 2005.

_____. "Ciência e política nas alturas do Chacaltaya". Campinas, ed. 281 (edição especial), 30 mar.-3 abr. 2005.

_____. "Damy detectou talento precoce". Campinas, ed. 281 (edição especial), 30 mar.-3 abr. 2005.

_____. "Edison Shibuya – Um testemunho". Campinas, ed. 281 (edição especial), 30 mar.-3 abr. 2005.

_____. "Lattes no interior de um sonho". Campinas, ed. 281 (edição especial), 30 mar.-3 abr. 2005.

_____. "No universo das histórias reais". Campinas, ed. 281 (edição especial), 30 mar.-3 abr. 2005.

_____. "Martha, o esteio. As filhas, o saber". Campinas, ed. 281 (edição especial), 30 mar.-3 abr. 2005.

_____. "O '*boy wonder*' volta à USP em 1960". Campinas, ed. 281 (edição especial), 30 mar.-3 abr. 2005.

_____. "O adeus de um parceiro simples e leal". Campinas, ed. 281 (edição especial), 30 mar.-3 abr. 2005.

_____. "O insondável e as razões da coincidência". Campinas, ed. 281 (edição especial), 30 mar.-3 abr. 2005.

_____. "O Lattes que não está na plataforma Lattes". Campinas, ed. 281 (edição especial), 30 mar.-3 abr. 2005.

_____. "O porão e as alturas em tempos pioneiros". Campinas, ed. 281 (edição especial), 30 mar.-3 abr. 2005.

_____. "Um ciclo se fecha. Fica a lição". Campinas, ed. 281 (edição especial), 30 mar.-3 abr. 2005.

_____. "Um experimental no mundo das interações". Campinas, ed. 281 (edição especial), 30 mar.-3 abr. 2005.

JORNAL da Tarde. "Lattes, um físico com a mente e a língua bem afiadas". São Paulo, 26 mar. 2000.

JORNAL da USP. "Arquivos revelam história esquecida de colégio preparatório da USP". São Paulo, 28 jun. 2021.

JORNAL do Brasil. "Cesar Lattes contesta Einstein". Rio de Janeiro, 15 mai. 1980.

_____. "Lattes refuta Einstein sobre velocidade do Universo". Rio de Janeiro, 16 mai. 1980.

_____. "Intelectuais lançam em São Pulo Comitê de defesa das liberdades democráticas". Rio de Janeiro, 20 mai. 1980.

_____. "Informe JB – Da física à teologia". Rio de Janeiro, 25 mai. 1980.

_____. "Informe JB – Glauber e Lattes". Rio de Janeiro, 28 mai. 1980.

_____. "Cesar Lattes – 'Einstein é um débil mental, uma besta'". Rio de Janeiro, 15 jun. 1980.

_____. "Jayme Tiomno – 'Lattes está errado. E é incoerente'". Rio de Janeiro, 15 jun. 1980.

_____. "Lattes cancela contestação à Einstein". Rio de Janeiro, 22 jul. 1980.

MANCHETE. "O grande salto atômico". Rio de Janeiro, 13 fev. 1965.

_____. "O Brasil já faz o raio laser". Rio de Janeiro, 26 jun. 1971.

O CRUZEIRO. "César Lattes, o méson e a ciência no Brasil". Rio de janeiro, 8 mai. 1948.

_____. "O Centro Brasileiro de Pesquisa Físicas". Rio de Janeiro, 18 mar. 1950.

_____. "A 'Copa Roca' da bomba atômica". Rio de janeiro, 21 abr. 1951.

_____. "Lattes pesquisa raios cósmicos". Rio de Janeiro, 13 jun. 1953.

_____. "Mães do Brasil". Rio de Janeiro, 12 mai. 1956.

_____. "Briga atômica – Por que Cesar lattes não ficou no Brasil". Rio de Janeiro, 28 jul. 1956.

_____. "O Pif-Paf". Rio de Janeiro, 8 set. 1956.

_____. "Cesar Lattes comanda uma contrarrevolução". Rio de Janeiro, 9 set. 1957.

_____. "Um sonho ressurgirá das cinzas". Rio de Janeiro, 4 jul. 1959.

_____. "Chacaltaya, vigia do céu". Rio de Janeiro, 28 mar. 1959.

_____. "Eu luto pela paz". Rio de Janeiro, 19 ago. 1961.

_____. "A Cesar (Lattes) o que é de Cesar". Rio de Janeiro, 9 set. 1961.

_____. "Campinas, capital da ciência". Rio de Janeiro, 31 out. 1973.

_____. "Cesar Lattes é o dono da bola de fogo". Rio de Janeiro, 29 jan. 1975.

_____. "Chacaltaya, a beleza gelada dos andes". Rio de Janeiro, 24 jun. 1978.

_____. "Retrato brasileiro de 30 anos: a geração que nasceu e cresceu com 'O Cruzeiro'". Rio de Janeiro, 22 nov. 1958.

O ESTADO de S. Paulo. "Irregularidades no Centro de Pesquisas Físicas". São Paulo, 26 jan. 1955.

_____. "Críticas à administração de instituto científico". São Paulo, 1 mar. 1955.

_____. "Debate sobre as pesquisas de física atômica no Brasil". São Paulo, 10 mar. 1955.

_____. "As pesquisa de Cesar Lattes poderão promover alteração radical na ciência nuclear". São Paulo, 6 ago. 1957.

_____. "Energia atômica – O Brasil colaborará com outros países" São Paulo, 11 out. 1957.

_____. "Confirma Cesar Lattes a não simetria do 'méson pi'". São Paulo, 18 out. 1957.

_____. "Não ficará em São Paulo o cientista Cesar Lattes". São Paulo, 3 nov. 1957.

_____. "Aberta grave crise na USP – Incidente entre o chefe do governo e a Fac. Filosofia". São Paulo, dez. 1957.

_____. "Lattes convidado a vir para São Paulo". São Paulo, 26 mai. 1959.

_____. "Cesar Lattes não virá". São Paulo, 27 mai. 1959.

_____. "O convite a Cesar Lattes". São Paulo, 28 mai. 1959

_____. "Protesto contra a vinda de Lattes". São Paulo, 28 jun. 1959.

_____. "Cesar Lattes trabalha em São Paulo". São Paulo, 26 out. 1959.

_____. "Misticismo entra na vida do maior físico brasileiro". São Paulo, 2 nov. 1993.

_____. "A ciência perde Cesar Lattes". São Paulo, 9 mar. 2005.

PHYSICS Today. "Project ICEF – the Skyhook 60 flights". Melville, Nova York, Estados Unidos, abr. 1960.

REVISTA Brasileira de Física Médica. "Homenagem à Marília Teixeira da Cruz". São Paulo, nov. 2011.

SUPERINTERESSANTE. "Cesare Mansueto Giulio Lattes: o gênio brasileiro". São Paulo, abr. 1997.

_____. "Prêmio Nobel: foi quase. São Paulo, abr. 2005.

TRIBUNA da Imprensa. "Os dois caminhos". Rio de Janeiro, 18 jan. 1955.

_____. "A carta de Cesar Lattes". Rio de Janeiro, 18 jan. 1955.

_____. "Relatório do escândalo nas mãos de Café Filho". Rio de Janeiro, 19 jan. 1955.

_____. "Denúncia de Lattes: segundo documento". Rio de Janeiro, 21 jan. 1955.

_____. "Lembrança de Cesar Lattes na sua volta ao Brasil". Rio de Janeiro, 11 out. 1957.

VEJA. "Millôr – 'A Cesar o que é de Cesar'". São Paulo, 13 ago. 1980.

WESTERN Mail. "British Airliner Crashes in Dakar Fog – British Doctor Among Four Dead". Bristol, Inglaterra, 14 abr. 1947 (British Newspaper Archive).

DOCUMENTÁRIOS

CIENTISTAS brasileiros: César Lattes e José Leite Lopes. Direção: José Mariani, 2023. Publicado pelo canal Núcleo de Pesquisa de Ciências. Disponível em: <www.youtube.com/watch?v=DB3PzzIrRTc>.

O NASCIMENTO da USP. Produção: TV Cultura e Univesp TV. 13 dez. 2011. Publicado pelo canal TV Cultural. Disponível em: <www.youtube.com/watch?v=Etza5IiTeZY>.

RICORDANDO "Beppo" Occhialini. Direção: Marco Maspina e Stefano Parisini, mar. 2001. Publicado pelo canal MEDIAINAF TV. Disponível em: <www.youtube.com/watch?v=-cCuloh6ubQ>.

ARTIGOS, DISSERTAÇÕES E TESES

ALBERGARIA, Danilo. "O físico que construía pontes". *Revista Pesquisa Fapesp*. São Paulo, Fapesp, ed. 326, abr. 2023. Disponível em: <revistapesquisa.fapesp.br/o-fisico-que-construia-pontes/>.

ALBUQUERQUE, Inove Freire da Mota; HAMBURGER, Amélia Império. "Retratos de Luiz de Barros Freire como pioneiro da ciência no Brasil". *Ciência e Cultura*, São Paulo, n. 40 857 (1988).

ANDRADE, Ana Maria Ribeiro de; SANTOS, Tatiane Lopes dos. "A dinâmica política da criação da Comissão Nacional de Energia Nuclear, 1956–1960". *Boletim do Museu Paraense Emílio Goeldi Ciências Humanas*. Rio de Janeiro: Museu Paraense Emílio Goeldi, vol. 8, n. 1, mai. 2013. Disponível em: <www.scielo.br/j/bgoeldi/a/LSv4GCkhVfZyGpcMgXFm78M/?lang=pt>.

BAGDONAS, Alexandre; VIDEIRA, Antonio A. P.; TAVARES, Heráclio. "Transnationalism as Scientific Identity: Gleb Wataghin and Brazilian Physics, 1934–1949". *Historical Studies in the Natural Sciences*. Los Angeles, Estados Unidos, vol. 50, n. 3, jun. 2020.

BASSALO, José Maria Filardo. "César Lattes: um dos descobridores do então méson pi". *Caderno Brasileiro de Ensino de Física*. Florianópolis: UFSC, vol. 7, n. 2, ago. 1990. Disponível em: <periodicos.ufsc.br/index.php/fisica/article/view/9799>

BELISÁRIO, Roberto; SCHOBER, Juliana. "Entrevista: Marcello Damy de Souza Santos". *Ciência e Cultura*. São Paulo: SBPC, vol. 55, n. 4, out.-dez. 2003. Disponível em: <cienciaecultura.bvs.br/scielo.php?script=sci_arttext&pid=S0009-67252003000400007>.

BEZERRA, Lilian Miranda. *O arquivo do Colégio da USP: um instrumento de pesquisa*. (Dissertação de mestrado.) São Paulo: USP, 2020.

COSTA, Fabíola; OTTONI, Heloisa Maria. "O fenômeno César Lattes e a descoberta do méson na imprensa brasileira de 1948: um resgate à história". *Ciência e Cultura*. Rio de Janeiro: CBPF, vol. 5, n. 1, 10 abr. 2018. Disponível em: <revistas.cbpf.br/index.php/CS/article/view/63>.

CUNHA, Ana Maria de Oliveira; BRITO, Talamira Taita Rodrigues. "Revisitando a história da universidade no Brasil: política de criação, autonomia e docência". *Caderno de Filosofia e Psicologia da Educação*. Salvador: UESB, vol. 1, n. 12, jan-jun., 2009.

Disponível em: <periodicos2.uesb.br/index.php/aprender/article/view/3105>.

DAMY, Marcelo. "Marcelo Damy: revolução no ensino da Física". *Estudos Avançados*. São Paulo: USP, vol. 8, n. 22, dez. 1994. Disponível em: <www.scielo.br/j/ea/a/N3hGvYp7tj7P38nmg5ZxkMB/?lang=pt>.

DENEY JUNIOR, Clifford Leonard. *An Investigation of Interaction Systematics in Cosmic Ray events Obtained in the International Cooperative Emulsion Flight Experiment*. (Dissertação de mestrado.) Luisiana, Estados Unidos: Louisiana State University, jan. 1963.

FÁVERO, Maria de Lourdes Albuquerque. "A Faculdade Nacional de Filosofia: origens, construção e extinção". *Série Estudos*. Campo Grande: UCDB, n. 16, dez. 2003. Disponível em: <serieucdb.emnuvens.com.br/serie-estudos/article/view/511>.

FERREIRA, Alexandre Marcos de Mattos Pires. *A criação da Faculdade de Filosofia, Ciências e Letras da USP: um estudo sobre o início da formação de pesquisadores e professores de matemática e de física em São Paulo*. (Tese para o Programa de Pós-Graduados em História da Ciência.) São Paulo: PUC, 2009.

FRANK, Charles Frederick; PERKINS, Donald Hill. "Cecil Frank Powell, 1903-1969". *Biographical Memoirs of Fellows of the Royal Society*. Londres: The Royal Society Publishing, 1 nov. 1971. Disponível em: <royalsocietypublishing.org/doi/10.1098/rsbm.1971.0021>.

GUIMARÃES, Karin Fornazier; VIDEIRA, Antonio Augusto Passos. "César Lattes, a Colaboração Brasil–Japão e a física de partículas elementares: cooperação científica entre os dois países rendeu frutos para além da física". *Ciência & Cultura*. São Paulo: SBPC, jan.-mar. 2024. Disponível em: <revistacienciaecultura.org.br/?artigos=cesar-lattes-a-colaboracao-brasil-japao-e-a-fisica-de-particulas-elementares>.

HAMBURGER, Amélia Império. "César Lattes, físico brasileiro". *Revista USP*. São Paulo: USP, n. 66, jun.-ago. 2005. Disponível em: <www.revistas.usp.br/revusp/article/view/13441>.

MARQUES, Alfredo. "Reminiscências de César Lattes". *Revista Brasileira de Ensino de Física*. Rio de Janeiro: CBPF, vol. 27, n. 3, set. 2005. Disponível em: <www.scielo.br/j/rbef/a/mSRvVKM6rmhQvftn9vJgnQC/#>.

_____. "Jaymme Tiomno". *Ciência e Sociedade*. Rio de Janeiro: CBPF, jan. 2011. Disponível em: <cbpfindex.cbpf.br/publication_pdfs/CS00311.2011_01_26_15_52_51.pdf>.

_____. "César Lattes: 1924-2005". *Ciência e Sociedade*. Rio de Janeiro: CBPF, vol. 1, n. 1, 2013. Disponível em: <revistas.cbpf.br/index.php/CS/article/view/40>.

_____; MEDEIROS, Luiz Adauto. "Relembrando Oliveira Castro". *Ciência e Sociedade*. Rio de Janeiro: UFRJ, n. 10, 1997. Disponível em: <cbpfindex.cbpf.br/publication_pdfs/CS01097.2010_08_19_12_33_33.pdf>.

MOREIRA, Ildeu de Castro. "A ciência, a ditadura e os físicos". *Ciência e Cultura*. Rio de Janeiro: SBPC, vol. 66, n. 4, out.-dez. 2014. Disponível em: <cienciaecultura.bvs.br/scielo.php?script=sci_arttext&pid=S0009-67252014000400015>.

MOURA, Mariluce. "José Leite Lopes: um físico a toda prova". *Pesquisa Fapesp*. São Paulo: Fapesp, ed. 59, nov. 2000. Disponível em: <www.revistapesquisa.fapesp.br/um-fisico-a-toda-prova/>.

OLIVEIRA, Marcelo A. Leigui de; STUDART, Nelson. "Gleb Wataghin e a pesquisa sobre os chuveiros penetrantes de raios cósmicos em São Paulo (1939–1949)". *Revista Brasileira de Ensino de Física*. São Paulo: SBF, n. 44, 2022. Disponível em: <www.scielo.br/j/rbef/a/WZNwyyv5ZXCGDfmxwRnh9xD/?lang=pt#>.

PANTALEO JUNIOR, Modesto. "Um estudo sobre o início da pós-graduação em física no Rio de Janeiro no caso da fundação do Centro Brasileiro de Pesquisas Físicas". Belo Horizonte, 14º Seminário Nacional de História da Ciência e da Tecnologia. *Anais Eletrônicos do 14º Seminário Nacional de História da Ciência e da Tecnologia*, out. 2014. Disponível em: <www.14snhct.sbhc.org.br/arquivo/download?ID_ARQUIVO=1924>.

PEREIRA, Leandro da Silva Batista. *Vitória na derrota: Álvaro Alberto e as origens da política nuclear brasileira.* (Dissertação de mestrado em História, Política e Bens Culturais.) Rio de Janeiro: CPDOC FGV, ago. 2013.

PEREIRA, Lígia. "Gleb Wataghin: descobridor de um novo mundo". *ICTP-SAIFR*. São Paulo: ICTP-SAIFR, 28 out. 2021. Disponível em: <outreach.ictp-saifr.org/pioneiros-da-fisica-brasileira/>.

PITTELLA, José Eymard Homem. "O banco de dados do Prêmio Nobel como indicador da internacionalização da ciência brasileira entre 1901 e 1966". *História Ciência Saúde – Manguinhos*. Rio de Janeiro: Fiocruz, vol. 25, n. 2, abr.-jun. 2018. Disponível em: <www.scielo.br/j/hcsm/a/WkT8N5cJwvRDs4pxsSwFGjM/?lang=pt#>.

PIVETTA, Marcos. "A grande contribuição". *Pesquisa Fapesp*. São Paulo: Fapesp, ed. 340, jun. 2024. Disponível em: <revistapesquisa.fapesp.br/a-grande-contribuicao/>.

_____. "O físico que via além". *Pesquisa Fapesp*. São Paulo: Fapesp, ed. 340, jun. 2024. Disponível em: <revistapesquisa.fapesp.br/o-fisico-que-via-alem/>.

PONTES, Heloisa. "Entrevista com Antonio Candido". *Revista Brasileira de Ciências Sociais*. Anpocs, vol. 16, n. 47, 2001. Disponível em: <www.scielo.br/j/rbcsoc/a/V9ddL5TWwShzzqSZ6QSM3Ts/?lang=pt>.

PROJETO Memórias do Instituto de Física da USP. "Entrevistado: Prof. Dr. Mauro Cattani". *Memórias IFUSP*. São Paulo: USP, ago. 2020. Disponível em: <portal.if.usp.br/memoria/sites/portal.if.usp.br.ifusp/files/Mauro_Cattani_EntrevistaEmail_v2.pdf>.

SALMERON, R. A. "Gleb Wataghin". *Estudos Avançados*. São Paulo: USP, vol. 15, n. 44, abr. 2001. Disponível em: <www.scielo.br/j/ea/a/K8SjRPxG6wP3n6DBPzRgXgw/?lang=pt>.

SANTOS, Carlos Alberto dos. "Gerhard Jacob, o cientista e o gestor acadêmico". *Revista Brasileira de Ensino de Física*. Rio de Janeiro: CBPF, vol. 42, jun. 2020. Disponível em: <www.scielo.br/j/rbef/a/NJcVtyTrz4SJ639dM9J5fyN/?lang=pt>.

SCHMIDT, Sarah. "Genealogia acadêmica". *Pesquisa Fapesp*. São Paulo: USP, ed. 340, jun. 2024. Disponível em: <revistapesquisa.fapesp.br/genealogia-academica/>.

SILVA FILHO, Wanderley Vitorino. *Costa Ribeiro: ensino, pesquisa e o desenvolvimento no Brasil, no período de 1929 a 1960*. (Dissertação para o Programa de Pós-Graduação em Ensino, Filosofia e História das Ciências.) Salvador: UFBA, 31 jan. 2019.

SILVA NETO, Climério Paulo da; TAVARES, Heráclio. "César Lattes e o Prêmio Nobel: a lógica do prestígio científico no século XX". *Revista Brasileira do Ensino de Física*. São Paulo: SBF, 28 mai 2024. Disponível em: <www.researchgate.net/publication/380851569_Cesar_Lattes_e_o_Premio_Nobel_a_Logica_do_Prestigio_Cientifico_no_Seculo_XX>.

SILVA, Indianara; FREIRE JUNIOR, Olival. "Diplomacia e ciência no contexto da Segunda Guerra Mundial: a viagem de Arthur

Compton ao Brasil em 1941". *Revista Brasileira de História*. Salvador: UFBA, vol. 34, n. 67, jul. 2014. Disponível em: <www.scielo.br/j/rbh/a/Mj4GMS5BLWHdsMY9d97yQQd/?lang=pt#>.

SILVA, Luciana Vieira Souza da. *Ciência, universidade e diplomacia científica: a trajetória brasileira de Gleb Vassilievich Wataghin (1934-1971)*. (Tese de doutorado em Educação.) São Paulo: USP. 3 set. 2020.

STARZYNSLI, Gilda Maria Reale. "Língua e literatura grega: origens". *Estudos Avançados*. São Paulo: USP, vol. 8, n. 22, dez. 1994. Disponível em: <www.scielo.br/j/ea/a/gbnHRxVJHjw3nKDkJyCBznn/?lang=pt>.

TAVARES, Heráclio Duarte. "Cientistas de farda: a presença de militares professores no CBPF". *Ciência e Sociedade*. Rio de Janeiro: CBPF, vol. 2, n. 2, nov. 2014. Disponível em: <revistas.cbpf.br/index.php/CS/article/view/52>.

_____. *Estilo de pensamento em física nuclear e de partículas no Brasil (1934-1975): César Lattes entre raios cósmicos e aceleradores*. (Tese do Programa de Pós-Graduação em História das Ciências e das Técnicas e Epistemologia.) Rio de Janeiro: UFRJ, jul. 2017.

_____. "O conhecimento não verbal na história das ciências: o saber-fazer de César Lattes". *Estudos Avançados*. São Paulo: USP, vol. 37, n. 107, jan-abr. 2023. Disponível em: <www.scielo.br/j/ea/a/cThxNkSZjBSMJgt9g8NNstL/?lang=pt#>.

_____. "A física nuclear em comparação: César Lattes e físicos do hemisfério norte nos anos 1930 e 1940". *Topoi*. Rio de Janeiro: UFRJ, vol. 24, n. 53, mai-ago. 2023. Disponível em: <www.scielo.br/j/topoi/a/z4KXyqNpDHYMzQSpn7jTcXG/#>.

_____; GURGEL, Ivã; VIDEIRA, Antonio A. P. "César Lattes e as técnicas de produção e detecção de mésons: a prática científica como objeto histórico". *Revista Brasileira de Ensino de Física*. Rio de Janeiro: UFRJ, vol. 42, dez. 2020. Disponível em: <www.scielo.br/j/rbef/a/VXNXYDxDm7qyzQch9DwdHvP/?lang=pt#>.

_____; VIDEIRA, Antonio Augusto Passos. "César Lattes, José Leite Lopes e o nacionalismo científico no Brasil dos anos 1940". *Revista de História*. São Paulo: USP, n. 179, 2020. Disponível em: <www.revistas.usp.br/revhistoria/article/view/152409>.

TAVARES, Odilon A. P. "70 anos do méson Pi com César Lattes". *Ciência e Sociedade*. Rio de Janeiro: CBPF, vol. 5, n. 3, nov. 2018. Disponível em: <revistas.cbpf.br/index.php/CS/article/view/65>.

_____. "Alfredo Marques de Oliveira – 23/09/1930-16/09/2021: pesquisador emérito do CBPF". *Ciência e Sociedade*. Rio de Janeiro: CBPF, vol. 8, n. 2, nov. 2021. Disponível em: <revistas. cbpf.br/index.php/CS/article/view/82>.

TAVARES, Odilon A. P. "CBPF, 60 anos de física nuclear". *Ciência e Sociedade*. Rio de Janeiro: CBPF, v. 2, jul. 2009. Disponível em: <cbpfindex.cbpf.br/publication_pdfs/ cs00209.2009_07_24_12_16_35.pdf>.

TOLMASQUIM, Alfredo Tiomno. "O Centro Brasileiro de Pesquisas Físicas durante a ditadura civil-militar: resistências e acomodações". *Revista Brasileira de Ensino de Física*. Rio de Janeiro: SBF, vol. 46, 2024. Disponível em: <www.scielo.br/j/ rbef/a/DkzPVZC8DSTS7kkJ74RfCkd/?lang=pt#>.

TSALLIS, Constantino. "Para Georges Schwachheim". *Ciência e Sociedade*. Rio de Janeiro: CBPF, v. 1, n. 1, abr. 2013. Disponível em: <revistas.cbpf.br/index.php/CS/article/view/39>.

VIDREIRA, Antonio; GUIMARÃES, Karin Silva Franzoni Fornazier; TAVARES, Heráclio. "A teoria mesônica e os jovens físicos brasileiros: a organização da física de partículas como campo de pesquisas (1944-1951)". *Revista Brasileira de Ensino de Física*. São Paulo: USP, vol. 44, mar. 2022. Disponível em: <www.scielo.br/j/ rbef/a/vVDc5c9nkRDLQJhRsmwgKdN/?lang=pt#>.

VIEIRA, Cássio Leite. "Nosso herói na física nuclear". *Física na Escola*. Rio de Janeiro: SBF, vol. 6, n. 2, 2005.

_____; VIDEIRA, Antonio A. P. (orgs.). "Contribuições para a história dos raios cósmicos no Brasil". *Ciência e Sociedade*. Rio de Janeiro: CBPF, vol. 1, mar. 2012. Disponível em: <cbpfindex.cbpf. br/publication_pdfs/CS00112.2012_03_20_10_22_26.pdf>.

_____; _____. "O papel das emulsões nucleares na institucionalização da pesquisa em física experimental no Brasil". *Revista Brasileira de Ensino Físico*. Rio de Janeiro: SBF, vol. 33, n. 2, set. 2011. Disponível em: <www.scielo.br/j/rbef/a/ wVw5rhCbVpjckxBXwLMR5yL/?lang=pt#>.

_____; _____. "Um laboratório nas nuvens". *Scientific American Brasil*. São Paulo, jan. 2015.

WATAGHIN, L. "Fundação da Faculdade de Filosofia, Ciências e Letras da Universidade de São Paulo: a contribuição dos professores italianos". *Revista do Instituto de Estudos Brasileiros*. São Paulo: USP, n. 34, 1992. Disponível em: <www.revistas.usp.br/ rieb/article/view/70652>.

YARRIS, Lynn. "Ernest Orlando Lawrence: the Man, His Lab, His Legacy". *Science Beat*. Berkeley, Califórnia, Estados Unidos, 1 out. 2001. Disponível em: <www2.lbl.gov/Science-Articles/Archive/lawrence-legacy.html>.

ACERVOS

Acervo Histórico do Instituto de Física da Universidade de São Paulo.
Acervo particular da família Lattes.
Acervo particular de Cássio Leite Viera.
Acervo particular de Edison Hiroyuki Shibuya.
Acervo particular de Heráclio Duarte Tavares.
Acervo particular de Marta Mantovani.
Arquivo Central da Universidade Estadual de Campinas.
Arquivo da graduação da Escola Politécnica da Universidade de São Paulo.
Arquivo da graduação da Faculdade de Filosofia, Letras e Ciências Humanas da Universidade de São Paulo.
Arquivo da graduação do Instituto de Matemática e Estatística da Universidade de São Paulo.
Arquivo Geral da Universidade de São Paulo.
Arquivos históricos do centro de Lógica, Epistemologia e História da Ciência da Universidade Estadual de Campinas, Coleção Cesar Lattes, documentos pessoais e entrevistas.
Biblioteca Central Cesar Lattes da Universidade Estadual de Campinas.
Centro de Apoio à Pesquisa em História Sérgio Buarque de Holanda, Universidade de São Paulo.
Colégio Dante Alighieri – Centro de Memória.
Hemeroteca Digital Brasileira – Fundação Biblioteca Nacional.
Programa de História Oral – CPDOC-FGV.
Universidade de Milão – Sistema Bibliotecário Biblioteca de Biologia, Informática, Química e Física (BICF), Fundo Occhialini & Dilworth.

Este livro foi composto na tipografia Adobe Garamond Pro,
em corpo 12/14,175, e impresso em papel off-white
no Sistema Cameron da Divisão Gráfica
da Distribuidora Record.